개정판

기계진동학 입문

임승철 저

선형 이산계

INTRODUCTION TO MECHANICAL VIBRATIONS : LINEAR DISCRETE SYSTEMS

문운당

서 문

이 책은 각종 기계의 고성능화뿐만 아니라, 교량이나 건물, 타워 등의 안전성 제고를 위한 필수적 기술인 진동학에 관한 것으로서, 특별히 한 학기용 학부 교재로 사용되기에 적합한 내용과 분량의 입문서로 저술되었다. 이에 진동학에 관련된 고급 수준의 주제들은 제외되었고 대신에 꼭 필요하며 가장 기본이 되는 주제인 선형 이산 계만을 심도 깊게 다루었다. 하지만 저자는 일관성을 갖고 실제 진동 현상에 대한 이해와 대처 능력까지 독자에게 배양될 수 있도록 정성적 그리고 정량적인 내용을 최대한 쉽게 설명하였다. 또한 진동학 관련 실무 능력을 개발하고 각종 시험에도 대비할 수 있도록 각각 메틀랩(Matlab) 응용 프로그램과 다양한 예제 및 연습 문제들을 다루었다. 특히 연습 문제의 경우 충분한 분량과 다양한 난이도를 갖도록 출제하였으며 그들 전체에 대한 해답도 수록하였다.

본 서적의 내용을 좀 더 구체적으로 소개하면, 1장에서는 물체의 진동을 어떻게 수학적으로 모델링할 수 있는 지를 운동학과 동력학 관점에서 다루었으며 2장에서는 진동해석을 위한 기초적이면서도 효과적인 접근 방법과 그 결과로 얻어지는 시스템의 특징 등을 살펴보았다. 그 이후 3장부터 5장까지는 공통적으로 가장 간단한 형태의 진동 모델인 1-자유도 계에 관한 것으로서 각각 초기 가진, 주기적 가진, 비주기적 가진에 대한 응답을 구하는 수학적 방법과 그 결과 얻어지는 응답들의 특성을 설명하였다. 그와 함께 3장부터는 CAE에 의한 실무 능력의 함양에도 기여하고자, 수치 해석용 프로그램인 메틀랩을 진동 해석에 적용하는 예들을 제시하였다. 마지막으로 6장은 운동의 자유도가 2개 이상 복수인 시스템에 관한 것으로서, 그 이전에서 다룬 1-자유도 계의 해석 기법이 어떻게 확장 적용되며, 그러한 방법에 의하여 진동 현상을 더욱 잘 이해하고 분석할 수 있음을 여러 가지 예를 통하여 보였다. 한편, 학부 수준을 다소 넘을 수는 있지만 '선형 이산계의 진동'이라는 이 책의 지향 목표에 도달하기 위하여 없어서는 안 될 토픽들을 '*'로 표시된 총 5개의 절에 포함시켰으므로, 그에 대한 학습은 독자의 선택에 맡기고자 한다.

끝으로, 이 책은 'Fundamentals of Vibrations'을 위시하여 기존 문헌들을 일정 부분 참고하였으나 단순히 번역하거나 편집 작업한 결과가 아니며 저자의 강의와 연구 경험 그리고 축적된 자료를 바탕으로 각 주제에 대한 내용을 새롭게 재구성하고 수정 및 보완한 창작물임을 밝혀 둔다. 끝으로, 집필 과정 중에 내용의 오류가 없도록 세심한 주의를 기울였으나 혹시라도 미비한 점이 있다면 그에 대해서는 독자 여러분의 조언과 편달을 바라며, 이 책을 펴내는 데 노력하여 주신 문운당의 관계자 여러분께 심심한 감사를 표하는 바이다.

2023. 7.

임 승 철

Contents

1장. 진동 모델링을 위한 동력학

2장. 진동학의 기초 개념

3장. 1-자유도 계의 자유 응답

Contents

Contents

6장. 다자유도 계

01 진동 모델링을 위한 동력학

이 장에서는 물체의 진동 현상을 수학적으로 모델링하기 위한 물리적 법칙인 운동학과 그에 기반을 두는 동력학의 기초를 학습하되, 상호 보완적 관계인 뉴톤 역학과 에너지 방법을 모두 포함한다.

1.1 좌표계와 운동학

물체의 운동 즉, 변위 더 나아가 속도 그리고 가속도 등을 논하고자 할 때는 반드시 기준이 되는 좌표계의 설정이 우선되어야 한다. 그러한 좌표계에는 다양한 종류가 존재하지만 진동 문제에 주로 사용되는 것은 대략 몇 가지 정도이다.

예를 들어, 가장 단순한 운동 형태인 질점의 직선 운동을 다루기 위하여는 지면에 고정된 좌표계를 사용하되 관측의 기준이 되는 위치를 원점으로 하고 좌표축을 운동의 방향과 일치되도록 설정하는 것이 바람직하다. 만일 그 축이 x축이라면 임의의 시간 t에서의 그 질점의 위치 $r(t) = x(t)$라고 할 때, (순간) 속도 $v(t)$와 가속도 $a(t)$는 식 (1.1)과 같이 시간 미분 관계에 있다.

$$v(t) = \lim_{\Delta t \to 0} \frac{\Delta x}{\Delta t} = \frac{dx}{dt}, \quad a(t) = \frac{dv}{dt} \tag{1.1 a,b}$$

이에 특별히 등속도와 등가속도 직선 운동의 경우 각각 식 (1.2)와 (1.3)이 성립한다. 이때 x_0와 v_0는 각각 초기 변위 및 속도를 나타낸다.

$$a = 0, \quad v = \text{상수}, \quad x = x_0 + vt \tag{1.2 a,b,c}$$

$$a = \text{상수}, \quad v = v_0 + at, \quad x = x_0 + v_0 t + \frac{1}{2}at^2 \tag{1.3 a,b,c}$$

한편, 질점이 복수 개일 때는 그들 사이에 상대 운동 개념이 정의될 수 있고, 그러한 상대 운동은 결국 관련된 질점들의 절대 운동의 차이다. 예를 들면 질점 A에 대한 질점 B의 상대 위치 $x_{B/A}$, 상대속도 $v_{B/A}$, 상대가속도 $a_{B/A}$는 식 (1.4)와 같다.

$$x_{B/A} = x_B - x_A, \quad v_{B/A} = v_B - v_A, \quad a_{B/A} = a_B - a_A \tag{1.4 a,b,c}$$

여기에서 한 가지 더 주목할 것은 상대 속도와 상대 변위, 그리고 상대 가속도와 상대 속도 간에도 식 (1.1)에서와 같은 미분 관계가 여전히 성립한다는 것이다.

예제 1.1 그림과 같이 신축성이 없는 로프로 연결된 두 개의 블록 A와 B가 풀리에 감겨 운동하는 계에서, 블록사이의 속도 및 가속도 관계를 구하라.

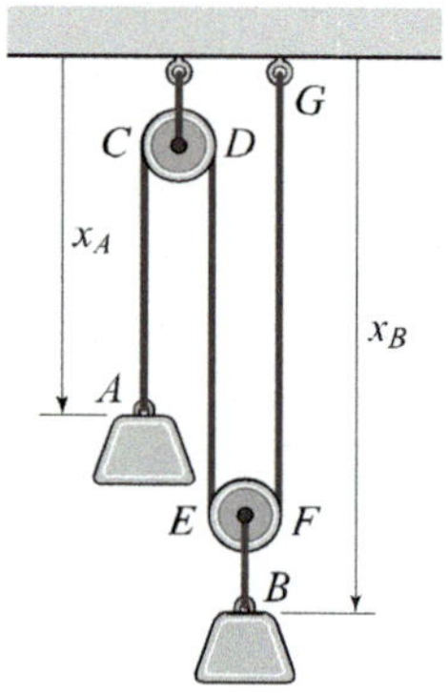

그림 1.1 풀리 계와 1축 관성 좌표계

블록 A, B의 운동을 표현하기 위하여 그림 1.1에서처럼 원점을 천정에 두고 x축이 아래로 향하는 두 개의 1축 고정 (혹은 관성) 좌표계를 설정하였다고 하면, 블록 A와 B의 절대 위치는 각각 x_A와 x_B가 된다. 이에 로프의 전체 길이 L은 아래 식과 같이 표현될 수 있다.

$$L = x_A + 2x_B + \text{상수} \tag{a}$$

한편, 로프의 길이 L은 일정하므로 위식을 시간에 대하여 미분하면 식 (b)를 얻게 되는 데, 그로부터 두 블록사이의 속도의 관계를 알 수 있다. 즉, A의 속도는 B 속도의 2배의 크기를 가지며 방향은 반대이다.

$$0 = v_A + 2v_B \quad \text{또는} \quad v_A = -2v_B \tag{b}$$

마찬가지로 식 (b)를 한번 더 미분하면 관계식

$$0 = a_A + 2a_B \tag{c}$$

을 얻을 수 있고, 그로부터 가속도의 관계 역시 속도의 경우와 동일함을 알 수 있다.

다음으로 다소 복잡한 질점의 곡선 운동을 다루기 위하여는 2개 혹은 3개의 좌표축이 필요하다. 이에 그림 1.2에서와 같이 원점이 O이고 지면상에 고정된 3차원 관성 혹은

고정 직각 좌표계를 고려할 수 있다. 그 경우, 질점의 궤적중 시간이 t일 때의 위치 벡터를 $\boldsymbol{r}(t)$라고 하면, 속도와 가속도는 식 (1.5)와 같이 시간 미분을 통하여 구해질 수 있다.

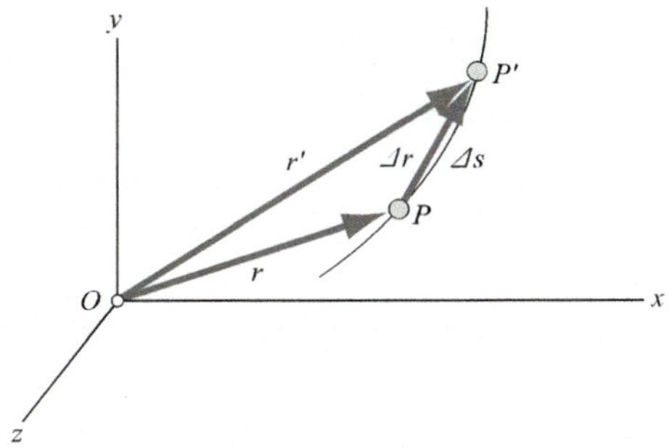

그림 1.2 곡선 운동과 관성 직각 좌표계

$$\boldsymbol{v} = \lim_{\Delta t \to 0} \frac{\Delta \boldsymbol{r}}{\Delta t} = \frac{d\boldsymbol{r}}{dt}, \quad \boldsymbol{a} = \frac{d\boldsymbol{v}}{dt} \tag{1.5 a,b}$$

여기서 사용된 굵은 글씨체는 벡터 량을 표시한다. 이와 같이 벡터를 사용하면 위치, 속도, 가속도 그리고 힘 등과 같이 크기뿐만 아니라 방향을 갖는 물리량을, 2개 또는 3개의 스칼라 성분별로 다루는 것보다 취급이 훨씬 간단해지는 장점이 있다. 다만, 이들 벡터의 미분 시에는 부록 A에 정리되어 있는 법칙들을 숙지하고 시행해야 할 것이다.

따라서 만일 위치 벡터를 식 (1.6)에서와 같이 상기 고정 직각 좌표계의 단위 벡터를 이용하여 성분으로 표현하면, 그에 해당하는 속도와 가속도는 미분 과정을 통하여 식 (1.7)과 같이 구해진다.

$$\boldsymbol{r} = x\boldsymbol{i} + y\boldsymbol{j} + z\boldsymbol{k} \tag{1.6}$$

$$\boldsymbol{v} = \dot{x}\boldsymbol{i} + \dot{y}\boldsymbol{j} + \dot{z}\boldsymbol{k}, \qquad \boldsymbol{a} = \ddot{x}\boldsymbol{i} + \ddot{y}\boldsymbol{j} + \ddot{z}\boldsymbol{k} \tag{1.7 a,b}$$

또한, 식 (1.4)에 해당하는 2차원 이상에서의 상대 운동의 일반적 관계식은 다음과 같다.

$$\boldsymbol{r}_B = \boldsymbol{r}_A + \boldsymbol{r}_{B/A}, \ \boldsymbol{v}_B = \boldsymbol{v}_A + \boldsymbol{v}_{B/A}, \ \boldsymbol{a}_B = \boldsymbol{a}_A + \boldsymbol{a}_{B/A} \tag{1.8 a,b,c}$$

이러한 관계에 의하면, 그림 1.3에서와 같이 질점 B의 절대 위치를 파악하기 위하여 경우에 따라서는 병진 좌표계 $x'y'z'$을 사용하여 A에 대한 B의 상대 위치를 먼저 파악하고 거기에 A의 절대 위치를 더하는 방식도 가능함을 알 수 있다.

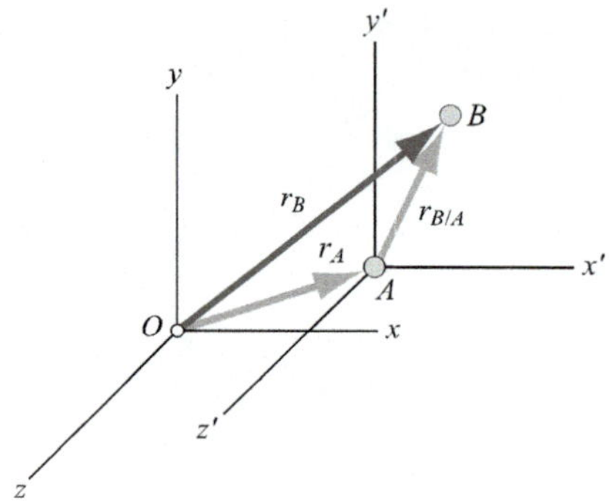

그림 1.3 병진 직각 좌표계

예제 1.2 그림과 같이 초기 속도(= 240 m/s)를 갖고 지점 A에서 발사되는 포탄이 전방의 지점 B에 명중하기 위한 발사각 α를 구하라.

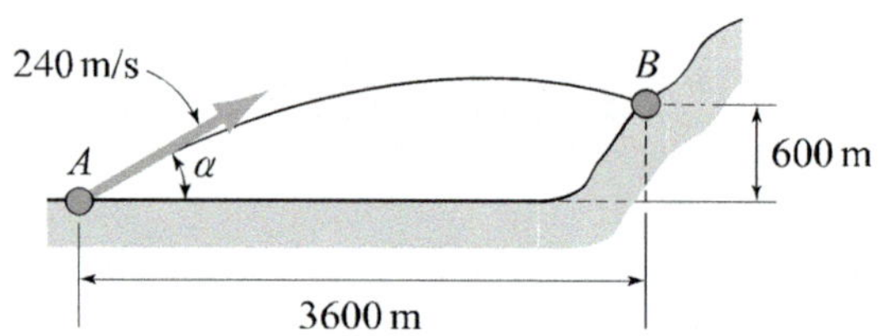

그림 1.4 질량의 탄도 운동

원점이 A에 있고 수평 및 수직 방향으로 각각 x와 y축을 갖는 고정 직각 좌표계를 설정하면, 수평 및 수직 방향 초기 위치와 초기 속도는 각각 다음과 같다.

$$x_0 = 0,\ \ y_0 = 0,\ \ v_{x0} = 240\cos\alpha,\ \ v_{y0} = 240\sin\alpha \tag{a}$$

발사 이후의 포탄은, 수평방향으로는 질점에 작용하는 힘이 없으므로 등속도 운동을 하고, 수직 방향으로는 자중에 의하여 중력 가속도 $g(= 9.8\ \mathrm{m/s^2})$ 만큼의 등가속도 운동을 할 것이다. 따라서 임의의 시간 t에서 포탄의 위치는 식 (1.2)와 (1.3)에 의거하여 다음과 같다.

$$x = x_0 + v_{x0}t,\quad y = y_0 + v_{y0}t - \frac{1}{2}gt^2 \tag{b}$$

그러므로 목표 지점에 명중하기 위하여는 $t=t_f$일 때 다음의 조건

$$x = 3600,\ \ y = 600 \tag{c}$$

이 만족되어야 하므로 식 (a)~(c)를 연립하여 α에 관한 식

$$1.8375\tan^2\alpha - 6\tan\alpha + 2.8375 = 0 \tag{d}$$

을 얻은 후, 이를 풀면 발사각 $\alpha=29.9°$ 또는 $69.6°$를 구할 수 있다.

한편, 질점의 원운동이나 그것을 포함하는 일반적 2차원 곡선 운동을 묘사하기 위하여 우리는 회전하는 좌표계를 이용할 수도 있다. 이러한 회전 좌표계는 다시 직각 좌표계와 극 좌표계로 나뉘는 데, 여기서는 그림 1.5와 같은 후자의 경우를 살펴보자. 이러한 **회전 극 좌표계**의 원점 O에 기준한 질점 P의 위치는 반경 방향 거리 r과 수평축과 이루는 각도 θ로 정의된다.

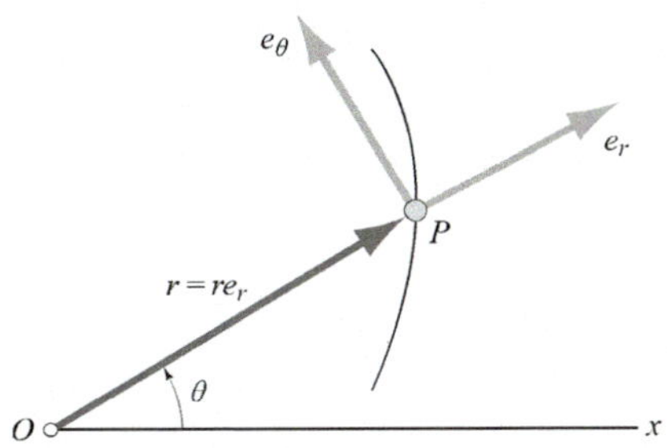

그림 1.5 회전 극 좌표계

그러한 정보를 표현하기 위하여 식 (1.9)와 같이 위치 벡터를 도입할 수 있다. 이 때 사용된 벡터 $\boldsymbol{e}_r$은 반경 방향 단위 벡터로서, 그와 직교하되 질점과 같이 회전하는 횡방향인 단위 벡터 $\boldsymbol{e}_\theta$와 마찬가지로 질점의 위치에 따라 방향이 바뀌는 회전 벡터이다.

$$\boldsymbol{r} = r\boldsymbol{e}_r \tag{1.9}$$

따라서 종래의 정의에 입각하여 질점의 속도는 위 식을 시간에 대하여 미분하여 식 (1.10)과 같이 얻을 수 있다. 이 때 회전하는 단위 벡터의 미분 $\dot{\boldsymbol{e}}_r$은 부록의 공식 (A.7)에 따라 $\dot{\theta}\boldsymbol{e}_\theta$으로 치환되었다.

$$\boldsymbol{v} = \dot{r}\boldsymbol{e}_r + r\dot{\boldsymbol{e}}_r = \dot{r}\boldsymbol{e}_r + r\dot{\theta}\,\boldsymbol{e}_\theta \tag{1.10}$$

마찬가지 방법으로 식 (1.10)을 미분하면 가속도를 구할 수 있으며 그 결과를 정리하면 다음 식과 같다.

$$\boldsymbol{a} = (\ddot{r} - r\dot{\theta}^2)\boldsymbol{e}_r + (r\ddot{\theta} + 2\,\dot{r}\dot{\theta}\,)\boldsymbol{e}_\theta \tag{1.11}$$

참고로, 만일 질점이 원운동을 한다면 식 (1.10)과 (1.11)에서 $\dot{r} = \ddot{r} = 0$인 경우에 해당하는 속도와 가속도를 갖게 된다.

한편, 질점이 3차원 곡선 운동을 하는 경우에는 그림 1.6과 같이 회전 극 좌표계에 z축이 추가된 **원통 좌표계**를 사용할 수 있다. 그것의 상호 직교하는 단위 벡터의 세트를 $\boldsymbol{e}_r$, $\boldsymbol{e}_\theta$, $\boldsymbol{k}$라고 할 때 질점 P의 위치를 먼저 식 (1.12)와 같이 정의하면, 시간 미분을 통하여 속도와 가속도를 식 (1.13), (1.14)와 같이 순차적으로 구할 수 있다.

$$\boldsymbol{r} = R\boldsymbol{e}_r + z\boldsymbol{k} \tag{1.12}$$

$$\boldsymbol{v} = \dot{R}\boldsymbol{e}_r + R\dot{\theta}\boldsymbol{e}_\theta + \dot{z}\boldsymbol{k} \tag{1.13}$$

$$\boldsymbol{a} = (\ddot{R} - R\dot{\theta}^2)\boldsymbol{e}_r + (R\ddot{\theta} + 2\dot{R}\dot{\theta})\boldsymbol{e}_\theta + \ddot{z}\boldsymbol{k} \tag{1.14}$$

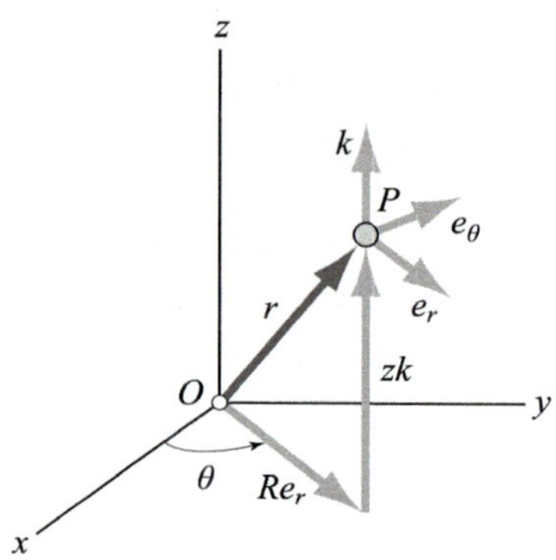

그림 1.6 회전 원통 좌표계

예제 1.3 그림과 같이 수평면 상에서 등속도 w로 회전하는 팔 OA 위에 구속되었던 칼라(collar) B를 반경 위치 $r = r_0$에서 놓아 주는 경우 B의 반경 방향 속도를 r의 함수로 구하라. 단, 마찰은 무시한다.

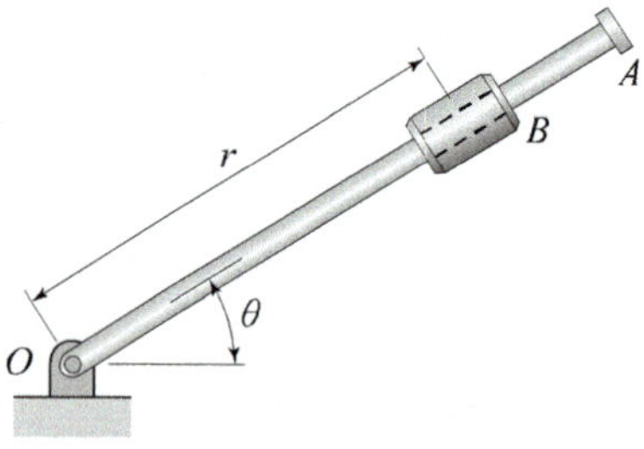

그림 1.7 칼라가 있는 회전 팔

먼저 원점이 점 O에 있는 회전 극 좌표계를 설정하면, 칼라의 위치 벡터는 식

(1.9)에서와 같이

$$\boldsymbol{r} = r\boldsymbol{e_r} \tag{a}$$

이 되고, 그 때의 가속도 벡터는 식 (b)와 같다.

$$\boldsymbol{a} = (\ddot{r} - r\dot{\theta}^2)\boldsymbol{e_r} + (r\ddot{\theta} + 2\dot{r}\dot{\theta})\boldsymbol{e_\theta} \tag{b}$$

한편, 칼라에 대하여 반경 방향으로 뉴톤의 제2법칙을 적용하면 다음 식을 쓸 수 있다.

$$\sum F_r = m\,a_r \tag{c}$$

여기서

$$F_r = 0,\ \ a_r = \ddot{r} - r\dot{\theta}^2 \tag{d}$$

이며, $\dot{r}$과 $\dot{\theta}$을 각각 v_r과 w라고 할 때

$$\ddot{r} = \frac{d\dot{r}}{dt} = \frac{d\dot{r}}{dr}\frac{dr}{dt} = v_r\frac{dv_r}{dr} \tag{e}$$

이 성립하므로, 식 (c)는 결국 다음과 같이 변수 분리된 1차 미분 방정식으로 정리될 수 있다.

$$v_r\,dv_r = rw^2\,dr \tag{f}$$

이제 위식의 양변을

$$\int_0^{v_r} v_r\,dv_r = \int_{r_0}^{r} rw^2\,dr \tag{g}$$

와 같이 초기 상태에서부터 임의의 순간까지 정적분하면 다음과 같은 최종 답을 얻게 된다.

$$v_r = w\sqrt{r^2 - r_0^2} \tag{h}$$

지금부터는 강체의 운동을 다루어 보자. 강체의 운동은 크게 3가지 즉, 병진, 회전, 일반 운동으로 분류된다. 그 중 병진은 강체가 자세는 유지한 채 위치만 이동하는 경우로서 강체에 속한 모든 점의 속도와 가속도가 동일한 특징을 갖기에 운동학적으로 가장 단순한 경우이다. 한편, 회전은 강체상의 한 점을 지나는 고정 축이나 고정 점에 대하여 자세가 바뀌는 운동으로서 전자의 경우는 2차원, 후자의 경우는 3차원 운동이 된다. 세 번째 유형인 일반운동은 병진과 회전이 함께 발생하는 운동을 말하며 2차원의 경우에는 특별히 평

면 운동이라고도 부른다.

먼저 그림 1.8과 같은 강체의 평면내 회전 운동의 경우를 고찰해보자. 이 때 점 O는 사실상 평면을 통과하는 고정축이며 강체가 그 축을 중심으로 각속도 $\boldsymbol{w}$로 회전하고 있다면 강체상의 임의의 점 P의 속도와 가속도는 과연 무엇일까? 이 질문에 답하기 위하여 우리는 먼저 점 P가 점 O에 대하여 원 운동을 하고 있다는 사실에 착안하여 앞에서 다룬 그림 1.5와 관련된 식 (1.9)~(1.11)을 참고할 수 있다.

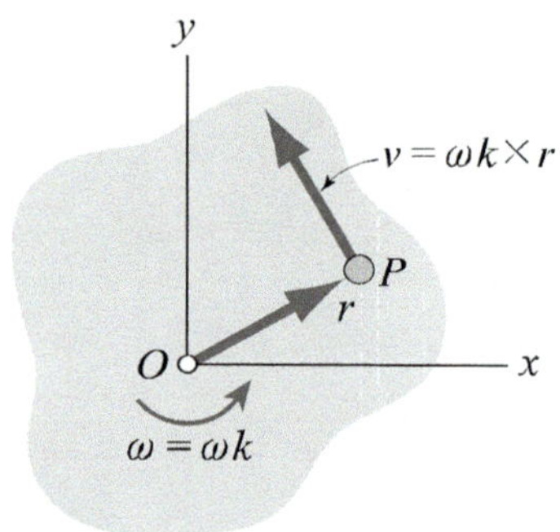

그림 1.8 회전하는 강체와 그의 몸체 고정 좌표계

그 결과, 점 P의 속도의 크기는 rw이고 방향은 위치 벡터와 직교하되 각속도에 따른 회전 방향이라는 것과, 가속도는 두 가지 항, 즉 성분으로서 그중 법선이되 구심 방향 성분인 a_n의 크기는 rw^2, 접선이되 각가속도 α에 따른 회전 방향 성분인 a_t의 크기는 $r\alpha$임을 알 수 있다. 이들을 벡터 식으로 표현하면 다음과 같다.

$$\boldsymbol{v} = \boldsymbol{w} \times \boldsymbol{r}, \ \boldsymbol{a} = \boldsymbol{a}_n + \boldsymbol{a}_t = \boldsymbol{w} \times (\boldsymbol{w} \times \boldsymbol{r}) + \boldsymbol{\alpha} \times \boldsymbol{r} \tag{1.15 a,b}$$

위 사실은 일반 운동의 속도나 가속도 해석에서도 매우 유용하다. 예를 들어 그림 1.9에서와 같이 점 A의 속도 $\boldsymbol{v}_A$와 각속도 w가 주어진 일반 평면 운동을 하는 강체에서 임의의 점 B의 속도를 구하는 것은 어렵지 않다. 왜냐하면 우리는 식 (1.16a)을 쓸 수 있고, 두 점간의 상대 운동은 원운동이기 때문에 상대 속도 $\boldsymbol{v}_{B/A}$는 그 크기가 $r_{B/A}w$이고 원운동의 접선 방향이기 때문이다. 이러한 관계를 도식적으로 표현한 것이 동 그림 b의 속도 다각형이다.

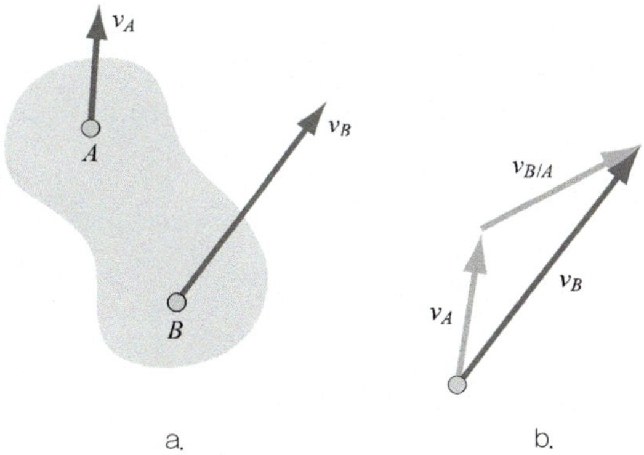

그림 1.9 a. 평면 운동중인 강체, b. 속도 다각형

$$\boldsymbol{v}_B = \boldsymbol{v}_A + \boldsymbol{v}_{B/A},\ \boldsymbol{v}_{B/A} = \boldsymbol{w} \times \boldsymbol{r}_{B/A} \tag{1.16 a,b}$$

마찬가지 방법으로 그림 1.10a와 같은 상황에서 가속도 분석도 가능하다. 즉, 점 A의 가속도 $\boldsymbol{a}_A$와 각가속도 α가 주어진 상태라면 점 B의 절대 가속도를, 그 두 점간의 상대 가속도를 이용하여 식 (1.17) 혹은 그림 1.10b와 같은 가속도 다각형에 의한 도식적 방법으로 구할 수 있다.

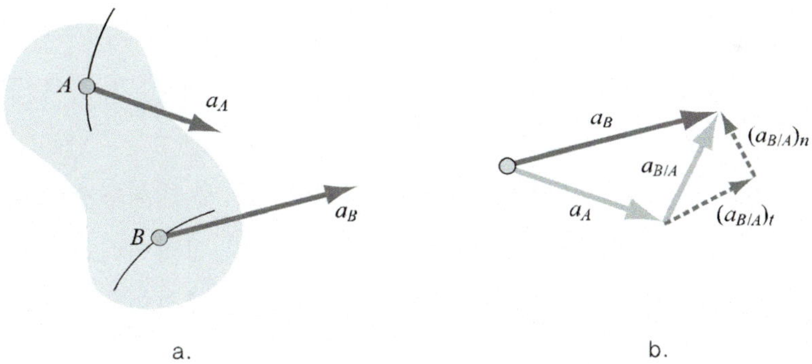

그림 1.10 a. 평면 운동중인 강체, b. 가속도 다각형

$$\boldsymbol{a}_B = \boldsymbol{a}_A + \boldsymbol{a}_{B/A},\ \boldsymbol{a}_{B/A} = (\boldsymbol{a}_{B/A})_n + (\boldsymbol{a}_{B/A})_t = \boldsymbol{w} \times (\boldsymbol{w} \times \boldsymbol{r}_{B/A}) + \boldsymbol{\alpha} \times \boldsymbol{r}_{B/A} \tag{1.17 a,b}$$

한편, 그림 1.11에 나타낸 바와 같이 각속도 $\boldsymbol{\Omega}$로 회전하는 강체위에서 어떤 질점이 운동하는 경우를 상상해보자. 그 경우 우리는 운동을 보다 용이하게 관측 혹은 묘사하기 위하여 그 물체와 함께 회전하는 회전 직각 좌표계 xyz를 사용하고 그 좌표계에서 위치 벡터를 정의할 수 있다. 그러한 이유로 상기 좌표계의 단위벡터 $\boldsymbol{i}$, $\boldsymbol{j}$, $\boldsymbol{k}$로 정의된 벡터를

$\boldsymbol{Q}$ 라고 할 때, 그 벡터의 고정 직각 좌표계 XYZ에 대한 시간 미분은 다음 식 (1.18)에 기술된 바와 같이 회전 좌표계 xyz에 기준한 시간 미분 값에 회전과 연관된 항이 추가된다. 이러한 관계식을 소위 **이송 정리**(transport theorem)라고 부른다.

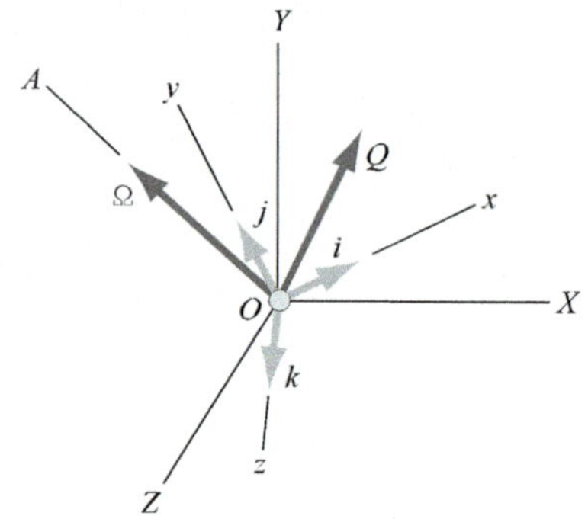

그림 1.11 회전 직각 좌표계 xyz와 그의 단위 벡터

$$\dot{\boldsymbol{Q}})_{XYZ} = \dot{\boldsymbol{Q}})_{xyz} + \boldsymbol{\Omega} \times \boldsymbol{Q} \tag{1.18}$$

참고로, 회전 좌표계의 단위 벡터에 관한 미분 공식 (A.7) 역시 이송 정리에 따른 것으로서 다만 그 크기가 일정하기에 상기 식 우변의 첫 번째 항이 소멸된 경우이다.

1.2 질점에 관한 뉴톤 역학

질점의 운동에 관한 **뉴톤(Newton) 법칙**은 다음과 같이 크게 세 가지로 구성되어 있다. 제 1법칙은 관성의 법칙이라고도 불리며 이는 모든 물체가 관성을 가지고 있어서 외력이 없다면 원래의 속도를 그대로 유지하고자 하는 성질이 있음을 밝혀낸 것이다. 참고로 이러한 관성은 질량의 크기에 비례한다. 제 2법칙은 가속도의 법칙이라고도 불리며, 질점에 가해지는 외력과 그의 가속도는 방향이 같고 그 크기가 비례하여 식 (1.19)가 성립함을 밝힌 것이다.

$$\sum \boldsymbol{F} = m\boldsymbol{a} = \frac{d\boldsymbol{P}}{dt} \tag{1.19}$$

위 식에서 m은 해당 질점의 질량, $\boldsymbol{a}$는 절대 가속도, $\boldsymbol{P}$는 선운동량 벡터를 나타낸다. 참고로, 선운동량은 다음 식에서와 같이 질량과 속도의 곱으로 정의된다.

$$\boldsymbol{P} = m\boldsymbol{v} \tag{1.20}$$

제 3법칙은 작용-반작용의 법칙으로도 불리며 접촉하는 물체 사이에 작용하는 힘은 크기가 같고 방향이 서로 반대임을 밝힌 것이다. 즉, 식 (1.21)에 기술한 바와 같이 물체 j가 물체 i에 가하는 힘은 물체 i가 물체 j에 가하는 힘의 음의 값과 같다.

$$i \neq j\text{일 때} \quad \boldsymbol{f}_{ij} = -\boldsymbol{f}_{ji} \tag{1.21}$$

한편, 뉴톤은 그 밖에도 모든 물체에 만유인력이 작용함을 발견하였고, 이에 따라 우리는 지구 중력장내 모든 물체에 대하여 다음 식과 같은 크기의 중력을 연직 방향의 외력에 포함시켜야 한다.

$$F = mg \tag{1.22}$$

이제 이상의 뉴톤 법칙에 준하여 **단진자**(simple pendulum)의 운동을 고찰하여 보자.

예제 1.4 그림 a와 같이 무질량이며 길이가 L인 가는 막대와 질량 m인 끝단의 질점으로 구성된 단진자가 점 O에 고정되어 진동하고 있다. 그 운동 중 각변위 $\theta(t)$의 추이에 관한 미분 방정식과 막대 내부의 장력 T를 $\theta(t)$의 함수로 유도하라.

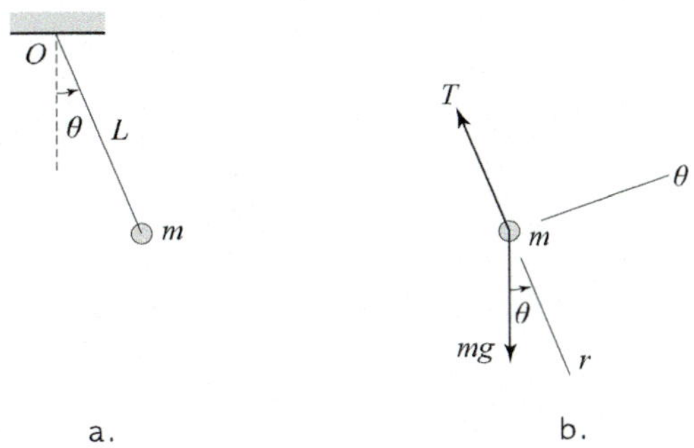

그림 1.12 a. 단진자, b. 자유 물체도

언제든지 뉴톤 법칙을 적용할 때에는 먼저 자유 물체도를 그려보는 것이 바람직하다. 이에 그림 b와 같이 질점에 작용하는 모든 힘들을 표시하는 자유 물체도를 도시한 후, 여기에 회전 좌표계의 반경(r) 방향과 횡(θ) 방향에 대하여 식 (1.19)를 적용하면 다음과 같은 2개의 스칼라 식을 얻을 수 있다.

$$mg\cos\theta - T = ma_r, \quad -mg\sin\theta = ma_\theta \tag{a}$$

한편, 질점은 사실상 점 O을 중심으로 원운동을 하므로, 운동학 관련 식 (1.11)로부터 반경 방향과 횡 방향의 가속도가 각각 다음과 같아짐을 알 수 있다.

$$a_r = -L\dot{\theta}^2,\ \ a_\theta = L\ddot{\theta} \tag{b}$$

따라서 식 (b)를 (a)에 대입하여 정리하면 다음과 같이 $\theta(t)$ 운동에 관한 미분 방정식과 막대 내부의 장력 T를 구할 수 있다.

$$\ddot{\theta} + \frac{g}{L}\sin\theta = 0 \tag{c}$$

$$T = mg\cos\theta + mL\dot{\theta}^2 \tag{d}$$

참고로 식 (c)와 (d)로부터, 막대의 장력은 질량의 크기에 비례하나, 진자의 운동은 질량의 크기와 무관하며 단지 중력 가속도와 진자의 길이에만 의존함을 알 수 있다. 이는 추후 다시 언급하겠지만 중력이 진자 운동의 스프링 역할을 하고 있음을 보여주고 있다.

한편, 그림 1.13에 나타낸 바와 같이 질량이 m인 어떤 질점이 힘 $\boldsymbol{F}$에 의하여 운동하되 그 위치가 고정 좌표계 xyz에 대하여 $\boldsymbol{r}$이라고 할 때, 고정점 O에 대한 모멘트 $\boldsymbol{M}_O$와 각운동량의 시간 변화율 $\dot{\boldsymbol{H}}_O$사이에는 다음과 같은 관계가 성립한다.

$$\boldsymbol{M}_O = \dot{\boldsymbol{H}}_O \tag{1.23}$$

그 이유는, 정의에 따라 모멘트 $\boldsymbol{M}_O = \boldsymbol{r} \times \boldsymbol{F}$이며 각운동량 $\boldsymbol{H}_O = \boldsymbol{r} \times \boldsymbol{P} = \boldsymbol{r} \times m\dot{\boldsymbol{r}}$ 이므로 각운동량의 시간 변화율이 다음과 같이 전개될 수 있기 때문이다.

$$\dot{\boldsymbol{H}}_O = \dot{\boldsymbol{r}} \times m\dot{\boldsymbol{r}} + \boldsymbol{r} \times m\ddot{\boldsymbol{r}} = \boldsymbol{r} \times m\ddot{\boldsymbol{r}} = \boldsymbol{r} \times \boldsymbol{F} \tag{1.24}$$

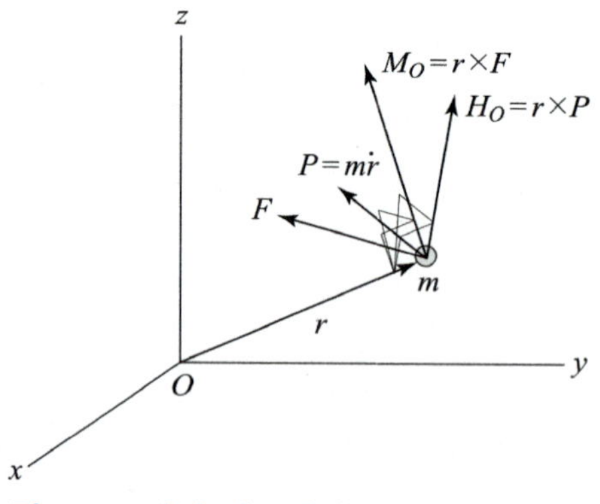

그림 1.13 관성 좌표계에 대한 질점의 운동

따라서, 외력 $\boldsymbol{F}$가 존재하지 않은 경우 각운동량은 일정한 값으로 보존된다. 상기 관계식 (1.23)은 회전 운동의 경우 특히 유용하며 그 예로서 단진자의 경우를 다시 살펴보자.

예제 1.5 그림과 같이 길이가 L인 가는 막대와 질량 m인 끝단의 질점으로 구성된 단진자가 점 O에 고정되어 운동하고 있다. 그 진자의 운동 방정식을 모멘트와 각운동량 사이의 관계를 이용하여 재유도하라.

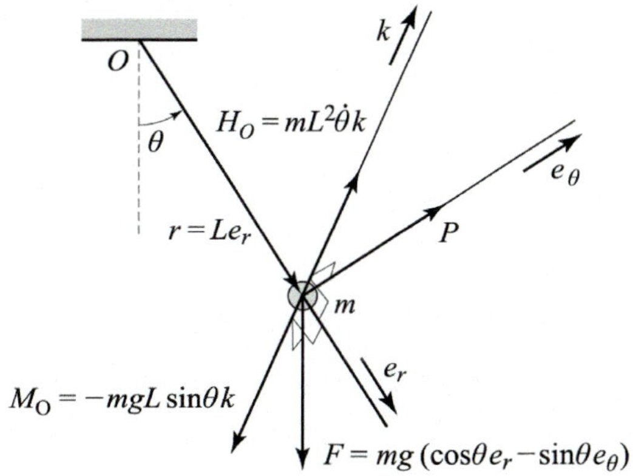

그림 1.14 단진자

식 (1.23)으로부터 점 O에 대하여

$$\sum \boldsymbol{M}_O = \dot{\boldsymbol{H}}_O \tag{a}$$

가 성립한다. 여기서

$$\sum \boldsymbol{M}_O = \boldsymbol{r} \times \boldsymbol{F} = L\boldsymbol{e}_r \times mg(\boldsymbol{e}_r \cos\theta - \boldsymbol{e}_\theta \sin\theta) = -mgL\sin\theta\,\boldsymbol{k} \tag{b}$$

$$\boldsymbol{H}_O = \boldsymbol{r} \times \boldsymbol{P} = L\boldsymbol{e}_r \times mL\dot{\theta}\boldsymbol{e}_\theta = mL^2\dot{\theta}\,\boldsymbol{k} \tag{c}$$

따라서 식 (b)와 (c)를 (a)에 대입하여 연산하면, 다음과 같은 운동 방정식을 얻을 수 있다.

$$\ddot{\theta} + \frac{g}{L}\sin\theta = 0 \tag{d}$$

1.3 질점에 관한 일과 에너지

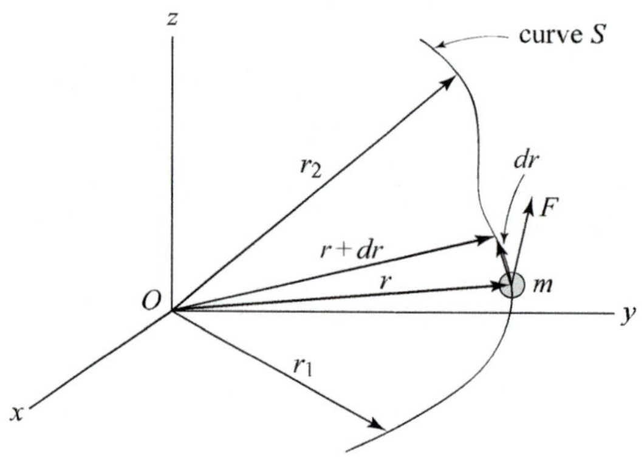

그림 1.15 힘의 작용하에 운동하는 질점

위 그림에서와 같이 질점에 작용하는 힘 $\boldsymbol{F}$에 의하여 그 질점의 위치가 $\boldsymbol{r}$에서 $\boldsymbol{r}+d\boldsymbol{r}$로 미소량만큼 변화되었다면 힘 $\boldsymbol{F}$가 수행한 미소 일 dW와 질점이 갖는 운동에너지의 미소 변화량 dT사이에는 다음 식과 같은 관계가 항상 성립한다.

$$dW = dT \tag{1.25}$$

이는 경로 S중 미소 변위가 $d\boldsymbol{r}$이므로 정의에 따라 미소 일 $dW = \boldsymbol{F} \cdot d\boldsymbol{r}$이고 질점의 운동에너지 $T = m\dot{r}^2/2$이기 때문이다. 이를 구체적으로 증명하자면 다음과 같다.

$$dW = (m\ddot{\boldsymbol{r}}) \cdot (\dot{\boldsymbol{r}}dt) = \left(m\frac{d\dot{\boldsymbol{r}}}{dt}\right) \cdot (\dot{\boldsymbol{r}}dt) = m\dot{\boldsymbol{r}} \cdot d\dot{\boldsymbol{r}} = d\left(\frac{1}{2}m\dot{\boldsymbol{r}} \cdot \dot{\boldsymbol{r}}\right) = d\left(\frac{1}{2}m\dot{r}^2\right) \tag{1.26}$$

한편, 질점의 위치 벡터가 $\boldsymbol{r}_1$, $\boldsymbol{r}_2$일 때를 각각 상태 1, 2라고 지칭할 때, 식 (1.25)를 상태 1에서 2까지 적분하면 아래의 관계

$$W_{12} = T_2 - T_1 \tag{1.27}$$

을 얻을 수 있으며, 이는 "외력에 의한 일 W_{12} 는 운동 에너지의 차이와 같다" 혹은 "상태 1의 운동 에너지에 외력에 의한 일 W_{12} 을 더하면 상태 2의 운동 에너지가 된다"라는 사실을 의미한다. 그런데 만일 질점에 작용하는 힘이 중력이나 스프링 힘과 같이 위치만의 함수인 보존력 즉, $\boldsymbol{F} = \boldsymbol{F}_c$라면, 일은 상한과 하한 위치만의 함수가 되므로 그림 1.16에서와 같은 경우 시점과 종점 사이의 경로에 관계가 없어 $W_{12,\text{경로 I}} = W_{12,\text{경로 II}}$이 성립한다.

이에 경로가 폐루프인 경우에는 보존력에 의한 일은 항상 0이 된다.

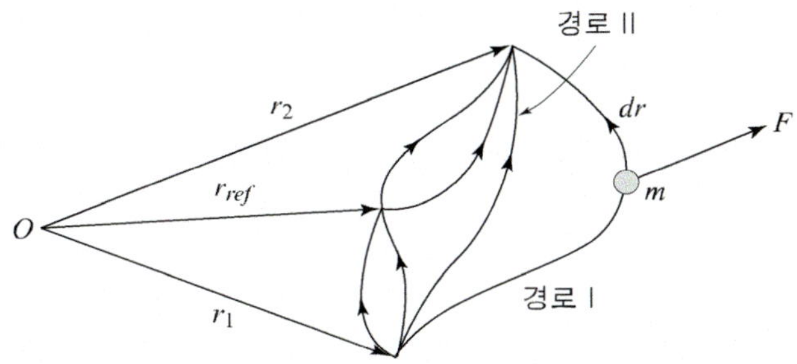

그림 1.16 보존력에 의한 질점 운동의 서로 다른 경로

또한 임의의 경로상의 기준 위치 $\boldsymbol{r}_{ref}$로부터 보존력이 행한 일은 종점 위치만의 함수로서 취급 가능하므로, 그의 음의 값을 식 (1.28)과 같이 위치 에너지 V_i로 정의하면 그것은 적분의 하한치 $\boldsymbol{r}_i$의 함수가 된다. 따라서 보존력이 한 일, $W_{12})_c$ 는 식 (1.29)에 나타낸 바와 같이 위치 에너지의 차이의 음수 값임을 알 수 있다.

$$V_i = -\int_{\boldsymbol{r}_{ref}}^{\boldsymbol{r}_i} \boldsymbol{F}_c \cdot d\boldsymbol{r} = \int_{\boldsymbol{r}_i}^{\boldsymbol{r}_{ref}} \boldsymbol{F}_c \cdot d\boldsymbol{r} \tag{1.28}$$

$$W_{12})_c = \int_{\boldsymbol{r}_1}^{\boldsymbol{r}_2} \boldsymbol{F}_c \cdot d\boldsymbol{r} = \int_{\boldsymbol{r}_1}^{\boldsymbol{r}_{ref}} \boldsymbol{F}_c \cdot d\boldsymbol{r} + \int_{\boldsymbol{r}_{ref}}^{\boldsymbol{r}_2} \boldsymbol{F}_c \cdot d\boldsymbol{r} = V_1 - V_2 \tag{1.29}$$

한편, 질점에 작용하는 외력에 비보존력과 보존력이 섞여 있는 일반적인 경우 즉, $\boldsymbol{F} = \boldsymbol{F}_{nc} + \boldsymbol{F}_c$라면 외력에 의한 일은 식 (1.30)과 같으며 이는 다시 식 (1.27)과 (1.29)를 반영할 때 (1.31)과 같이 표현될 수 있다.

$$\int_{\boldsymbol{r}_1}^{\boldsymbol{r}_2} \boldsymbol{F} \cdot d\boldsymbol{r} = \int_{\boldsymbol{r}_1}^{\boldsymbol{r}_2} \boldsymbol{F}_{nc} \cdot d\boldsymbol{r} + \int_{\boldsymbol{r}_1}^{\boldsymbol{r}_2} \boldsymbol{F}_c \cdot d\boldsymbol{r} \tag{1.30}$$

$$T_2 - T_1 = \int_{\boldsymbol{r}_1}^{\boldsymbol{r}_2} \boldsymbol{F}_{nc} \cdot d\boldsymbol{r} + (V_1 - V_2) \tag{1.31}$$

그러므로 질점의 역학적 에너지 $E(= T + V)$는 다음 식에 나타낸 바와 같이 비보존력에 의한 일만큼 역학적 에너지의 차이가 발생하며, 특별히 비보전력이 작용하지 않는 경우에만 역학적 에너지가 일정하여 운동 초기에 주어진 에너지가 보존될 것임을 알 수 있다.

$$W_{12})_{nc} = \int_{\boldsymbol{r}_1}^{\boldsymbol{r}_2} \boldsymbol{F}_{nc} \cdot d\boldsymbol{r} = E_2 - E_1 \tag{1.32}$$

예제 1.6 에너지 방법을 적용하여 예제 1.4의 단진자의 운동 방정식을 재유도하라.

단진자에 작용하는 힘에는 중력과 장력이 존재하나 장력은 운동 경로와 항상 직교하는 방향이므로 일을 하지 않는다. 따라서 이 계는 1-자유도의 에너지 보존계이다. 그림 1.12를 참조하여 운동 에너지와 위치 에너지를 구하면 각각 식 (a), (b)와 같다. 이 때 중력에 의한 위치 에너지는 진자의 추가 지나는 최저점을 기준으로 산출되었다.

$$T = \frac{1}{2}mv^2 = \frac{1}{2}m(L\dot{\theta})^2 \tag{a}$$

$$V = mgh = mgL(1-\cos\theta) \tag{b}$$

따라서 역학적 에너지

$$E = T + V = \frac{1}{2}mL^2\dot{\theta}^2 + mgL(1-\cos\theta) = \text{상수} \tag{c}$$

를 시간에 대하여 미분하면 다음 식 (d)와 같고, 여기에 $\dot{\theta} \neq 0$임을 반영하면 식 (e)와 같이 운동 방정식을 얻을 수 있다.

$$\dot{E} = (mL^2\ddot{\theta} + mgL\sin\theta)\dot{\theta} = 0 \tag{d}$$

$$mL^2\ddot{\theta} + mgL\sin\theta = 0 \tag{e}$$

참고로, 위 예제에서 역학적 에너지의 시간 미분으로부터 운동 방정식을 얻을 수 있었던 것은 단진자가 단일 운동 자유도를 갖는 계이기 때문이며, 만일 운동 자유도의 수가 2 이상인 계에서는 에너지 방법의 경우 **라그랑지(Lagrange) 방정식**[12] 등을 사용해야 한다.

1.4 질점계에 관한 뉴톤 역학

먼저 질점계란, 상호 유기적 관계를 갖는 질점들의 집합이라고 정의할 수 있다. 이 절에서는 앞에서 다룬 질점에 관한 뉴톤의 운동 법칙이 질점계에 대하여는 어떤 형태로 바뀔 수 있는 지를 알아보고자 한다. 가령 그림 1.17에 도시한 바와 같이 총 N개의 질점으로 구성된 질점계에 대하여 고찰하되, 전술한 단일 질점에 관한 식을 임의의 i-번째 질점에 적용하는 경우 위치 벡터를 $\boldsymbol{r}_i$, 외력과 내력을 각각 $\boldsymbol{F}_i$, $\boldsymbol{f}_{ij}$ 라고 할 때 다음 식을 쓸 수 있다.

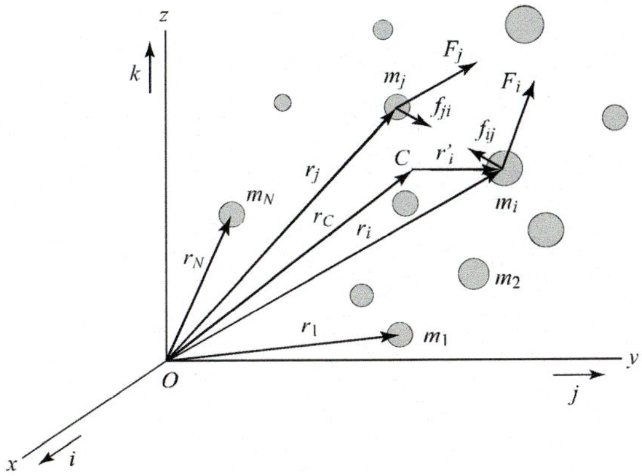

그림 1.17 질점계

$$\boldsymbol{F}_i + \sum_{j=1}^{N} \boldsymbol{f}_{ij} = m_i \ddot{\boldsymbol{r}}_i \tag{1.33}$$

여기서 j는 j–번째 질점을 의미하며 이에 $i=j$일 때의 내력 $\boldsymbol{f}_{ii}$은 당연히 0이다. 위와 마찬가지의 식을 $i=1$부터 N번째 질점에까지 쓰고 이들 식의 좌변은 좌변끼리 우변은 우변끼리 모두 더하면, 내력은 크기가 같고 방향이 서로 반대이므로 전부 상쇄되어

$$\boldsymbol{F} = \sum_{i=1}^{N} m_i \ddot{\boldsymbol{r}}_i \tag{1.34}$$

을 얻을 수 있다. 즉, 우변에는 개별 질점의 선운동량의 시간 변화율이 총 N개 존재하나, 좌변에는 질점계에 작용하는 외력 $\boldsymbol{F}(=\sum_{i=1}^{N} \boldsymbol{F}_i)$만이 남게 됨에 주목할 필요가 있다.

또한, 모멘트에 관한 식도 동일한 접근 방식에 따라 질점계 내의 단일 질점에 대하여 고정점 O에 대한 모멘트와 각운동량 사이의 관계식을 쓰되 그 작업을 모든 질점에 대하여 수행하여 총 N개의 식을 나열한 다음, 그들 식의 좌/우 변 각각을 모두 더하면

$$\boldsymbol{M}_O = \dot{\boldsymbol{H}}_O \tag{1.35}$$

을 얻을 수 있다. 여기서 $\boldsymbol{M}_O = \sum_{i=1}^{N}\boldsymbol{r}_i \times \boldsymbol{F}_i$는 내력에 의한 모멘트가 서로 상쇄되어 질점계의 외력 $\boldsymbol{F}_i$ 만에 의한 모멘트의 합이고 $\boldsymbol{H}_O = \sum_{i=1}^{N}\boldsymbol{r}_i \times m_i\dot{\boldsymbol{r}}_i$ 는 개별 질점의 각운동량 N개의 합이다.

한편, 식 (1.34)는 우변에 항이 너무 많아 사용하기에 여전히 불편한 측면이 있다. 이에 해당 식을 질점계의 질량 중심에 대한 식으로 변환시켜 보자. 먼저 질점계의 전체 질량을 $m(=\sum_{i=1}^{N}m_i)$이라고 할 때, 계의 질량 중심은 마치 m_i를 가중치로서 갖는 위치 $\boldsymbol{r}_i$들의 가중 평균치를 구하는 공식과 같은 형태인

$$\boldsymbol{r_c} = \frac{1}{m}\sum_{i=1}^{N}m_i\boldsymbol{r_i} \tag{1.36}$$

으로 구해진다. 따라서 그의 시간 미분을 통하여 식 (1.37)을 얻을 수 있고 이를 다시 식 (1.34)의 우변에 대입하면 결국 식 (1.38)과 같은 간단한 형태의 질점계에 관한 운동 방정식을 얻을 수 있다.

$$m\ddot{\boldsymbol{r}}_c = \sum_i m_i\ddot{\boldsymbol{r}}_i \tag{1.37}$$

$$\boldsymbol{F} = m\boldsymbol{a}_c\,(= m\ddot{\boldsymbol{r}}_c) \tag{1.38}$$

또한 질량 중심에 기준할 때, 모멘트에 관한 식 역시 식 (1.35)와 같은 형태인

$$\boldsymbol{M}_c = \dot{\boldsymbol{H}}_c \tag{1.39}$$

이 성립된다. 이 때 우변의 각운동량 $\boldsymbol{H}_c$ 는 원칙적으로 식 (1.40)으로 정의되는 절대 각운동량이지만 특별히 질량중심의 경우에는 그 값이 식 (1.41)로 산출되는 상대 각운동량과 같으므로 둘 중 어느 것을 우변으로 선택해도 무방하다. 여기서 "′"은 질량 중심에 대한 상대량을 표시한다.

$$\boldsymbol{H}_c = \sum_i \boldsymbol{r}_i' \times m_i\dot{\boldsymbol{r}}_i \tag{1.40}$$

$$\boldsymbol{H}_c = \sum_i \boldsymbol{r}_i' \times m_i\dot{\boldsymbol{r}}_i' \tag{1.41}$$

1.5 강체에 관한 뉴톤 역학

강체는 무수한 질점의 집합이되 각 질점간의 상대 거리가 변하지 않는 단단한 물체를 의미한다. 따라서 강체도 질점계의 일종이므로 질점계에 대한 운동법칙들이 기본적으로 적용될 수 있다. 이에, 강체의 운동 중 먼저 순수 병진 운동의 경우, 자세 즉, 방위의 변화 없이 위치만 이동하므로 강체상의 모든 점은 속도뿐만 아니라 가속도까지 동일하다. 따라서 그 가속도를 $\boldsymbol{a}$라고 할 때 식 (1.38)은 다음 식과 같이 단순화 된다.

$$\boldsymbol{F} = m\,\boldsymbol{a} \tag{1.42}$$

다음으로 그림 1.18과 같이 강체상의 고정축에 대한 순수 회전의 경우 식 (1.35)는 여전히 성립된다. 다만 우변의 각운동량은 다음의 식 (1.43)의 형태로 계산될 수 있으므로 최종적으로 회전에 관한 식은 (1.44)로 귀결된다.

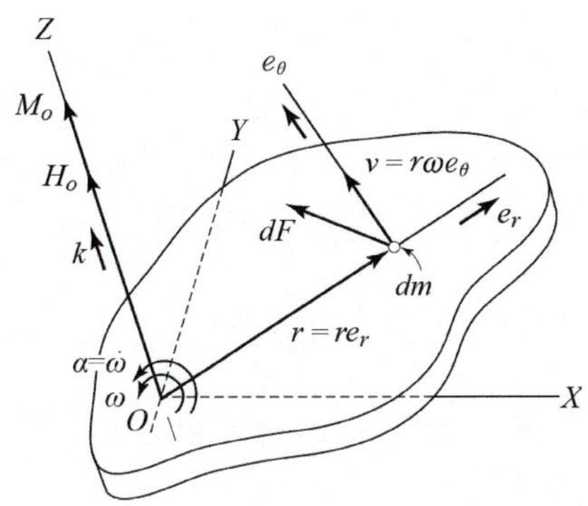

그림 1.18 강체의 순수 회전 운동

$$\boldsymbol{H}_O = \int \boldsymbol{r} \times \boldsymbol{v}\, dm = \int (r\boldsymbol{e}_r) \times (r\omega \boldsymbol{e}_\theta) dm = (\int r^2 dm)\omega \boldsymbol{k} = I_O \omega\, \boldsymbol{k} \tag{1.43}$$

$$M_O = I_O\, \alpha \tag{1.44}$$

여기서 I_O는 질량 관성 모멘트(mass moment of inertia)라고 불리는 물리량으로서 위 식의 형태로 부터도 알 수 있듯이, 병진 운동에 관한 식 (1.42)에서의 질량과 동일한 역할을 가져 그 값이 클수록 회전 운동에 대한 물체의 관성이 증가된다.

셋째로 그림 1.19에 묘사된 일반 운동의 경우 강체상의 각점마다 속도와 가속도가 상이하므로 질량 중심점 기준 시에 병진의 경우는 식 (1.38)과 같은 식 (1.45), 회전의 경우는 식 (1.39)가 그대로 성립한다. 다만, 식 (1.39)의 질량 중심에 대한 각운동량은 식 (1.43)과 같은 연산 과정을 거치는 경우 $\boldsymbol{H}_c = I_c\omega\boldsymbol{k}$이 되어, 식 (1.46)와 같이 하나의 항으로 축소될 수 있다.

$$\boldsymbol{F} = m\boldsymbol{a}_c \tag{1.45}$$

$$M_c = I_c\alpha \tag{1.46}$$

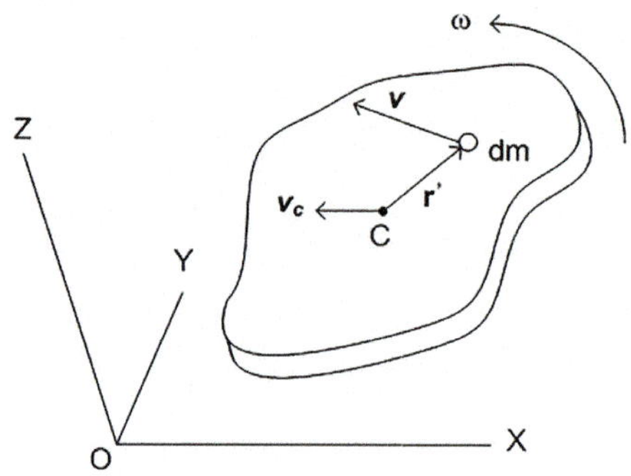

그림 1.19 강체의 일반 평면 운동

여기서 I_c는 질량 중심에 대한 강체의 질량 관성 모멘트를 나타낸다. 참고로, 식 (1.44)와 (1.46)은 3차원이 아니고 강체의 운동 평면과 직교하는 방향의 1차원 스칼라 식임에 유의하기 바란다.

예제 1.7 예제 1.4의 단진자를 끝점에 질량이 집중된 단일 강체로 간주하여 운동 방정식을 재유도하라.

강체의 순수 회전에 관한 식 (1.44)를 회전 중심점 O에 적용하면

$$M_O = I_O\ddot{\theta} \tag{a}$$

와 같다. 여기에서 모멘트와 이너셔는 각각

$$M_O = -mgL\sin\theta \tag{b}$$

$$I_O = mL^2 \tag{c}$$

이므로, 식 (b)와 (c)를 (a)에 대입하여 정리하면 다음과 같은 운동 방정식을 얻을 수 있다.

$$\ddot{\theta} + \frac{g}{L}\sin\theta = 0 \tag{d}$$

예제 1.8 다음 그림에서와 같은 가는 막대를 수평 정지 상태에서 놓는 순간에 발생하는 막대의 각가속도를 구하라.

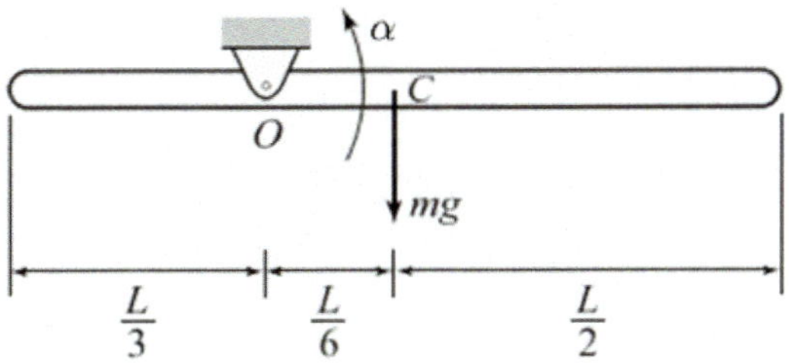

그림 1.20 복합 진자

강체가 순수 회전하는 경우이므로 식 (1.44)를 O점에 대하여 적용하면

$$M_O = I_O \alpha \tag{a}$$

가 성립한다. 여기서

$$M_O = -mg\frac{L}{6} \tag{b}$$

$$I_O = I_c + md^2 = \frac{mL^2}{12} + m\left(\frac{L}{6}\right)^2 = \frac{1}{9}mL^2 \tag{c}$$

이므로 이들을 식 (a)에 대입하여 정리하면 $\alpha = -\frac{3g}{2L}$로 구해진다. 즉, 각가속도의 크기는 $\frac{3g}{2L}$이고 방향은 시계 방향이다.

1.6 강체의 운동 에너지

에너지 방법의 적용을 위하여 필수적인 운동 에너지를 강체의 운동 유형별로 알아보자. 먼저 순수 병진의 경우, 운동 에너지는 각 질점의 운동 에너지를 모두 합한 것이되 그 질점들의 속도가 모두 질량 중심의 속도와 동일하므로 다음 식과 같다.

$$T = \frac{1}{2}\int \boldsymbol{v}(t) \cdot \boldsymbol{v}(t)\, dm = \frac{1}{2}m\boldsymbol{v}_c(t) \cdot \boldsymbol{v}_c(t) = \frac{1}{2}mv_c^2 \tag{1.47}$$

한편, 2차원 순수 회전을 하는 강체의 운동 에너지는 그림 1.18을 참조할 때 고정된 회전 중심점 O로부터의 거리와 각속도가 각각 r과 ω일 때 미소 질량 dm의 선속도인 $\boldsymbol{v}$의 크기가 횡 방향으로 $r\omega$이므로

$$T = \frac{1}{2}\int r\omega \boldsymbol{e}_\theta \cdot r\omega \boldsymbol{e}_\theta\, dm = \frac{1}{2}\omega^2 \int r^2 dm = \frac{1}{2} I_O \omega^2 \tag{1.48}$$

와 같아진다. 이 때 I_O는 앞 절에서와 같이 점 O에 대한 강체의 질량 관성 모멘트 혹은 약칭 '이너셔'이다.

마지막으로 그림 1.19와 같은 일반 평면 운동의 경우, 미소 질량 dm의 속도는 질량 중심점 C를 기준으로 할 때 식 (1.49)와 같이 질량 중심의 속도와 그들 사이의 상대 운동인 원운동의 속도의 합이다. 이를 고려하면 운동 에너지는 식 (1.50)과 같이 두개 항의 합으로 산출된다. 그중 첫 번째 항은 병진, 두 번째 항은 회전에 기인한 운동 에너지이며 여기에서도 $I_c(=\int r'^2 dm)$는 질량 중심에 대한 강체의 이너셔이다.

$$\boldsymbol{v} = \boldsymbol{v}_c + \boldsymbol{\omega} \times \boldsymbol{r}' \tag{1.49}$$

$$T = \frac{1}{2}\int \boldsymbol{v} \cdot \boldsymbol{v}\, dm = \frac{1}{2} m v_c^2 + \frac{1}{2} I_c \omega^2 \tag{1.50}$$

1.7 요약

1장에서는 운동학과 함께 뉴톤 역학과 에너지 방법을 포함하는 기본적 동력학 이론을 검토함으로써, 궁극적으로는 질점이나 질점계 혹은 강체로 구성된 시스템의 수학적 진동 모델을 수립하기 위한 방법이 소개되었다.

특별히 제 1절에 기준 좌표계 설정과 운동학에 관한 내용을 도입한 동기는 물체의 운동을 효율적이면서도 올바르게 표현하기 위하여는 그들에 대한 이해가 전제되어야 하기 때문이다. 여기에는 1~3차원 관성 좌표계, 병진 좌표계, 회전 극 좌표계, 회전 원통 좌표계, 몸체 고정 회전 직각 좌표계 등이 소개되었으며 각각의 경우에 변위, 속도, 가속도가 어떻게 구해지는 지도 살펴보았다. 2절에서는 질점에 관한 뉴톤 역학, 3절에서는 질점에 관한 일과 에너지에 관련된 이론들이 소개되었다. 4절에서는 질점에 관한 뉴톤 역학이 질점계에 적용되면서 어떤 형태로 확장되고 변형되는 지를 보였으며, 5절에서는 다시, 질점계에 관한 뉴톤 역학 공식들이 강체의 경우에 어떻게 단순화될 수 있는지를 보였다. 마지막 6절에서는 강체의 운동 유형별로 운동에너지가 어떤 식으로 표현되는지를 유도하고 해설하였다.

이러한 일련의 과정 중에서 얻은 최종 동력학 공식들은 대상 물체에 따라 그 형태가 약간의 차이만 있을 뿐 대동소이하여 기억하기에 어렵지는 않다. 그러나 착오 없이 주어진 상황에 맞는 공식을 적용하려면 그 차이들을 명확히 파악하고 숙지할 필요가 있다.

연습문제

1.1 그림과 같은 계의 운동 방정식을 스프링의 변형 전 상태를 기준으로 삼는 변위 x에 관하여 유도하라. 원통형 롤러의 질량과 반경은 각각 m과 R, 중력가속도는 g이며, 미끄럼은 없다고 가정한다.

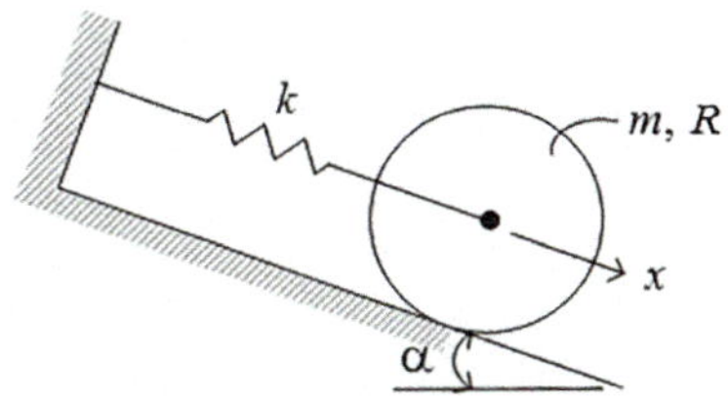

그림 P1.1

1.2 그림과 같은 계의 운동방정식을 구하라. 액체는 비점성, 비압축성이며 밀도는 ρ이고 중력가속도는 g이다.

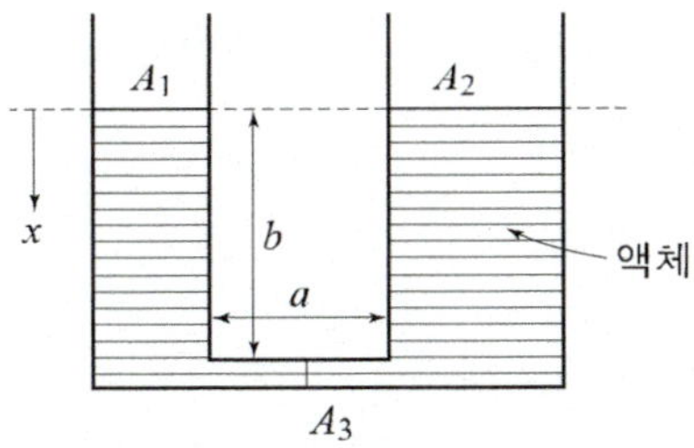

그림 P1.2

1.3 다음 그림과 같은 계의 정적평형 위치를 기준으로 하는 운동 방정식을 구하라. 단, 막대는 무질량 강체이며 진폭은 그다지 크지 않다고 가정한다.

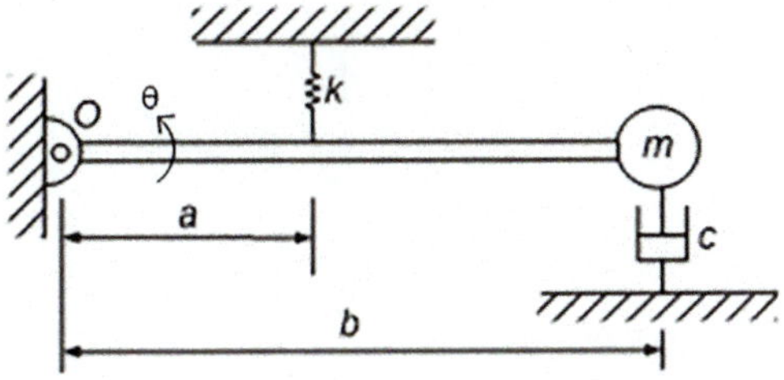

그림 P1.3

1.4 다음 그림과 같이 비점성 액체 위에 떠서 상하로 진동하는 원통형 부이(buoy)의 정적 평형 위치를 기준으로 하는 운동 방정식을 구하라. 단, 액체의 밀도는 ρ, 부이의 질량, 밑면적, 높이는 각각 m, A, h, 중력가속도는 g이며, 진폭은 크지 않다고 가정한다.

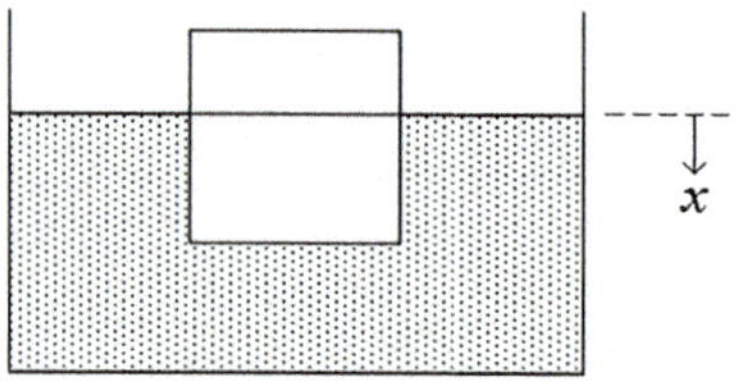

그림 P1.4

1.5 그림에서와 같이 지지 점 A가 변위 $x(t)$로 수평 이동하는 단진자의 운동 방정식을 구하라. 중력 가속도는 g이다.

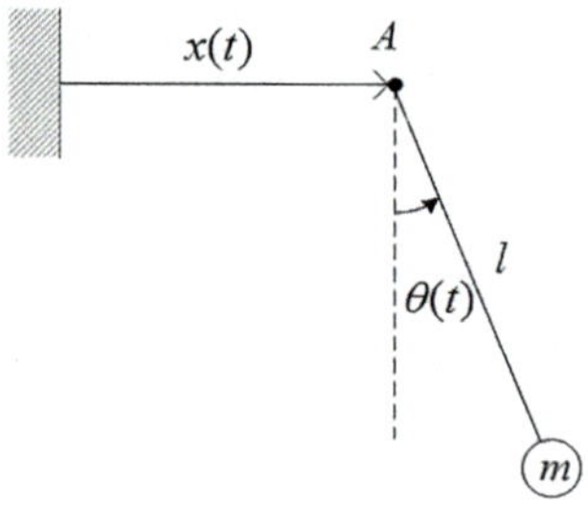

그림 P1.5

1.6 그림에서와 같이 질량 m이 스프링 상수가 k인 줄에 의하여 감겨 있는 강체 풀리의 운동 방정식을 정적 평형 상태를 기준으로 하는 변위 $\theta(t)$에 관하여 구하라. 풀리의 반경과 O점에 대한 이너셔는 각각 R과 I 이다.

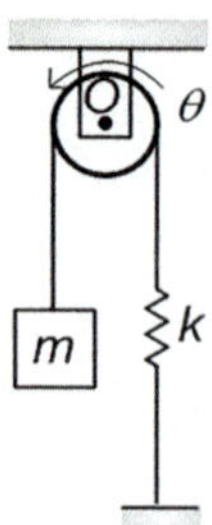

그림 P1.6

1.7 질량 = m, 반경 = r인 가는 후프(hoop)가 그림에서와 같이 원형 표면상에서 미끄럼 없이 구름운동을 할 때 (a) 후프의 C점에 대한 이너셔 I_C를 구하라. (b) 후프 상에 속도가 0이 되는 점을 찾아라. (c) 후프의 운동방정식을 각 θ에 관하여 유도하라. 중력 가속도는 g이다.

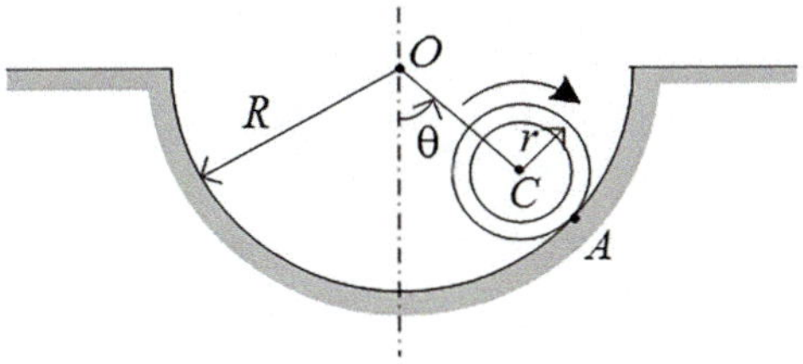

그림 P1.7

1.8 그림에서와 같이 천정에 매달려 있는 이중 진자 계에 대하여 답하라. (a) 운동 자유도의 개수는? (b) 진자의 운동 방정식을 θ_1과 θ_2를 사용하여 표현하라.

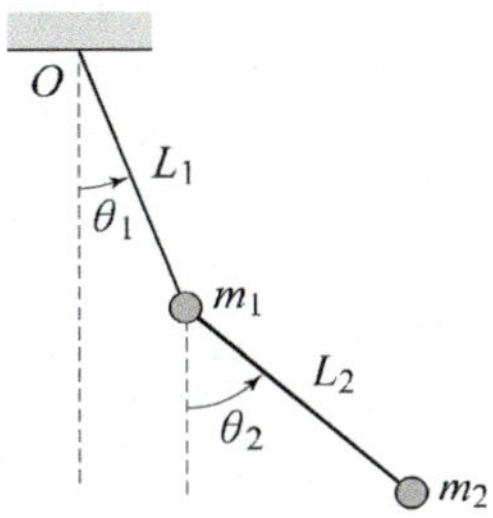

그림 P1.8

1.9 다음 그림과 같이 당겨진 줄에 하나의 질점이 매달려 있는 1-자유도 계의 운동 방정식을 구하라. 단, 변위 x는 정적 평형 위치를 기준으로 한 수직 방향 진동 변위로서 그 크기가 줄의 길이 L에 비하여 충분히 작으며, 이에 장력 T는 일정하다고 가정한다.

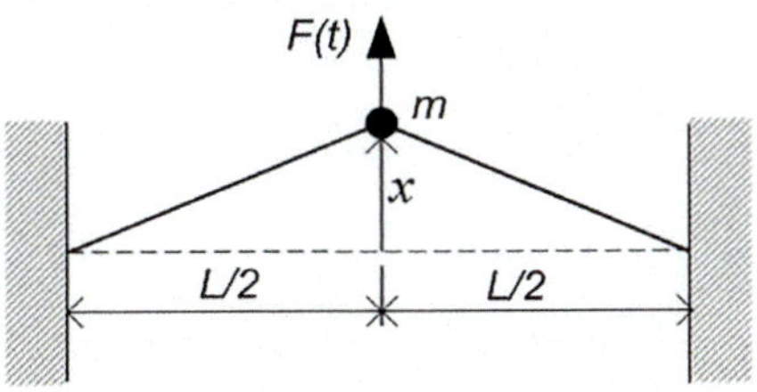

그림 P1.9

1.10 그림과 같이 질량이 m이고 질량 중심이 G점에 있는 물체가 지면에 고정되어 있는 볼과 접촉하며 자중에 의하여 상하 및 좌우 방향으로 병진운동만을 한다고 가정할 때, 운동 방정식을 수직선과 접촉점이 이루는 각 θ에 관하여 유도하라. 단, 중력가속도는 g, 볼과 구면의 반경은 각각 r, R이고, P점은 현재 순간의 접촉점이며 마찰은 무시한다.

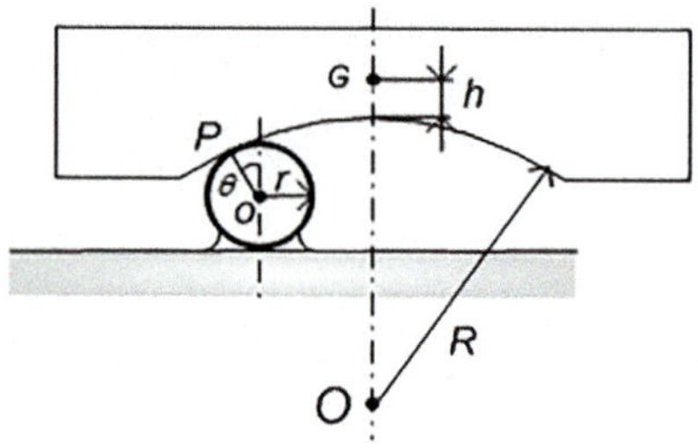

그림 P1.10

1.11 다음 그림과 같은 계의 운동 방정식을 스프링의 변형전 상태를 기준으로 구하라. 단, 줄의 신축성은 무시하며, 중력 가속도는 g, 미끄럼은 없다고 가정한다.

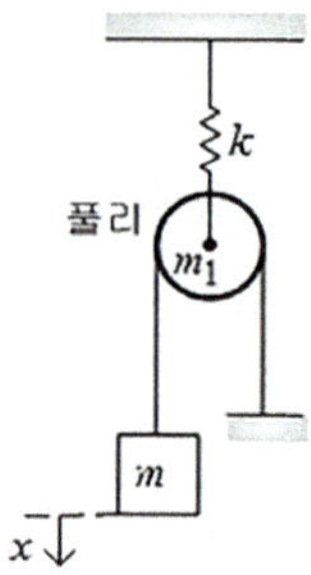

그림 P1.11

1.12 다음 그림과 같은 계의 운동 방정식을 구하라. 원통형 롤러의 질량은 m이며 미끄럼은 무시한다.

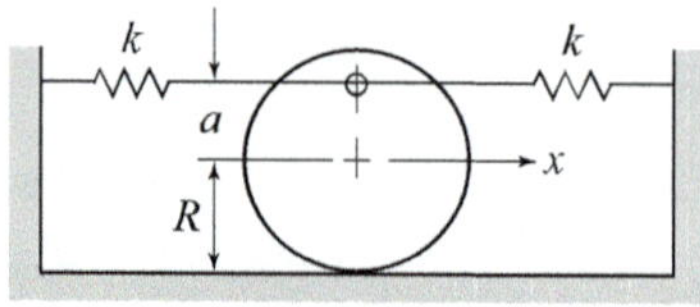

그림 P1.12

1.13 다음 그림과 같은 계의 운동 방정식을 구하라. 단, 중력가속도는 g, 미끄럼은 없으며, $m_1 > m_2$라고 가정한다.

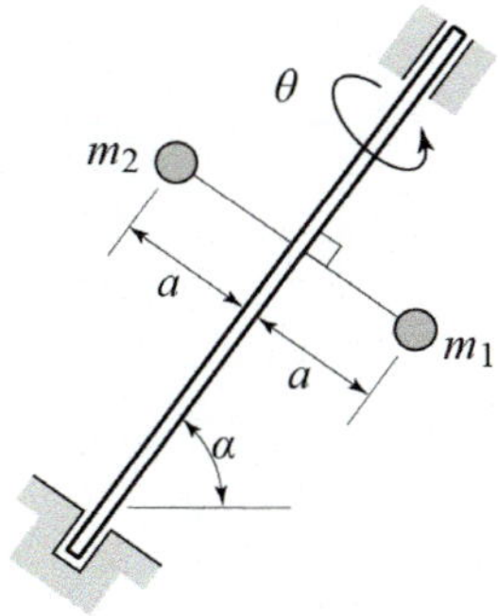

그림 P1.13

1.14 다음 그림과 같은 $2-$자유도 계의 운동방정식을 구하라. 중력가속도는 g이다.

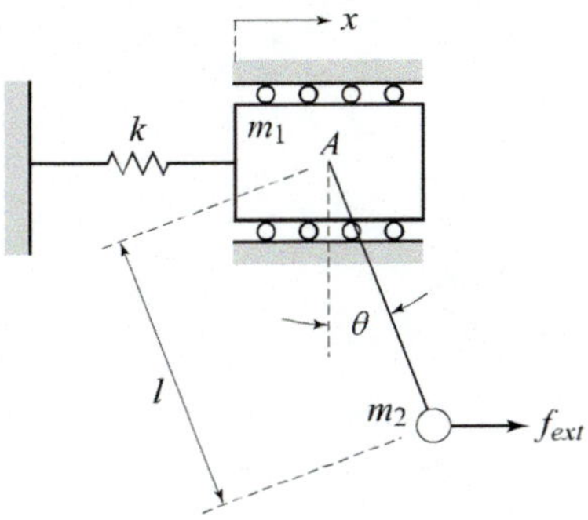

그림 P1.14

1.15 다음 그림과 같은 사각판의 운동 방정식을 수직선과 이루는 회전각 θ에 관한 식으로 구하라. 중력가속도는 g이다.

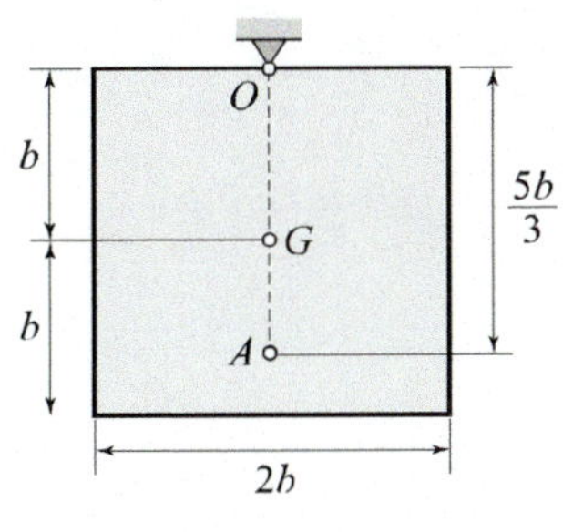

그림 P1.15

1.16 다음 그림과 같이 한쪽은 고정되고 다른 쪽은 스프링에 연결된 비신축성 로프에 감겨져 천정에 매달린 원통(질량 $= m$, 반경 $= r$)의 운동 방정식을 회전각 θ에 관한 식으로 구하라. 변위의 기준은 스프링의 변형전 위치이며, 스프링 상수는 k, 중력 가속도는 g이다.

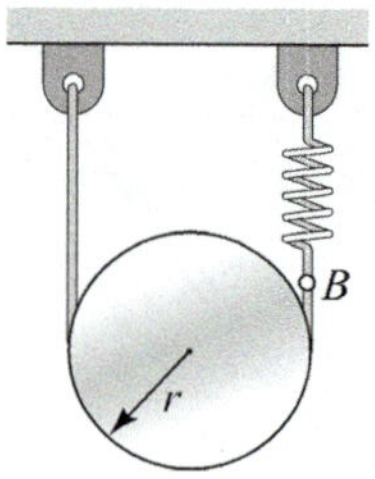

그림 P1.16

1.17 그림과 같이 원형 트랙 위를 마찰 없이 미끄러지는 점 질량의 운동 방정식을 구하라. 중력 가속도는 g이다.

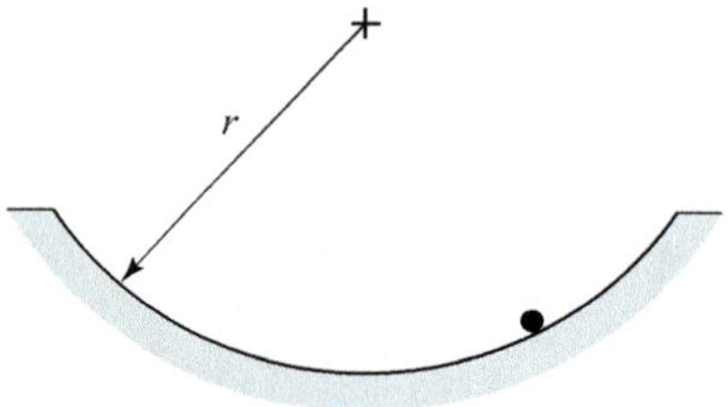

그림 P1.17

1.18 그림과 같은 계의 운동 방정식을 정적 평형 위치를 기준으로 하는 회전 진동 변위 $\theta(t)$에 관하여 구하라.

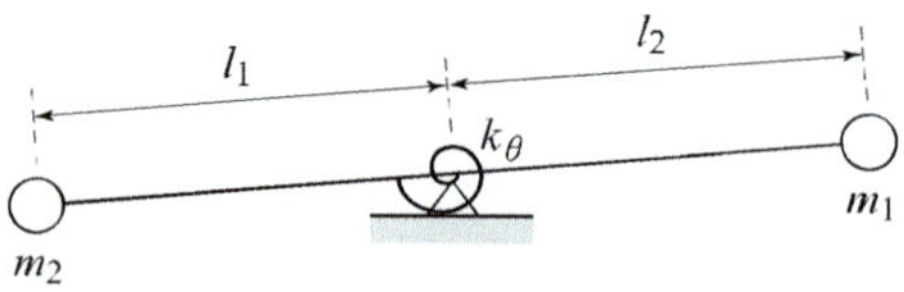

그림 P1.18

1.19 그림과 같이 원판이, 무질량이며 신축성이 없는 와이어(wire) 3개에 의하여 천정에 매달려 있다. 원판에 작은 비틀림을 주었다 놓을 때 진동하게 될 원판의 운동 방정식을 구하라. 중력 가속도는 g이며 원판의 밀도는 ρ이다.

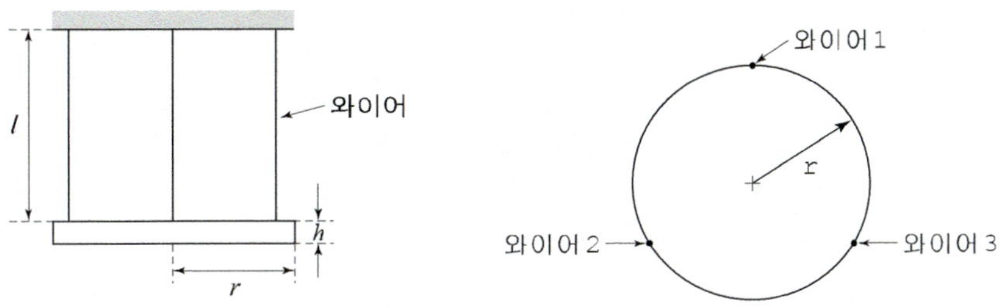

그림 P1.19

1.20 그림과 같이 이너셔가 I_o 인 원형 물체가 동일 규격인 4개의 실에 의하여 사방으로 구속된 비틀림 실진자의 운동방정식을 유도하라. 단, 실의 질량은 없으며 그의 장력 T는 항상 일정하다고 가정한다.

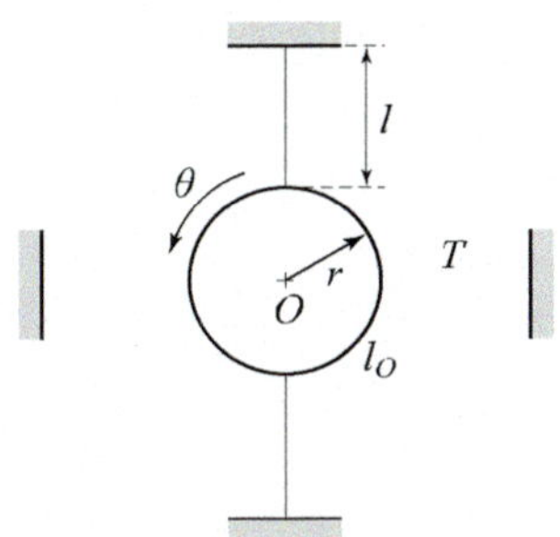

그림 P1.20

1.21 그림과 같이 지지점이 수직 방향으로 시간의 함수 $y(t)$만큼 변위를 갖는 단진자의 운동 방정식을 구하라. 중력 가속도는 g이며 회전각 θ는 크지 않다.

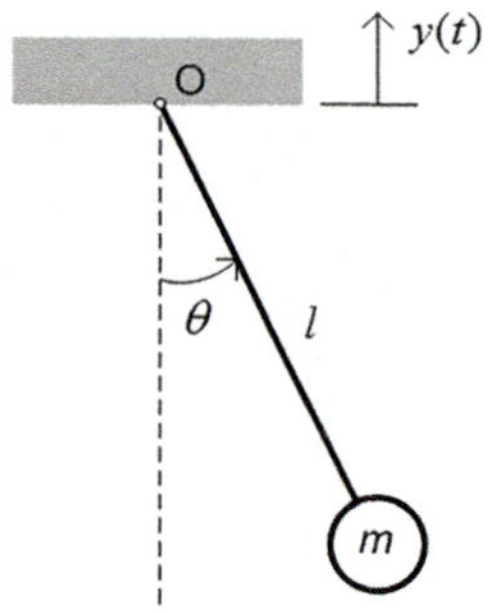

그림 P1.21

1.22 그림과 같은 빨래 건조기의 작동 중에 편심에 의한 y축 (수직) 방향 운동 방정식을 정적 평형 위치를 기준으로 구하라. 단, 건조기 본체, 반경이 r인 원통형 드럼, 드럼내 균일한 빨래, 드럼 내면에 달라붙은 빨래 덩어리의 질량은 각각 m_1, m_2, m_3, m_4이며 드럼의 회전속도는 w로 일정하고 초기에 불균일한 빨래 덩어리의 위치는 $+x$축 상에 있었다고 가정한다.

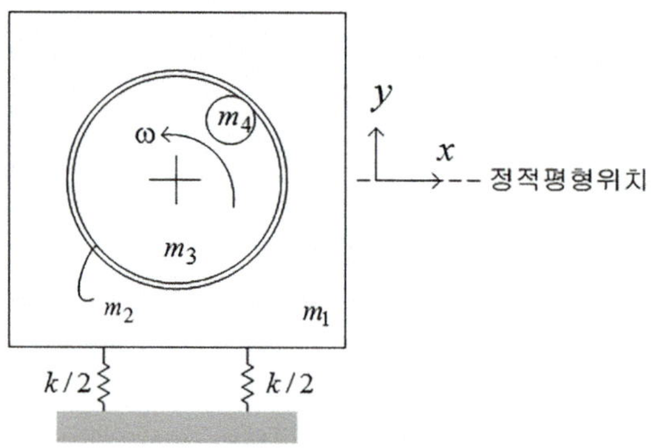

그림 P1.22

02 진동학의 기초 개념

이번 장에서는 계의 이산화 모델링 및 선형화 방법을 포함하여 계의 유형별 응답 특성과 안정성 등 진동 현상을 해석하기 위한 기초 개념들을 학습한다.

2.1 이산계 구성 요소의 특성

모든 진동계에는 질량은 물론이고 복원력을 갖는 스프링 효과가 반드시 존재하며 영원히 지속되는 진동이란 없는 현실을 감안하는 경우 감쇠 효과도 있는 것으로 볼 수 있다. 일반적으로는 질량뿐만 아니라 상기 효과들도 해당 물체의 유연성과 내/외부의 감쇠 기능 등으로 혼재하며 분포되어 있다. 그러나 해석의 용이성을 위하여 어느 정도 오차를 감수하더라도 계를 공간적으로 유한 개의 질량으로 분리하고, 그 질량들 사이에 상기 효과가 존재하는 것으로 간주하기도 한다. 이러한 접근 방식을 소위 **럼핑**(lumping) 또는 **공간 이산화**(spatial discretization)라고 한다.

공간 이산화 과정에서 **스프링** 요소는 질량이나 감쇠 효과는 없고, 오직 변형에 저항하는 힘만을 발생하는 요소로 취급된다. 이러한 스프링의 기호와 스프링 힘 F_s의 그래프는 아래 그림과 같다. 스프링 힘은 어느 변형 한계 내에서는 변형량 δ에 선형적으로 비례하기에 그 기울기 즉, 스프링 상수(또는 강성 계수)를 k[표준 단위 =N/m]라고 할 때 식 (2.1)과 같은 관계가 성립한다.

$$F_s = -k\delta = -k(x_2 - x_1) \tag{2.1}$$

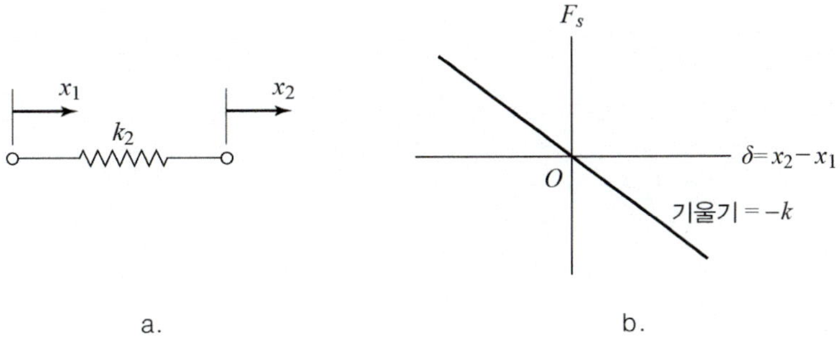

그림 2.1 a. 스프링 기호, b. 스프링 힘과 변형량의 관계

이와 같이 보존력인 스프링 힘은 변형과 항상 반대 방향으로 작용하므로 변형 발생 시에 음의 일을 하게 되고 이는 곧 위치 에너지의 증가로 이어진다. 예를 들어, 스프링 길이의 변형량이 δ에 이를 때까지 저장되는 위치 에너지의 크기는 변형전 상태를 위치 에너지의 영점 기준으로 정할 때 아래 식과 같다.

$$V(\delta) = -\int_0^\delta F_s\, d\zeta = \int_0^\delta k\zeta\, d\zeta = \frac{1}{2} k\, \delta^2 \tag{2.2}$$

한편, 감쇠 요소는 질량과 스프링 효과는 없으며 다만 양단간 상대 속도의 함수로 저항력을 발휘하는 요소로 정의된다. 이러한 요소는 실제로 그림 2.2에 보인 개략도와 같이 점성 유체로 채워진 실린더와 피스톤으로 구성된 장치로 구현 가능하다. 이 경우 내부의 피스톤이 실린더와 상대적인 운동을 하면 피스톤 양쪽에 압력차 즉 배압이 발생하여 그 상대 운동에 저항하는 방향으로 힘이 작용하고, 그 외에도 실린더와 피스톤 간에 존재하는 틈새를 통하여 유체가 유동하면서 전단력이 작용한다[4]. 그러한 저항력의 크기는 틈새의 크기가 너무 작지만 않다면 상대 속도에 선형 비례한다. 이러한 **점성 감쇠기**(viscous damper)는 통상 그림 2.3a와 같은 기호로 나타내며, 상기 역학적 관계에 의하여 발생하는 감쇠력을 도시하면 동 그림의 b, 이를 다시 수학적으로 표현하면 식 (2.3)과 같다.

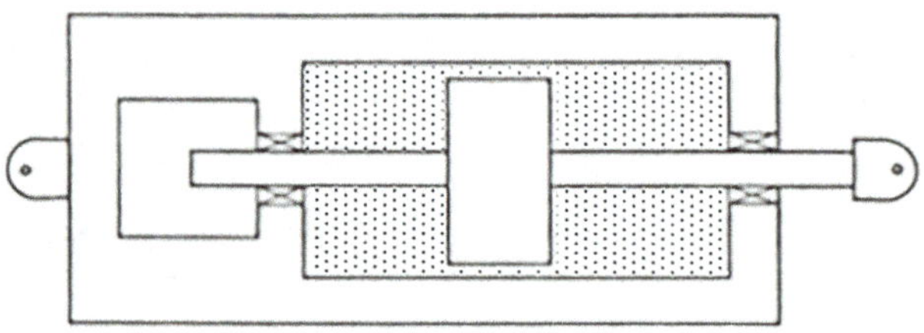

그림 2.2 점성 감쇠기

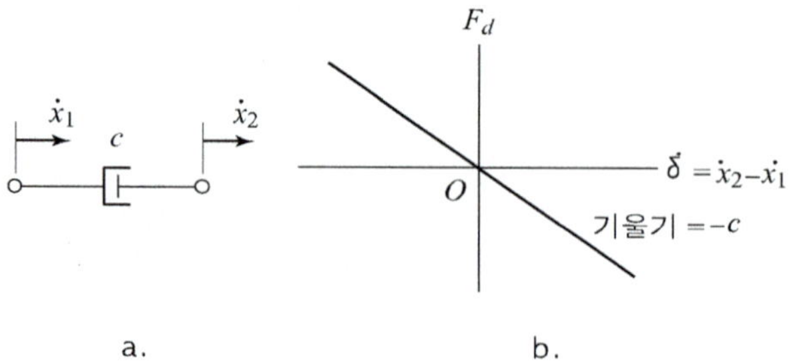

그림 2.3 a. 점성 감쇠기 기호, b. 점성 감쇠력과 상대 속도의 관계

$$F_d = -c\dot{\delta} = -c(\dot{x}_2 - \dot{x}_1) \tag{2.3}$$

여기서 c[표준 단위 = Ns/m]는 유체의 점성 계수와 댐퍼의 치수 등을 포함하는 양의 상수로서 **점성 감쇠 계수 또는 상수**라고 불린다. 따라서 상기 감쇠력에 의한 일은 다음 식 (2.4)와 같이 음의 값으로 계산되며, 이에 감쇠 요소는 항상 에너지를 소산 즉, 감소시킴을 알 수 있다.

$$W_{12})_{nc} = \int_0^{\delta} F_d\, d\delta = \int_0^{\delta} (-c\dot{\delta})\, d\delta = \int_{t_1}^{t_2} (-c\dot{\delta}^2)\, dt < 0 \tag{2.4}$$

위와 마찬가지로, 비틀림 또는 회전형 진동의 경우에도 전술한 병진형 진동에서와 동일한 개념으로 이산화를 수행할 수 있다. 이에 비틀림 스프링과 비틀림 감쇠기의 저항 모멘트(또는 토크)를 각각 식 (2.1), (2.3)과 같은 형태로 식 (2.5), (2.6)로 정의하면 그들의 에너지 측면적 특성 역시 해당 병진형 요소들과 마찬가지임을 추측할 수 있다.

$$M_s = -k_T(\theta_2 - \theta_1) \tag{2.5}$$

$$M_d = -c_T(\dot{\theta}_2 - \dot{\theta}_1) \tag{2.6}$$

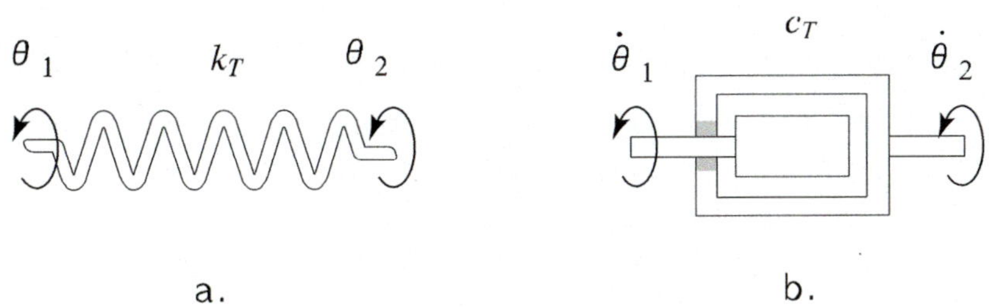

그림 2.4 a. 비틀림 스프링, b. 비틀림 점성 감쇠기

2.2 등가 요소

전술한 이산 요소들은 경우에 따라 다양한 조합으로 나타날 수 있다. 예를 들어 스프링 두 개가 그림 2.5에서와 같이 병렬로 조합되는 경우에는 등가 강성계수의 정의 식 (2.7), 정력학적 힘의 평형 식 (2.8), 그리고 개별 스프링의 힘과 변위의 관계식 (2.9)로부터 등가 강성이 식 (2.10)과 같이 두 강성의 합으로 구해진다. 따라서 n개의 스프링이 병렬로 조합되는 일반적인 경우에는 식 (2.11)과 같은 등가 강성 계수에 관한 식이 성립된다.

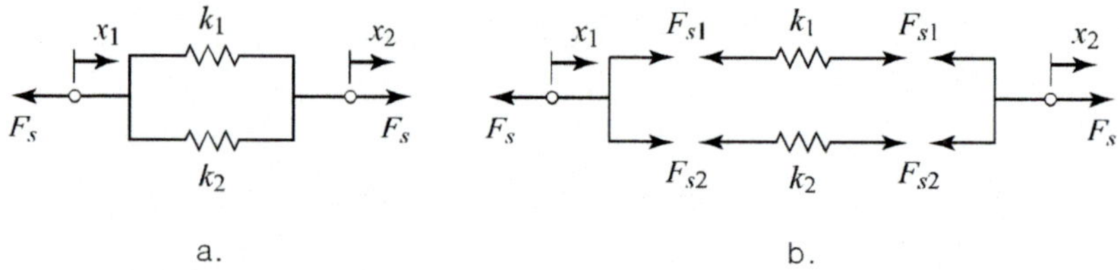

그림 2.5 a. 병렬 스프링, b. 부위별 정력학적 힘의 평형

$$k_{eq} = \frac{-F_s}{x_2 - x_1} \tag{2.7}$$

$$F_s = F_{s1} + F_{s2} \tag{2.8}$$

$$F_{s1} = -k_1(x_2 - x_1),\ F_{s2} = -k_2(x_2 - x_1) \tag{2.9 a,b}$$

$$k_{eq} = k_1 + k_2 \tag{2.10}$$

$$k_{eq} = \sum_{i=1}^{n} k_i \tag{2.11}$$

한편, 그림 2.6에서와 같이 두 개의 스프링이 직렬로 연결되면 등가 강성 계수는, 식 (2.7)과 각 스프링의 힘과 변위의 관계식 (2.12)로부터 식 (2.13)에서와 같이 개별 스프링 상수의 역수의 합의 역수가 된다. 따라서 만일 n개의 스프링이 직렬로 조합되면 식 (2.14)와 같이 등가 강성 계수가 그만큼 더 작아져 식 (2.15)에 나타낸 바와 같이 관련된 개별 스프링 상수의 최소치보다도 작아진다.

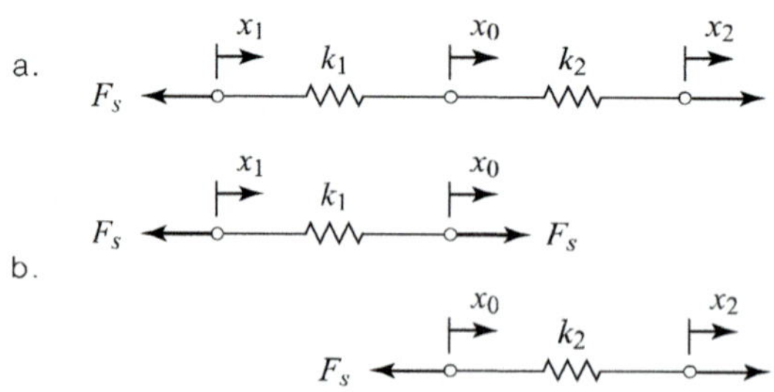

그림 2.6 a. 직렬 스프링, b. 부위별 정력학적 힘의 평형

$$F_s = -k_1(x_0 - x_1),\ F_s = -k_2(x_2 - x_0) \tag{2.12 a,b}$$

$$k_{eq} = (k_1^{-1} + k_2^{-1})^{-1} \tag{2.13}$$

$$k_{eq} = (\sum_{i=1}^{n} \frac{1}{k_i})^{-1} \tag{2.14}$$

$$k_{eq} < \mathrm{Min}(k_1, k_2, ..., k_n) \tag{2.15}$$

만일 점성 감쇠 요소가 병렬이나 직렬로 조합된 경우에는 식 (2.1)과 (2.3)사이의 유사성에 따라 등가 감쇠 계수도 각각 식 (2.11), (2.14)와 같은 형태로 구해지되, 다만 k_i를 c_i로 대체한 것과 같다.

이제 분포계 또는 연속계의 공간 이산화 과정을 구체적 예를 통하여 살펴보기 위하여, 그림 2.7에서와 같이 좌측 단은 고정되고 우측 단에는 정적인 인장력이 가해지는 균일 막대를 고려해 보자. 질량을 무시할 때 이 막대는 탄성 비례 한계 내에서 외부 인장력 F에 반응하여 우측 단에서 δ만큼 늘어나는 스프링의 역할을 한다. 이에 등가 스프링 상수는 다음 식과 같이 정의되고 여기에서 δ는, 임의의 위치 x에서의 막대의 축방향 변위를 $u(x)$라고 할 때, $u(L)$과 같다.

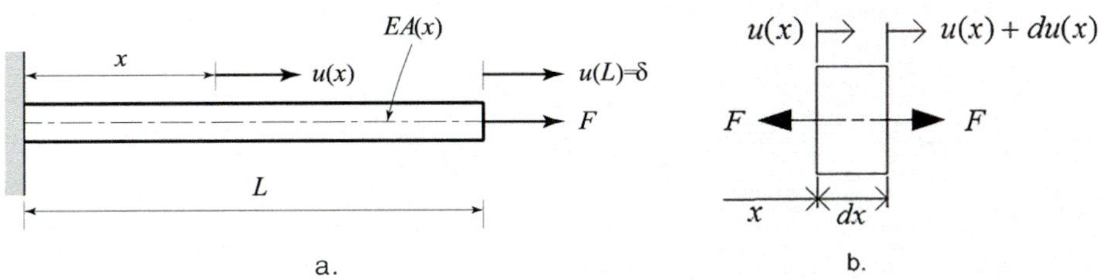

그림 2.7 a. 인장력 하의 균일 막대, b. 미소 표본의 힘과 변위

$$k_{eq} = \frac{F}{\delta} \tag{2.16}$$

한편, 동 그림의 b와 같이 막대의 미소 표본을 취하여 고찰할 때 고체역학 이론[8]에 의하면 영(Young) 계수를 E라고 할 때 종방향 수직 응력과 변형률 사이에 비례식

$$\sigma = E\epsilon \tag{2.17}$$

가 성립한다. 이는 다시 그들 각각의 정의로부터 다음 식 (2.18)을 의미하므로 그 식을 적분하면 식 (2.19)에서와 같이 축방향 변위를 위치의 함수로 구할 수 있다. 따라서 구하고자 하는 강성 계수는 식 (2.20)과 같아져 축방향 강성(rigidity) EA에 비례하고 길이에 반비례하는 것으로 판명된다.

$$\frac{F}{A} = E\frac{du(x)}{dx} \tag{2.18}$$

$$u(x) = F\int_0^x \frac{d\zeta}{EA} = \frac{F}{EA}x, \; u(L) = \frac{FL}{EA} \tag{2.19a,b}$$

$$k_{eq} = \frac{EA}{L} \tag{2.20}$$

여기서 한 가지 더 특기할 것은 인장력이 작용하는 한, 막대의 k_{eq}에 관한 상기 식은 경계 조건과 관계없다는 사실이다.

예제 2.1 그림에서와 같이 중간에 단이 있는 막대의 우측 끝단에서의 축방향 등가 스프링 상수를 구하라.

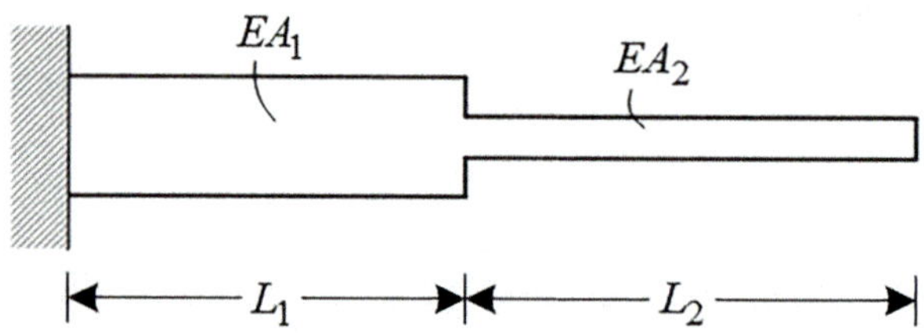

그림 2.8 중간에 단이 있는 막대

막대의 좌측 부분과 우측 부분의 스프링 상수는 식 (2.20)에 따라 각각

$$k_1 = \frac{EA_1}{L_1}, \; k_2 = \frac{EA_2}{L_2} \tag{a}$$

와 같고, 그들이 다시 직렬로 연결된 상태이므로 등가 스프링 상수는 결국 다음과 같이 구해진다.

$$k_{eq} = (\frac{1}{k_1} + \frac{1}{k_2})^{-1} = \frac{EA_1A_2}{L_1A_2 + L_2A_1} \tag{b}$$

그림 2.9는 등가 비틀림 스프링 상수에 관한 예로서, 좌측이 고정된 균일 단면 원형축의 우측 단에서의 해당 값을 구해보자. 우측 단에 비틀림 모멘트 M이 인가될 때 축내 임의의 위치 x에서의 비틀림 각을 $\theta(x)$라고 하면, 그 값은 식 (2.21)과 같이 정의된다.

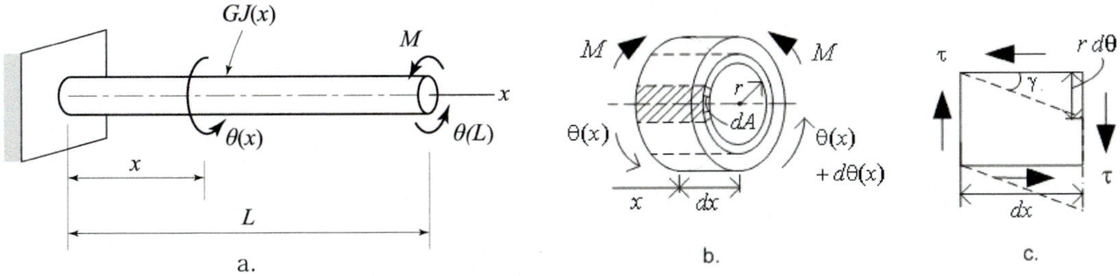

그림 2.9 a. 토크에 의하여 비틀린 축, b. 미소 표본, c. 미소 표본의 전단 응력과 변형률

$$k_{eq} = \frac{M}{\theta(L)} \tag{2.21}$$

그 중 $\theta(L)$는 동 그림의 b에 빗금으로 표시된 미소 표본에 고체역학 이론을 적용함으로써 구해질 수 있다. 즉, 전단 계수를 G라고 할 때 전단 응력 τ와 전단 변형률 γ 사이의 비례식 (2.22)와 전단 변형률과 비틀림 각의 기하학적 관계식 (2.23)을 모멘트와 전단 응력의 관계식 (2.24)에 대입하여 적분하면 $\theta(x)$가 식 (2.25)로 얻어진다.

$$\tau = G\gamma \tag{2.22}$$

$$\gamma(r, x) = \frac{rd\theta(x)}{dx} \tag{2.23}$$

$$M = \int_A r\tau\, dA = G\frac{d\theta(x)}{dx}\int_A r^2 dA = GJ(x)\frac{d\theta(x)}{dx} \tag{2.24}$$

$$\theta(x) = \frac{Mx}{GJ} \tag{2.25}$$

여기에서 J는 단면의 극 관성 모멘트이다. 따라서 궁극적으로 구하고자 하는 비틀림 스프링 상수는 식 (2.26)과 같이 비틀림 강성 GJ에 비례하되 길이 L에 반비례하는 값임을 알 수 있다. 비틀림의 경우 역시 축 방향에서처럼, 경계조건에 관계없이 k_{eq}가 항상 동일한 공식으로 표현된다.

$$k_{eq} = \frac{GJ}{L} \tag{2.26}$$

다음 예는 그림 2.10에 나타낸 바와 같이 외팔보가 굽혀지며 우측 자유단에 나타나는 횡방향 스프링 효과를 구하는 것이다. 해당 등가 스프링 상수는 정의상 다음 식과 같다.

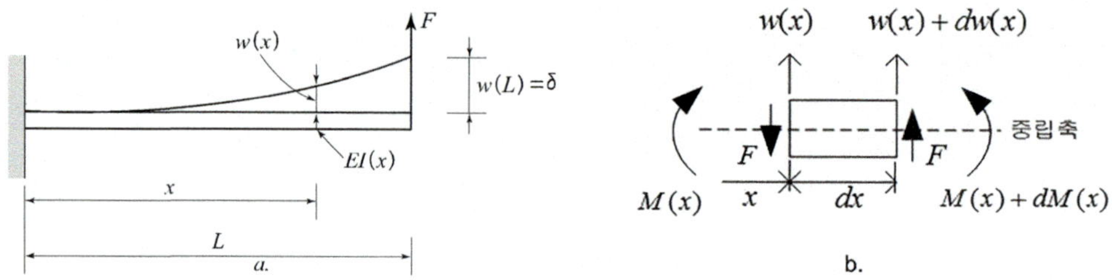

그림 2.10 a. 횡 방향 힘에 의하여 굽혀진 보, b. 미소 표본의 힘과 변위

$$k_{eq} = \frac{F}{\delta} \tag{2.27}$$

여기서 자유단의 처짐량 δ는 보의 미소 표본에서 전단력에 의한 횡방향 변위는 무시하고 굽힘 모멘트에 의한 변위만 고려할 때 고체역학 이론에 의거하여 다음과 같이 구해진다. 즉, I를 보 단면의 횡방향 면적 관성 모멘트라고 할 때 임의의 위치 x에서의 굽힘 모멘트 M과 곡률 $d^2w(x)/dx^2$간의 관계식 (2.28)과 굽힘 모멘트와 힘의 관계식 (2.29)을 결합하여 처짐량에 관한 식 (2.30)을 얻는다. 그로부터 균일 보의 처짐량는 식 (2.31)로 구해진다. 따라서 등가 스프링 상수는 식 (2.32)에서와 같이 굽힘 강성 EI에 비례하고 길이 L의 3승에 반비례함을 알 수 있다. 특히 보의 경우 주목할 것은 굽힘 모멘트가 위치뿐만 아니라 경계조건에 따라서도 그 값이 달라져 k_{eq} 의 공식도 가변적이라는 것이다.

$$M(x) = EI(x)\frac{d^2w(x)}{dx^2} \tag{2.28}$$

$$M(x) = F(L - x) \tag{2.29}$$

$$w(x) = F\int_0^x \int_0^\zeta \frac{L - x}{EI} dx d\zeta \tag{2.30}$$

$$\delta = w(L) = \frac{FL^3}{3EI} \tag{2.31}$$

$$k_{eq} = \frac{3EI}{L^3} \tag{2.32}$$

표 2.1에는 다양한 경우의 등가 스프링 상수들이 잘 정리되어 있으므로 참고하기 바란다.

표 2.1 등가 스프링 상수

번호	경우	k_{eq}
1	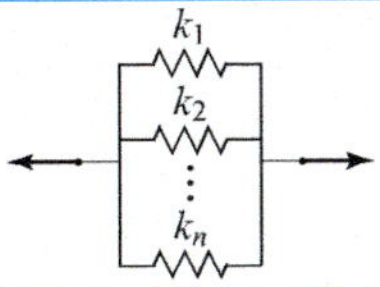 병렬 스프링	$\sum_{i=1}^{n} k_i$
2	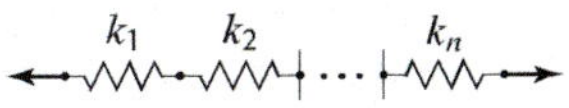 직렬 스프링	$(\sum_{i=1}^{n} \frac{1}{k_i})^{-1}$
3	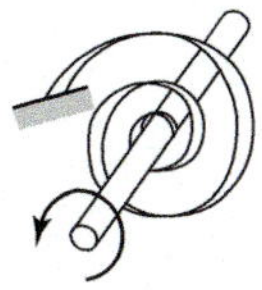 비틀림 스프링 (태엽 스프링)	$\frac{EI}{L}$ (회전 방향)
4	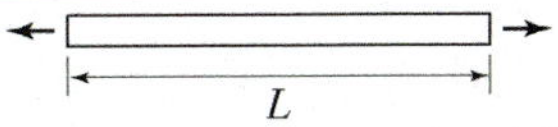 축방향 변형 막대	$\frac{EA}{L}$
5	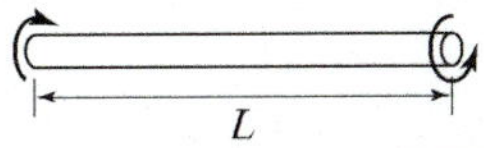 비틀림 축 (토오션 바 스프링)	$\frac{GJ}{L}$
6	 나선형 (또는 코일) 스프링 (d= 코일 단면의 직경, n=코일 권선의 수)	$\frac{Gd^4}{64nR^3}$ (축방향)
7	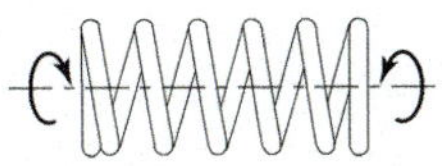 나선형 (또는 코일) 스프링	$\frac{Ed^4}{128nR}$ (비틀림 방향)
8	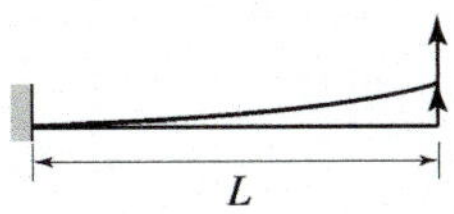 자유단에 힘이 작용하는 외팔 보 (단면이 균일한 평판 스프링)	$\frac{3EI}{L^3}$
9	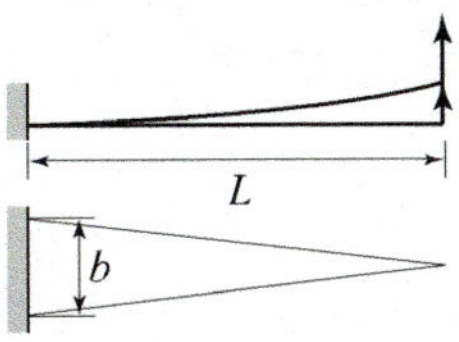 자유단에 힘이 작용하는 외팔 보 (단면의 폭이 삼각형 형태로 변하는 평판 스프링, h=두께)	$\frac{bh^3E}{6L^3}$
10	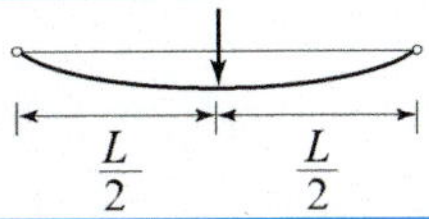 중앙에 힘이 작용하는 단순 지지 보	$\frac{48EI}{L^3}$
11	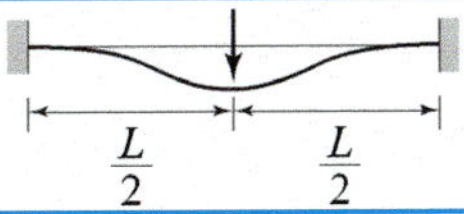 중앙에 힘이 작용하는 양단 고정 지지 보	$\frac{192EI}{L^3}$

표 2.1 등가 스프링 상수 (계속)

번호	경우		k_{eq}
12	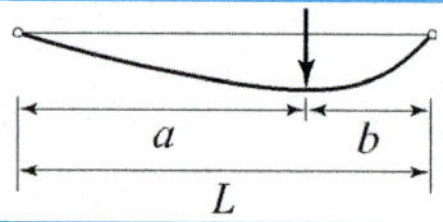	임의의 지점에 힘이 작용하는 단순 지지 보	$\dfrac{3EIL}{a^2b^2}$
13	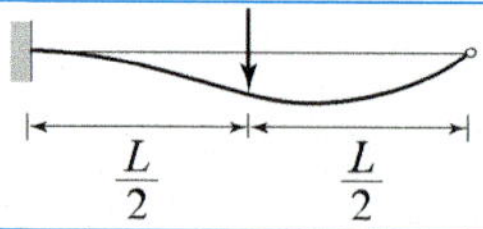	중앙에 힘이 작용하는 고정-단순 지지 보	$\dfrac{768EI}{7L^3}$
14	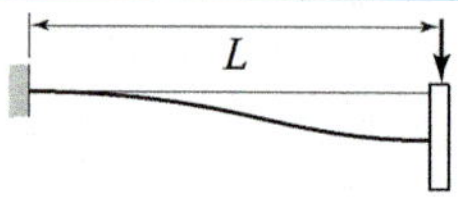	한쪽 단은 고정 지지이고 반대쪽 단은 회전이 불가하나 처짐은 가능한 보	$\dfrac{12EI}{L^3}$
15	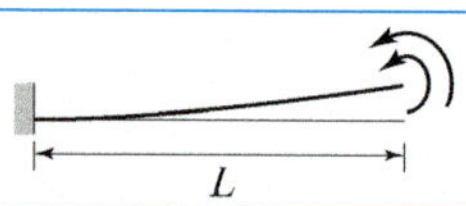	자유단에 모멘트가 작용하는 외팔 보	$\dfrac{EI}{L}$ (회전 방향)
16	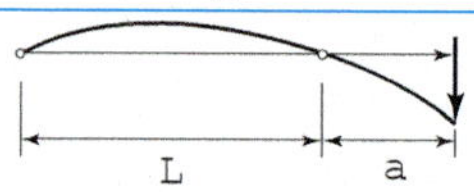	단순 지지이되 한 쪽 오버행(overhang)의 끝단에 힘이 작용하는 보	$\dfrac{3EI}{a^2(L+a)}$
17	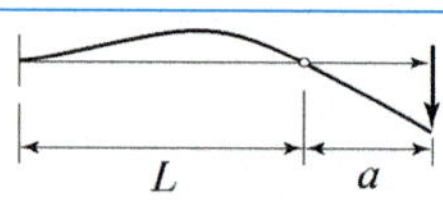	고정-단순 지지이되 단순 지지 쪽 오버행(overhang)의 끝단에 힘이 작용하는 보	$\dfrac{12EI}{a^2(3L+4a)}$
18	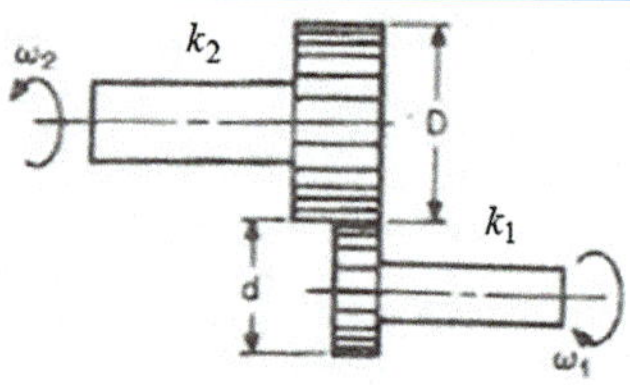	기어로 연결된 축계의 비틀림 강성 (k_1, k_2는 각 축의 비틀림 스프링 상수, $n=\dfrac{D}{d}$=감속비)	$\dfrac{k_1k_2}{n^2k_1+k_2}$ (1번축 기준)
19	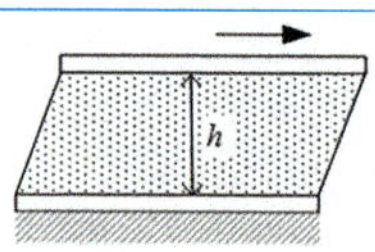	육면체 전단 고무 스프링 (A=전단 방향 단면적)	$\dfrac{GA}{h}$

여기서 E=(종) 탄성 계수(또는 영계수), G=횡 탄성계수(또는 전단 계수), A=단면적, I=단면의 면적관성 모멘트, J=단면의 극 면적관성 모멘트

한편, 분포계의 공간 이산화시 등가 질량은 계의 운동 에너지가 유지되도록 구한다. 일례로서 그림 2.11에 나타낸, 총 질량 m_s가 균일하게 분포된 나선형 스프링의 자유단에서의 등가 질량을 구해보자. 먼저 임의의 위치 x에서의 축방향 변위를 u라고 할 때, 스프링의 운동 에너지는 식 (2.33)과 같이 미소 질량 dm을 갖는 질점들의 운동 에너지의 합이면서 동시에 등가 질량 m_{eq}를 갖는 단일 질점의 운동 에너지로 표현될 수 있다.

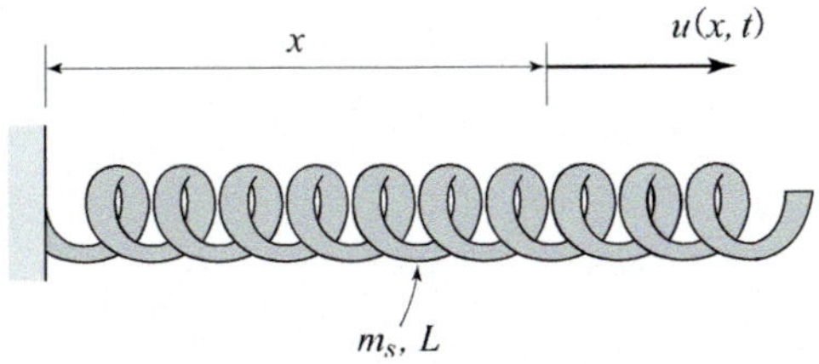

그림 2.11 분포 질량을 갖는 스프링

$$T = \frac{1}{2}\int \dot{u}^2(x,t)dm = \frac{1}{2}m_{eq}\dot{u}^2(L,t) \tag{2.33}$$

이 때 dm은 다음 식과 같다.

$$dm = \frac{m_s\,dx}{L} \tag{2.34}$$

한편, 적분을 수행하기 위하여 u와 x의 함수 관계를 알아야 하는 데, 와이어의 미소 표본을 고려해 보면 그 양단에 일정한 축방향 전단력과 비틀림 모멘트를 받으며 전자에 의한 변형을 무시하는 경우 후자에 의하여 식 (2.25)에서처럼 표본의 길이에 비례하는 비틀림 각을 갖게 됨을 확인할 수 있다. 그러한 사실을 감안하면 축방향 변위는 식 (2.35)와 같이 고정 단부터 자유 단까지 선형적으로 증가한다고 진술할 수 있다. 참고로 표 2.1의 6번 항목도 그렇게 도출된 결과이다.

$$u(x,t) = \frac{x}{L}u(L,t) \tag{2.35}$$

그러므로 운동 에너지는

$$T = \frac{m_s}{6}\dot{u}^2(L,t) \tag{2.36}$$

와 같이 산출되고, 이에 등가 질량 m_{eq}는 다음 식과 같이 구해진다.

$$m_{eq} = \frac{1}{3}m_s \tag{2.37}$$

2.3 기계 시스템의 진동 모델링

이 절에서는 기계 시스템의 진동을 분석하기 위하여 연속 분포계를 질량, 강성, 감쇠 요소로 구성된 이산계로 적절히 모델링하는 예를 살펴본다. 먼저 그림 2.12a에 보인 드럼형 세탁기가 진동하는 경우를 생각해 보자. 이 때 만일 수직방향의 진동에만 관심이 있다면 M, k, c를 각각 세탁기 전체의 질량, 지지 받침의 스프링 상수 및 점성 감쇠 계수라고 할 때 동 그림의 b와 같은 1-자유도 질량-스프링-댐퍼 계로 모델링할 수 있다.

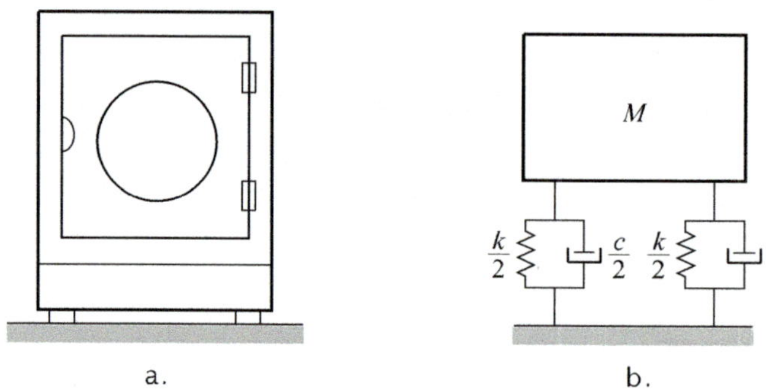

그림 2.12 a. 세탁기, b. 세탁기의 이산화 모델

다음은 그림 2.13에 제시된 독립 현가식 자동차의 예를 고려해 보자. 만일 주행 중 발생하는 자동차 차체의 상하 진동, 피치 진동, 롤 진동 그리고 각 바퀴의 상하 진동을 해석하고자 한다면 동 그림의 b와 같이 이산화시켜 총 7-자유도의 계로 모델링할 수 있다. 이 때 m_b, I_y, I_z는 각각 차체의 질량, 질량 중심을 지나는 피치 및 롤 방향 이너셔이고 m_{wi}, k_{ti}, k_{si}, c_{si}는 $i(=1\sim4)$번째 바퀴의 질량, 타이어의 강성 계수, 현가 장치의 강성 계수 및 감쇠 계수 등을 나타낸다.

또한 그림 2.14에 스케치된 미사일은 가늘고 긴 형상으로 인하여 비행 중에 굽힘 진동을 일으킬 수 있다. 그러한 진동을 분석하기 위하여 원칙적으로는 동 그림의 c와 같이 분포계로 모델링되어야 하지만, 해석의 편의상 b와 같이 질량을 n개의 분리된 질점으로 나누고 그들 사이에 등가 강성 요소가 존재하는 이산 모델로 간주할 수 있다. 그와 마찬가지 방식으로 그림 2.15에 묘사된 항공기 날개의 비행 중 굽힘 진동 $w(y,t)$도 분석할 수 있다.

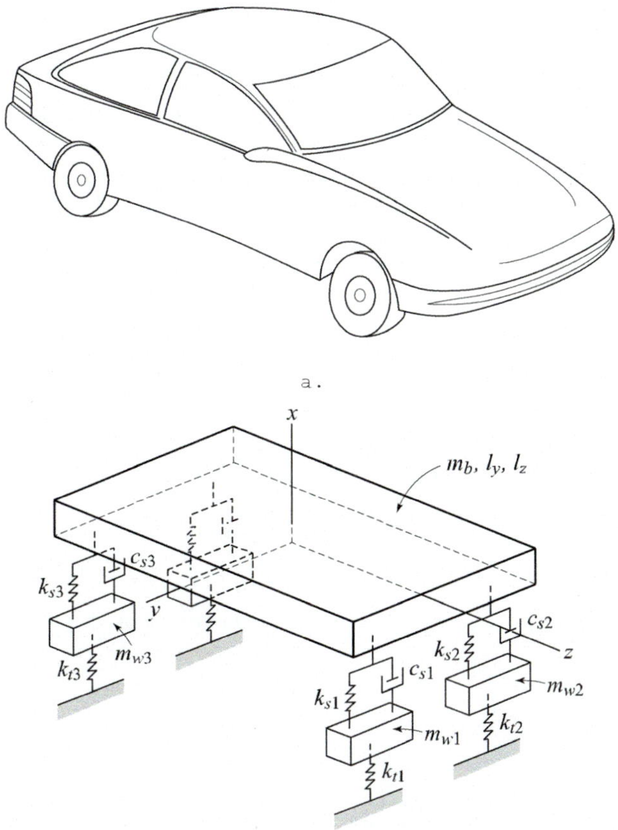

b.

그림 2.13 a. 자동차, b. 자동차의 이산화 모델

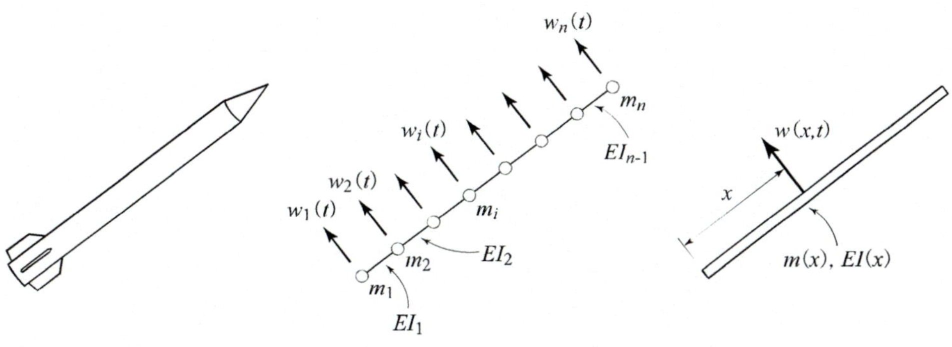

a. b. c.

그림 2.14 a. 비행중인 미사일, b. 미사일의 이산화 모델, c. 미사일의 분포계 모델

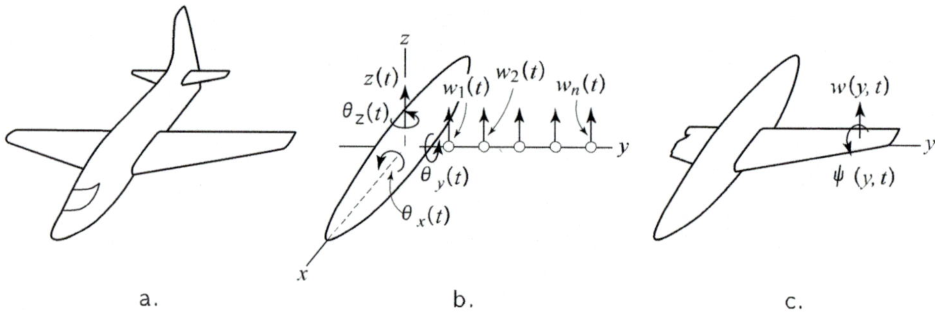

그림 2.15 a. 비행중인 항공기 , b. 항공기의 이산화 모델, c. 항공기의 분포계 모델

한편, 앞의 그림 2.13에서 다룬 자동차의 진동 중 롤링(rolling) 즉, z축 방향 회전 진동에 대한 관심이 없다면 굳이 7-자유도 전차 모델 대신 다음 그림 2.16a와 같은 4-자유도 반차 모델, 혹은 심지어 바퀴의 진동에도 관심이 없을 때는 바퀴도 제외시켜 동 그림의 b와 같이 2개의 자유도만을 갖는 단순 모델을 사용하는 것이 바람직하다. 만일 더 나아가 오직 차체의 상하 진동에만 관심이 있다면 상기 모델의 절반인 1-자유도 1/4-차 모델도 충분할 것이다.

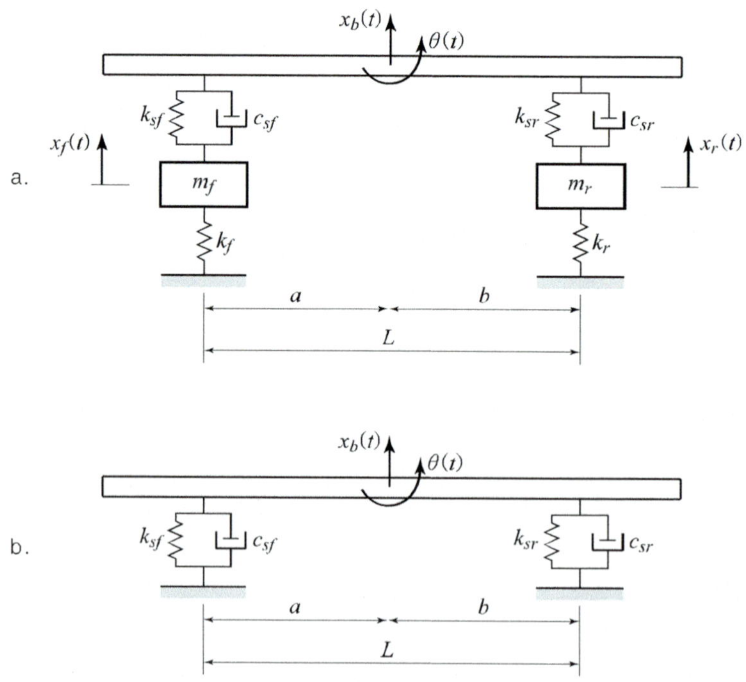

그림 2.16 a. 4-자유도 반차 모델, b. 2-자유도 반차 모델

이제, 모델링의 정량적 측면을 살펴보자. 먼저, 힘과 가속도의 관계를 나타내는 뉴톤 법칙에서 가속도 자체가 변위의 2차 시간 도함수라는 사실로부터 이산계의 운동을 지배하는 운동 방정식은 상미분 방정식의 형태가 될 것임을 알 수 있다. 참고로, 분포계의 경우에는 변위가 시간뿐만 아니라 위치의 함수이기도 하여 그의 거동을 지배하는 운동 방정식이 편미분 방정식의 형태를 띠게 된다.

예를 들어 앞의 그림 2.12의 세탁기를 누군가가 위에서 눌렀다 놓았을 때의 운동 방정식을 구해보자. 이에 몸체의 수직 방향 변위를 정의하되, 그 기준 위치가 하부의 스프링이 변형 전일 때와 몸체 자중에 의하여 처짐이 발생한 정적 평형 상태인 때를 각각 y와 x라고 하자. 그림 2.17을 참조할 때 그 둘 사이에는

$$y = x - \delta_{st} \tag{2.38}$$

와 같은 관계가 성립한다. 여기서 δ_{st}는 정적 처짐의 크기로서 세탁기의 질량, 중력 가속도, 지지 스프링의 강성계수를 각각 M, g, k라고 할 때 다음 식과 같다.

$$\delta_{st} = Mg/k \tag{2.39}$$

먼저 y에 관한 운동 방정식을 구해 본다면, 그림 2.17의 자유 물체도와 뉴톤 법칙에 따라 식 (2.40)를 쓸 수 있고, 이는 다시 (2.41)과 같이 전형적인 선형 2차 상미분 방정식의 형태로 정리될 수 있다. 한편, x에 관한 운동 방정식은 식 (2.38), (2.39), (2.41)로부터 식 (2.42)과 같이 바로 구해질 수 있다.

$$-Mg - c\dot{y} - ky = M\ddot{y} \tag{2.40}$$

$$M\ddot{y} + c\dot{y} + ky = -Mg \tag{2.41}$$

$$M\ddot{x} + c\dot{x} + kx = 0 \tag{2.42}$$

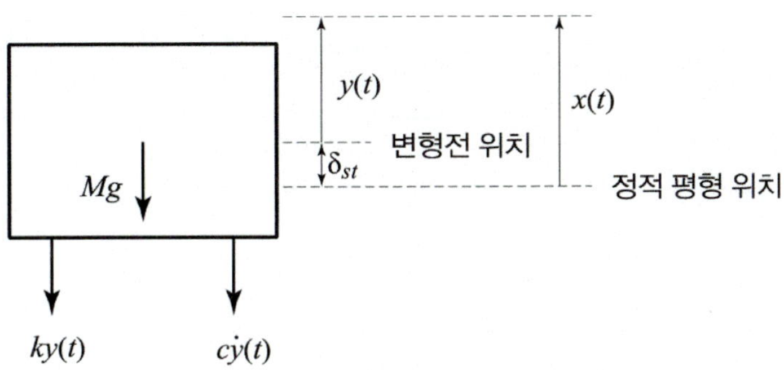

그림 2.17 세탁기 모델의 자유물체도

두 결과 식 (2.41)과 (2.42)를 비교해 보면, 순수 진동의 추이는 이 예의 자중과 같이 동적 변위에 일정한 영향만을 미치는 정적 힘에 의한 처짐과는 무관함을 알 수 있다. 그러므로 진동 분석 시에 종종 중력의 영향이 무시될 수 있다. 그러나, 예를 들어 1장에서 다룬 단진자와 같은 경우는 그 운동이 중력의 방향과 평행하지 않아서 중력 가속도가 $\sin\theta$와 곱해진 상태로 운동 방정식에 나타나는 동적 효과를 갖기에 진동을 분석할 때 반드시 고려되어야 없다. 식 (2.42)는 수학적으로는 제차(homogeneous) 방정식으로 분류되며 물리적으로는 외부 가진력이 없는 자유 운동의 식에 해당한다.

여기까지 세탁기의 진동을 논하는 과정 중에 우리는 사실상 묵시적으로 세탁기 받침이 바닥과 항상 접촉을 유지하고 있다고 간주하였다. 그러나 일반적으로 세탁기 지지받침은 단순히 바닥 위에 놓여 진 상태이므로 진폭이 어느 한계치 즉, 정적 처짐 량보다 큰 경우 지지대와 바닥간의 접촉이 사라지므로 상기 운동 방정식은 성립되지 못한다. 다시 말해서 식 (2.42)가 성립하기 위하여는 식 (2.43)과 같은 조건이 반드시 만족되어야 하며, 그와 같은 조건을 만족시키기 위하여 우리는 무거운 물체를 세탁기 위에 두어 정적 처짐량을 더 크게 할 수도 있을 것이다.

$$x \leq \delta_{st} \tag{2.43}$$

이와 같이 진동에 대비하여 인위적으로 어떤 힘을 가해 정적 처짐량을 확보하는 작업을 흔히 스프링의 예압(preload)이라고 한다.

이제는 그림 2.18에서와 같은 드럼형 세탁기에 회전 불평형 질량이 존재하는 경우의 운동 방정식을 구해 보자. 여기서 M은 세탁기 전체의 질량, m은 그 중 드럼의 질량, e는 m의 편심 거리, ω는 드럼의 일정한 회전 속도이다. 수직 방향 진동 변위를 x라 하고 정적

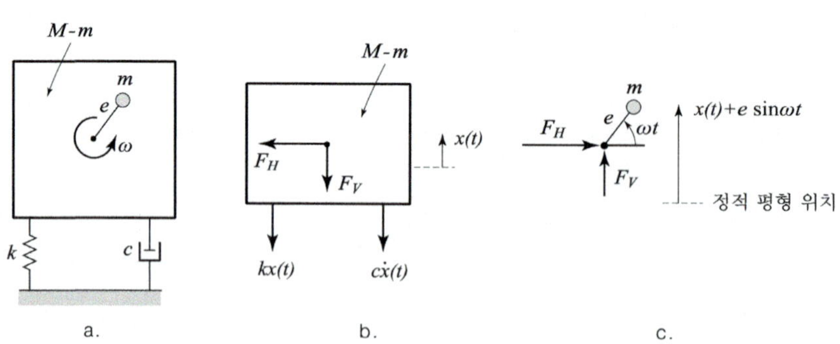

그림 2.18 a. 편심이 있는 세탁기 모델, b. 본체의 자유물체도, c. 드럼의 자유물체도

힘인 자중을 무시할 때 동 그림 b, c와 같은 자유 물체도를 그릴 수 있고, 이에 그림 b와 같이 드럼을 제외한 세탁기 본체에 대하여 뉴톤 법칙을 적용하면 다음 식을 얻을 수 있다.

$$-F_V - kx - c\dot{x} = (M - m)\ddot{x} \tag{2.44}$$

여기서 F_V는 편심된 드럼이 회전하면서 드럼 회전축에 작용하는 수직 방향 내력으로서 그 크기는 드럼의 자유 물체도(그림 c)와 뉴톤 법칙으로부터

$$F_V = m\frac{d^2}{dt^2}(x + e\sin\omega t) = m(\ddot{x} - e\omega^2 \sin\omega t) \tag{2.45}$$

임을 알 수 있다. 상기 두 식을 연립하여 F_v를 소거하면 세탁기의 운동 방정식이 다음과 같이 구해진다.

$$M\ddot{x} + c\dot{x} + kx = mew^2 \sin wt \tag{2.46}$$

위 식은 우변에 이질적인 항이 존재함으로써 수학적으로는 비제차(nonhomogeneous) 미분 방정식, 물리적으로는 외력에 의하여 운동이 발생하는 강제 운동의 식으로 분류된다.

다음의 예는 이미 그림 2.16a에서 소개된 바 있는 4-자유도 반차 모델에 외력 F가 추가된 경우로서, 앞에서 다룬 세탁기의 경우와는 달리 총 4개의 운동 방정식이 구해진다. 그림 2.19에 그려진 자유 물체도를 참조하여 차체 질량 중심의 병진(x_b)과 피치(pitch) 회전(θ), 전륜과 후륜의 병진 변위(x_f 와 x_r)에 대하여 식 (2.47)과 같이 뉴톤 법칙을 적용하면 식 (2.48)과 같은 연립 미분 방정식 형태의 운동 방정식을 얻을 수 있다.

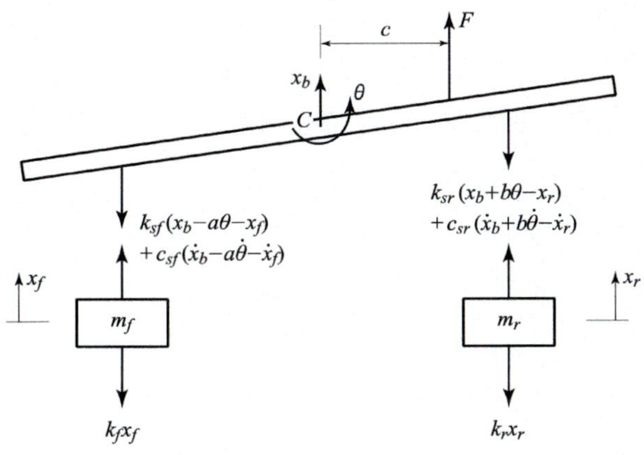

그림 2.19 4-자유도 반차 모델의 자유물체도

$$\sum F_b = m_b \ddot{x}_b,\ \sum M_c = I_c \ddot{\theta},\ \sum F_f = m_f \ddot{x}_f,\ \sum F_r = m_r \ddot{x}_r \tag{2.47}$$

$$\begin{aligned} & m_b \ddot{x}_b + (c_{sf} + c_{sr})\dot{x}_b - (c_{sf}a - c_{sr}b)\dot{\theta} - c_{sf}\dot{x}_f - c_{sr}\dot{x}_r \\ & \quad + (k_{sf} + k_{sr})x_b - (k_{sf}a - k_{sr}b)\theta - k_{sf}x_f - k_{sr}x_r = F \end{aligned} \tag{2.48a}$$

$$\begin{aligned} & I_c \ddot{\theta} - (c_{sf}a - c_{sr}b)\dot{x}_b + (c_{sf}a^2 + c_{sr}b^2)\dot{\theta} + c_{sf}a\dot{x}_f - c_{sr}b\dot{x}_r \\ & \quad - (k_{sf}a - k_{sr}b)x_b + (k_{sf}a^2 + k_{sr}b^2)\theta + k_{sf}ax_f - k_{sr}bx_r = Fc \end{aligned} \tag{2.48b}$$

$$m_f \ddot{x}_f - c_{sf}\dot{x}_b + c_{sf}a\dot{\theta} + c_{sf}\dot{x}_f - k_{sf}x_b + k_{sf}a\theta + (k_f + k_{sf})x_f = 0 \tag{2.48c}$$

$$m_r \ddot{x}_r - c_{sr}\dot{x}_b - c_{sr}b\dot{\theta} + c_{sr}\dot{x}_r - k_{sr}x_b - k_{sr}b\theta + (k_r + k_{sr})x_r = 0 \tag{2.48d}$$

여기서 변위의 기준은 공히 정적 평형 상태이며 피치각 θ는 충분히 작아서 $\sin\theta \cong \theta$로 근사화 하였다. 또한 I_c는 차체의 질량 중심에 대한 이너셔이며 m, k, c는 각각 질량, 스프링 상수, 감쇠 계수로서 하첨자를 사용하여 해당 요소를 구별하였다. 사용된 하첨자 s, f, r은 각각 '현가장치', '전', '후'를 의미한다.

2.4 가진의 속성

앞 절에서 살펴보았듯이 진동은 크게 식 (2.42)와 같은 자유 진동, 식 (2.46)과 같은 강제 진동으로 분류된다. 자유 진동은 초기 가진 만에 의하여 진동이 발생하는 경우이며, 강제 진동은 지속적인 가진에 의하여 진동이 발생하는 경우이다.

가진은 다시 그 속성에 따라 결정적(deterministic) 가진과 무작위적(random) 가진으로 나뉠 수 있다. 전자는 가진을 시간의 함수로서 알 수 있는 경우로서 그 함수의 형태에 따라 조화(harmonic), 주기, 비주기 형 등으로 다시 세분될 수 있다. 한편, 후자는 지진, 파랑, 바람, 도로면의 요철 등 가진의 재현성이 약하여 특정 시간에 해당하는 가진의 크기나 방향을 확정할 수 없으며 단지 그의 확률 분포 유형, 평균, 분산 값 등만을 알 수 있는 경우이다[2,12].

이 책이 다루는 범위는 결정적 가진까지이며, 이에 그러한 가진의 속성을 좀 더 살펴보자. 먼저 조화 가진은 통상 등속도로 원운동하는 편심 질량에 의하여 발생하는 원심력에 기인하며 이를 수평이나 수직 축에 투영하면 그림 2.20이나 식 (2.49)와 같은 형태이다.

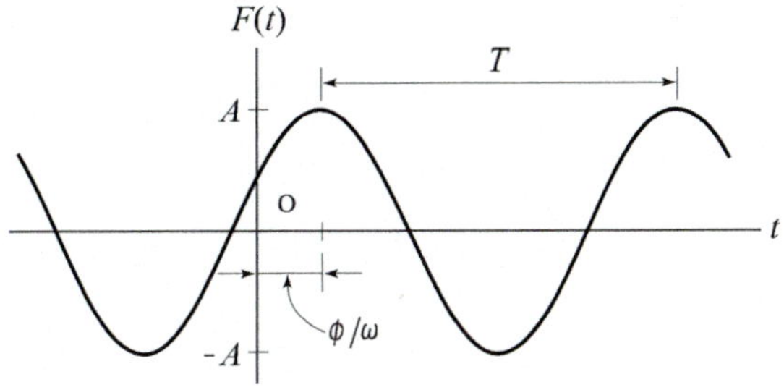

그림 2.20 조화 가진력의 추이

$$F(t) = A\cos(\omega t - \phi) \tag{2.49}$$

즉, 가진력 $F(t)$는 일정한 진폭 A와 주파수 ω 또는 주기 $T = 2\pi/w$를 갖는 사인형 (sinusoidal) 함수로 표현된다. 여기서 ϕ는 초기 위상 또는 지연 위상 각이라 불린다. 이러한 가진이 입력되면 안정한 선형 계의 경우 진폭과 주파수가 일정하다는 의미에서의 정상 상태 진동이 출력된다.

한편, 뒤의 4장에서와 같이 크기와 위상을 동시에 다룸으로써 진동 해석의 효율성을 높일 수 있는 복소 해석의 경우에는 잘 알려진 **오일러(Euler)의 공식** 즉,

$$e^{i\omega t} = \cos\omega t + i\sin\omega t \tag{2.50}$$

을 사용하여 조화 가진력을 다음 식과 같이 표현할 수도 있다.

$$F(t) = \mathrm{Re}\, Ae^{i(\omega t - \phi)} \text{ 또는 } \mathrm{Im}\, Ae^{i(\omega t - \phi)} \tag{2.51}$$

다음으로, 주기형 가진의 경우 가진은 주기함수이다. 나중에 다룰 **푸리에(Fourier) 급수**와 **이산 주파수 스펙트럼**으로부터도 알 수 있듯이 주기함수는 무한개의 사인형 함수로 이루어진 것이기에 진동계의 응답도 주기 함수적으로 나타나게 된다. 이에 반해 비주기적 가진은 가진력이 비주기 함수인 경우로서 푸리에 급수의 확장인 푸리에 변환을 통하여 알 수 있듯이 연속 주파수 스펙트럼을 형성하며 계의 응답도 비주기적 형태를 띠게 된다.

2.5 시스템 유형별 응답의 특성

이미 단진자와 세탁기의 예에서 보았듯이 진동계는 운동 방정식의 형태에 따라 선형계와 비선형계로 대별될 수 있다. 선형계란 운동 방정식에 종속 변수나 그의 시간 도함수가 1차 항 이하로만 존재하는 경우이다. 선형계의 주요 특성은 중첩의 원리가 성립한다는 것이다. 이에 따라 선형계의 응답 즉, 선형 미분 방정식의 해는 비교적 쉽게 구해질 수 있다.

예를 들어, 식 (2.52)로 표현되는 선형 진동계의 경우 식 (2.53)에서와 같이 가진력이 F_1일 때 진동 변위가 x_1, 가진력이 F_2일 때 진동 변위가 x_2라면 앞의 두 식을 중첩할 때 세 번째 식이 되므로, 이는 가진력이 $c_1F_1 + c_2F_2$일 때는 진동 변위가 $c_1x_1 + c_2x_2$이 됨을 뜻한다. 그림 2.21은 그러한 관계를 도식적으로 나타내고 있다.

$$m\ddot{x} + c\dot{x} + kx = F \tag{2.52}$$

$$m\ddot{x}_1 + c\dot{x}_1 + kx_1 = F_1 \tag{2.53a}$$

$$m\ddot{x}_2 + c\dot{x}_2 + kx_2 = F_2 \tag{2.53b}$$

$$m(c_1\ddot{x}_1 + c_2\ddot{x}_2) + c(c_1\dot{x}_1 + c_2\dot{x}_2) + k(c_1x_1 + c_2x_2) = c_1F_1 + c_2F_2 \tag{2.53c}$$

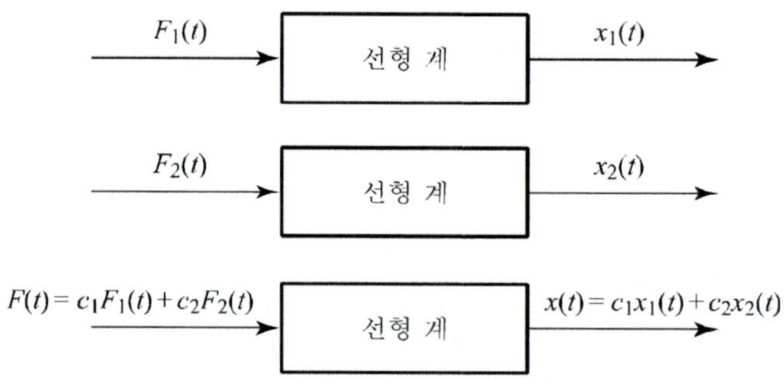

그림 2.21 선형 계의 가진과 응답의 관계

위와 같은 맥락에서 선형계의 일반해는 다음 식과 같이 제차해 x_h와 특해(particular solution) x_p의 합으로 표현될 수 있다.

$$x = x_h + x_p \tag{2.54}$$

반면에, 비선형계의 경우에는 중첩의 원리가 성립되지 않는다. 이에 대한 증거로 다음 식 (2.55)에 표현된 경화(hardening) 스프링을 갖는 진동계를 분석해 보자.

$$m\ddot{x} + c\dot{x} + k(x + \epsilon x^3) = F \tag{2.55}$$

아래의 식에서와 같이, 가진력이 F_1, F_2일 때 진동 변위를 각각 x_1, x_2라고 할 때 $c_1x_1^3 + c_2x_2^3 \neq (c_1x_1 + c_2x_2)^3$이므로 가진력이 $c_1F_1 + c_2F_2$일 때의 진동 변위가 $c_1x_1 + c_2x_2$

와 불일치함을 알 수 있다. 따라서 식 (2.54)와 같은 방식으로 해를 표현할 수 없으므로, 비선형의 미분 방정식의 경우 일반해라는 개념 자체가 존재하지 않는다.

$$m\ddot{x}_1 + c\dot{x}_1 + k(x_1 + \epsilon x_1^3) = F_1 \tag{2.56a}$$

$$m\ddot{x}_2 + c\dot{x}_2 + k(x_2 + \epsilon x_2^3) = F_2 \tag{2.56b}$$

$$m(c_1\ddot{x}_1 + c_2\ddot{x}_2) + c(c_1\dot{x}_1 + c_2\dot{x}_2) + k\{(c_1x_1 + c_2x_2) + \epsilon(c_1x_1 + c_2x_2)^3\} \neq c_1F_1 + c_2F_2 \tag{2.56c}$$

한편, 진동계는 운동 방정식의 계수에 따라 **시불변계**와 **시변계**로 구분되기도 한다. 시불변계는 운동방정식의 모든 계수가 상수이어서 다음 그림에 나타낸 입/출력 관계가 지연시간 τ의 크기에 관계없이 항상 동일하다.

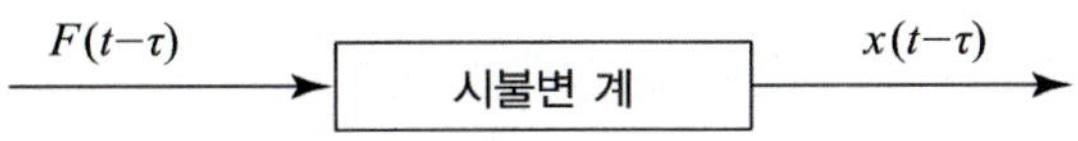

그림 2.22 시불변 계의 가진과 응답의 관계

이에 예를 들어 임펄스가 입력되는 경우 그 시점에 관계없이 응답 즉, 임펄스 응답은 같다. 그러한 특성 덕분에 상계수 선형계의 경우 임의의 입력에 대한 응답을, 임펄스 열에 의한 응답의 중첩으로 계산하는 **컨벌루션(convolution) 적분**으로 구할 수 있다. 만일 선형계라고 하더라도 시변계의 경우에는 상기 논리가 적용되지 않아서 해석적 방법으로 응답을 구하기는 쉽지 않다.

2.6 평형점 근방의 진동

어떤 물체의 위치가 시간의 경과에 관계없이 일정하다면, 우리는 그 물체가 정적 상태 또는 정적 평형 상태에 있다고 말한다. 이러한 상태에서는 당연히 속도와 가속도가 모두 0이 된다. 예를 들어 그림 2.23에서와 같이 외력 F가 작용하는 질량 m인 물체의 절대 변위를 y라고 할 때, 그의 운동방정식은 식 (2.57)로 표현되며 정적 평형 위치 $y = y_e$는 그 식에 (2.58)을 반영하여 얻게 되는 식 (2.59)로부터 구해질 수 있다.

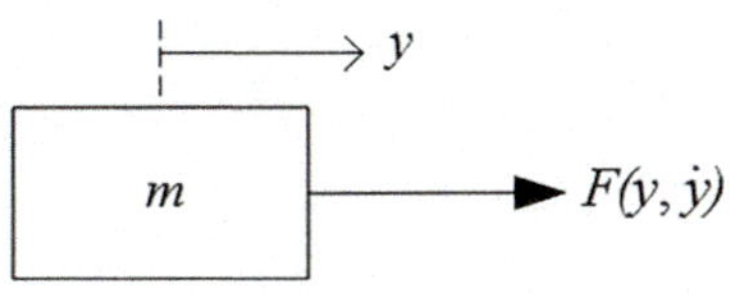

그림 2.23 비선형 힘이 작용하는 질량

$$m\ddot{y} = F(y,\dot{y}) \tag{2.57}$$

$$y = y_e = \text{상수}, \quad \dot{y}_e = \ddot{y}_e = 0 \tag{2.58 a,b}$$

$$F(y_e, 0) = 0 \tag{2.59}$$

이 때 만일 힘 F가 변위와 속도의 선형 함수라면 그 해는 유일하지만, 그 보다 일반적인 경우에서처럼 비선형 함수라면 다중 해를 얻게 될 것이며 이는 곧 물리적으로 정적 평형점이 여러 개 존재함을 의미한다.

한편, 앞에서 다룬 세탁기를 포함하여 대부분의 기계 진동은 어떤 원하지 않은 가진에 의하여 정적 평형 상태로부터 발생하며 그 변위가 그다지 크지 않다. 그런 의미에서 물체의 변위는 식 (2.60)에서와 같이 평형점 위치와 그로부터의 작은 변위 또는 섭동(perturbation)인 x의 합으로 표현될 수 있다.

$$y(t) \equiv y_e + x(t) \tag{2.60}$$

이에 y와 $\dot{y}$의 함수인 힘 F는 **테일러(Taylor) 급수**를 이용하여 평형점 근처에서 다음 식과 같은 무한 급수로 전개될 수 있다(부록 C 참조).

$$F(y,\dot{y}) = F(y_e, 0) + \frac{\partial F}{\partial y}\Big|_e x + \frac{\partial F}{\partial \dot{y}}\Big|_e \dot{x} + O(x^2, \dot{x}^2) \tag{2.61}$$

여기서 $O(x^2, \dot{x}^2)$는 x나 $\dot{x}$의 2차 이상 고차 항들의 합을 나타낸 것으로서 그 크기는 x나 $\dot{x}$의 1차 항에 비하여 더욱 작다. 이에 그들을 무시하면 힘 F는 x와 $\dot{x}$의 1차 함수가 되어 소위 **선형화**된다. 또한 식 (2.59)를 반영하고, $\frac{\partial F}{\partial y}\Big|_e$ 나 $\frac{\partial F}{\partial \dot{y}}\Big|_e$ 와 같이 각각 평형점에서 평가한 힘의 변위에 대한 그리고 힘의 속도에 대한 편 도함수 즉, 기울기 값들을 각각 식 (2.62)에서와 같이 질량의 배수로 나타낼 경우 원래의 비선형 운동 방정식 (2.57)은 (2.63)과 같은 선형 미분방정식(또는 미방)으로 근사화될 수 있다.

$$\frac{\partial F}{\partial y}\Big|_e = -bm, \quad \frac{\partial F}{\partial \dot{y}}\Big|_e = -am \tag{2.62 a,b}$$

$$\ddot{x} + a\dot{x} + bx \cong 0 \tag{2.63}$$

위와 같은 선형화 과정을 거치면, 우리는 진동계가 갖는 정적 평형점의 안정성도 점검할 수 있게 된다. 동적 계의 안정성은 크게 **점근 안정**, **한계 안정**, **불안정** 등 3가지로 나뉘는데 경우에 따라서는 앞의 두 가지를 통합하여 안정으로 취급하기도 한다. 먼저 그들을 구별하는 가장 직관적인 방법은 초기 가진에 대한 계의 시간 응답이다. 예를 들어 그림 2.24, 2.25에서와 같이 요동(oscillation) 여부에 관계없이 섭동의 피크 값이 시간의 경과에 따라 감소하여 0에 수렴하는 경우를 점근 안정이라 하며, 그림 2.26, 2.27에서와 같이 피크 값이 유한 값으로 유지되는 경우를 한계 안정, 그림 2.28, 2.29에서와 같이 피크 값이 무한 값으로 발산하는 경우를 불안정이라고 한다.

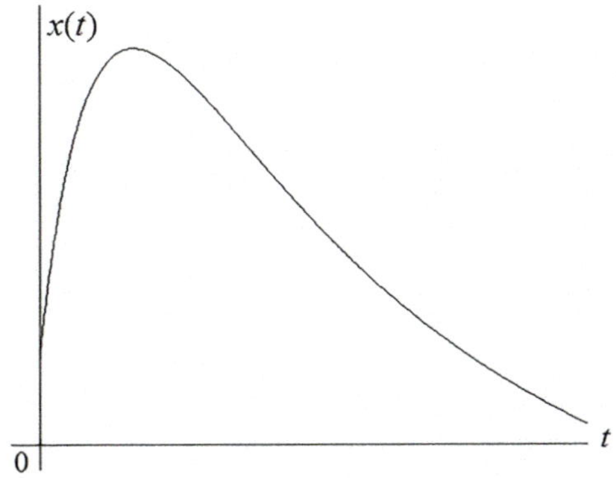

그림 2.24 비주기적 쇠퇴 운동

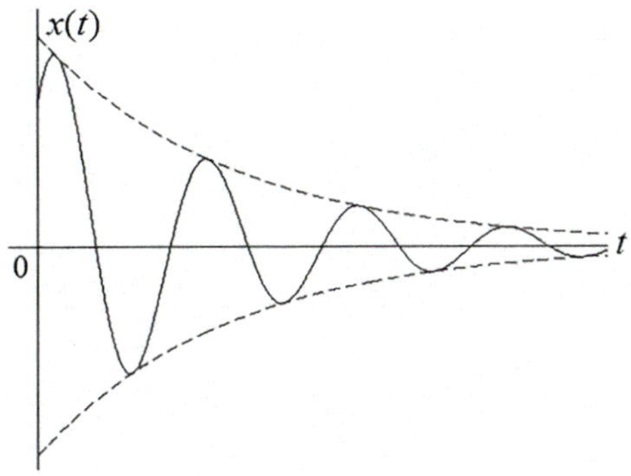

그림 2.25 요동형 쇠퇴 운동

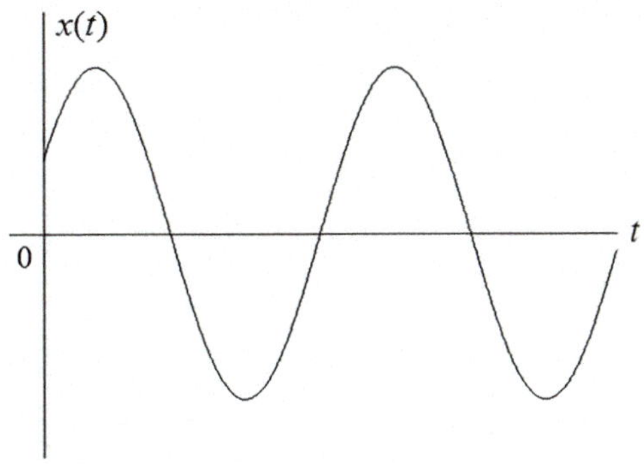

그림 2.26 순수 조화 운동

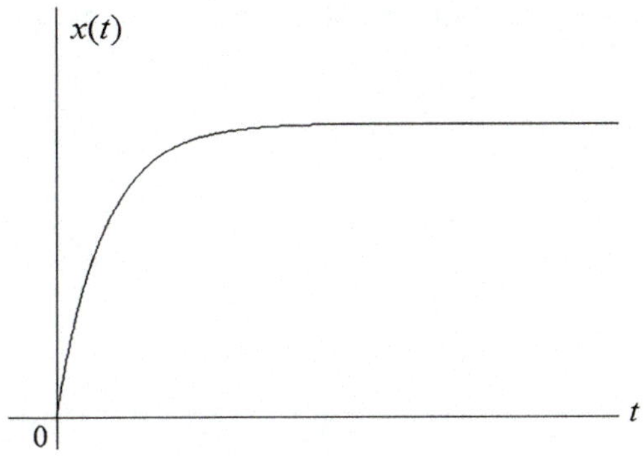

그림 2.27 중도 정지 운동

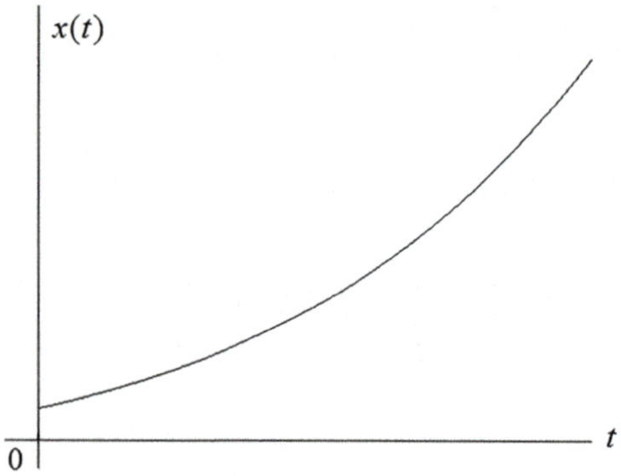

그림 2.28 비주기적 발산 운동

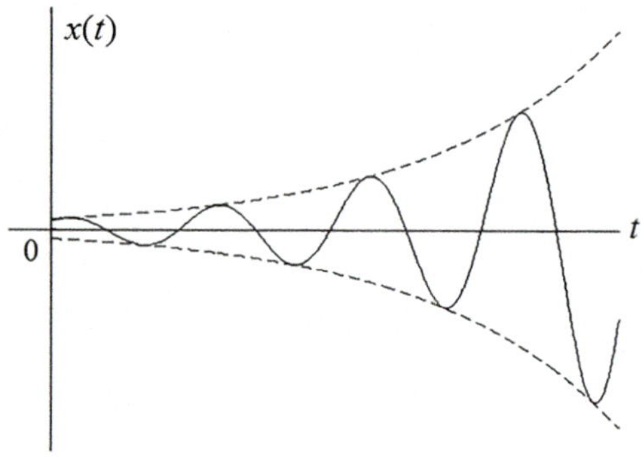

그림 2.29 요동형 발산 운동

한편, 이러한 평형점의 안정성은 해석학적으로도 점검 가능한데 그 때는 평형점 근방에서 선형화된 계의 고유치를 기준으로 한다. 예를 들어 해를 (2.64)와 같이 지수함수 꼴로 가정하여 식 (2.63)에 대입하면 상수 $A \neq 0$인 경우 식 (2.65)와 같은 지수 s에 관한 2차 대수 방정식 즉, 소위 **특성 방정식**을 얻을 수 있다.

$$x(t) = Ae^{st} \tag{2.64}$$

$$s^2 + as + b = 0 \tag{2.65}$$

상기 특성 방정식의 두 해는 근의 공식으로부터 식 (2.66)과 같이 구해지며 각각을 s_1, s_2라고 할 때 제차 해는 중첩의 원리에 따라 식 (2.67)과 같이 된다.

$$s = -\frac{a}{2} \pm \sqrt{(\frac{a}{2})^2 - b} \tag{2.66}$$

$$x(t) = A_1 e^{s_1 t} + A_2 e^{s_2 t} \tag{2.67}$$

이에 그들이 섭동 x의 시간 특성을 좌우함을 알 수 있다. 그런 의미에서 그들을 수학에서는 **고유치**, **특성치**, 또는 **극점**이라고 부르며, 오일러의 공식 (2.50)으로부터 알 수 있듯이 고유치의 허수부는 피크치의 크기에 영향을 주지 않으므로 안정성은 오직 실수부에만 의존함을 알 수 있다. 즉, 그림 2.30에 도시한 바와 같이 계의 평형점은 두 고유치의 실수부가 모두 음수 혹은 어느 하나라도 0 또는 양수일 때 각각 점근 안정, 한계 안정, 불안정 특성을 갖는다. 한편, 고유치 두 개 모두 0인 때에는 계가 불안정하다.

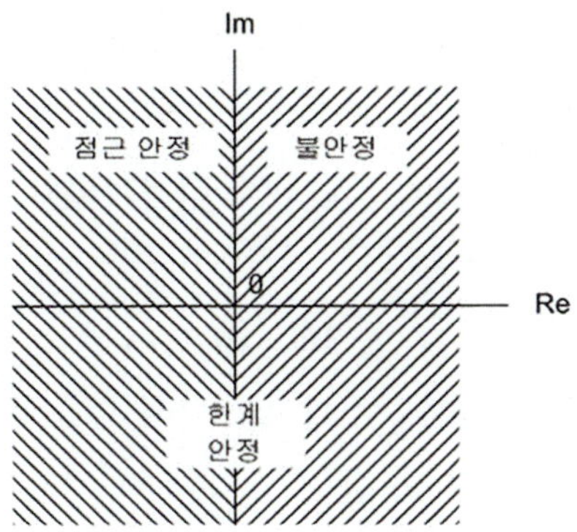

그림 2.30 복소 s-평면 내 고유치의 위치와 안정성

따라서 식 (2.66)으로부터 알 수 있듯이 특성 방정식의 계수 a와 b를 기준으로 할 때 평형점의 안정 조건은 다음과 같다.

$$a \ \& \ b \ \geq \ 0 \tag{2.68}$$

2차 계의 안정성에 관한 보다 포괄적이고 자세한 정보는 그림 2.31과 같이 $a-b$ 평면상에 집약될 수 있고, 그를 참조하면 더욱 용이하게 안정성을 판별할 수 있다. 즉, 계수 값이 제 1상한에 존재할 때만 요동형 혹은 비주기형 쇠퇴 형태로 평형점에 수렴함으로써 점근 안정하며 나머지 상한에 존재할 때는 형태는 다를 수 있지만 모두 발산하여 불안정하다. 한편, 그들 구역의 경계를 이루는 양의 수평축과 양의 수직축에 계수가 존재할 때는 각각 그림 2.26, 2.27과 같은 순수 조화 운동과 중도 정지 운동 형태의 한계 안정성이 나타나게 된다.

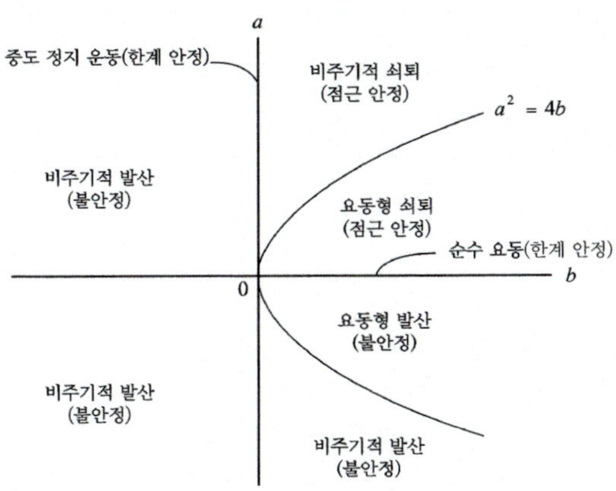

그림 2.31 계수 평면의 구역별 안정성과 응답의 특성

예제 2.2 식 (2.41)로 운동 방정식이 표현되는 세탁기의 정적 평형점을 구하고 그 점의 안정성을 판별하라.

편의상 운동 방정식을 다시 기술하면, 다음과 같이 세탁기 지지대의 변형전 위치를 기준으로 하는 변위 y에 관한 선형 미방이다.

$$M\ddot{y} + c\dot{y} + ky = -Mg \tag{a}$$

정적 평형상태에서는 $y = y_e$로서 일정하며 동시에 식 (b)가 성립하므로 이를 식 (a)에 반영하면 (c)에서와 같이 유일한 한 개의 평형점 위치를 구할 수 있다.

$$\dot{y}_e = \ddot{y}_e = 0 \tag{b}$$

$$y_e = -Mg/k \tag{c}$$

한편, 평형점의 안정성을 판단하기 위하여는 통상 테일러 급수를 이용한 모델의 선형화가 필요하지만, 이 예제의 경우는 모델 자체가 선형적이므로 그 과정은 간단히 변위 y와 평형점을 기준으로 하는 작은 섭동 x간의 관계식

$$y = y_e + x \tag{d}$$

를 식 (a)에 대입하는 것으로 충분하다. 그 경우 섭동에 관한 식이

$$M\ddot{x} + c\dot{x} + kx = 0 \tag{e}$$

로 얻어지는 데, 그의 계수가 모두 양수이므로 그림 2.31을 참조하면 평형점 근처에서 세탁기의 거동이 점근 안정적임을 알 수 있다.

예제 2.3 예제 1.4에서 다룬 단진자의 정적 평형점을 구하고 안정성을 판별하라.

외부 교란이 없는 경우, 단진자 운동의 식은 식 (a)와 같은 비선형 미방이다. 먼저 평형점을 구하기 위하여 식 (b)와 같은 조건을 (a)에 반영하면 (c)를 얻을 수 있고

$$\ddot{\theta} + \frac{g}{L}\sin\theta = 0 \tag{a}$$

$$\theta = \theta_e = \text{상수}, \quad \dot{\theta}_e = \ddot{\theta}_e = 0 \tag{b}$$

$$\sin\theta_e = 0 \tag{c}$$

그로부터 다음 식과 같이 물리적으로 의미가 있는 정적 평형 위치 두개를 찾을 수 있다.

$$\theta_e = 0, \pi \tag{d}$$

다음으로, 안정성 판별을 위하여

$$\theta \equiv \theta_e + x \tag{e}$$

와 같이 섭동을 정의할 때, 식 (a)내 좌변의 첫 번째 항은 (f), 두 번째 항은 테일러 급수 이론을 이용하여 (g)와 같이 선형화 될 수 있다.

$$\ddot{\theta} = \ddot{x} \tag{f}$$

$$\sin\theta \cong \sin\theta_e + (\cos\theta_e)\, x \tag{g}$$

따라서 상기 두 개의 평형점 각각에 대하여 섭동에 관한 선형 식 (h)와 (i)를 얻을 수 있다.

$$\ddot{x} + \frac{g}{L}x = 0 \quad (\theta_e = 0 \text{일 때}) \tag{h}$$

$$\ddot{x} - \frac{g}{L}x = 0 \quad (\theta_e = \pi \text{일 때}) \tag{i}$$

그들 식의 계수와 그림 2.31을 관련 짓거나 혹은 그들 각각의 고유치 $s = \pm i\sqrt{g/L}$와 $s = \pm\sqrt{g/L}$로부터, 진자가 정립하는 평형점 $\theta_e = 0$ 근방에서는 그 운동이 순수 요동 형태로 한계 안정하지만 진자가 도립하는 평형점 $\theta_e = \pi$ 근방에서는 비주기적 발산형으로 불안정함을 알 수 있다.

마지막으로 불안정한 부류의 진동인 **플러터**(flutter)[3,5]를 간략히 소개하고자 한다. 플러터는 질량 및 강성의 분포에 따라 어느 상대 속도 범위내의 바람과 접하는 항공기 날개나 다리 등의 옥외 구조물에서 주로 발생하는 데, 그 이유는 교대로 일어나는 **와류 방출**(vortex shedding)[3,7,14,20] 현상에 따라 그 주파수로 공기 역학적 힘이 유동과 직교하는 방향의 가진력으로 작용하기 때문이다. 이에 일종의 **자려(self-excited) 진동**[5,14]이 야기되며 섭동은 요동하게 된다. 이때 만일 계의 감쇠가 충분하지 않거나 와류 방출의 주파수가 진동계의 고유 주파수에 근접하면 각각 계의 부(negative) 감쇠에 의한 불안정성과 나중에 다룰 공진 현상에 의하여 요동의 진폭이 상당히 커지면서 선형계의 범위를 넘게 된다(연습 문제 4.45 참고). 이에 비선형적 요동에 의한 피로가 나타나고 결국 계가 파괴되기도 한다.

다음의 사진 2.1과 2.2는 그러한 플러터의 실제 사례로서 각각 비행 중 양쪽 주 날개가 파괴된 모형 비행기와 1940년도에 바람에 의하여 무너진 타코마(Tacoma) 다리의 모습을 보여 주고 있다.

사진 2.1 무선 모형 비행기

사진 2.2 타코마 해협 다리

2.7 요약

이 장에서는 실제 진동 문제의 해석에 필요한 기초 개념들 즉, 공간 이산화와 그 때 사용되는 구성 요소, 그리고 그 구성 요소들이 갖는 등가 강성이나 등가 질량을 구하는 방법 등을 소개하였다. 또한 그러한 개념을 적용한 진동 모델링의 예, 모델에 포함되는 가진의 종류나 속성, 모델의 수학적 유형별 응답의 특성, 그리고 기계에서 흔히 나타나는 정적 평형점 근방 선형 진동의 안정성 판별 방법 등을 포괄적으로 다루었다.

부연하여 설명하면, 1절에서는 이산화 모델에서 질량만큼 중요한 요소인 스프링과 그에 버금하는 요소인 감쇠기의 힘들이 어느 한도 내에서는 각각 변형량과 변형 속도에 선형 비례한다는 것, 2절에서는 다양한 경우에 대하여 연속계의 이산화시 포함되는 스프링 효과와 질량 효과를 각각 어떻게 스프링 상수나 질량 값으로 등가화해야 하는 지를 살펴보았다. 3절에서는 몇 가지 예를 통하여 기계 시스템의 진동을 이산화시켜 분석할 때, 그 목적에 따라 모델의 정확성과 효율성을 어떻게 절충시킬지에 관한 내용을 다루었다. 그 다음 4절에서는 조화 가진을 비롯하여 모델에 작용할 수 있는 가진력의 유형들을 살펴보았으며, 5절에서는 시스템이 선형, 비선형 혹은 시변, 시불변 여부에 따라 달라지는 응답의 특성을 검토하였고, 특히 선형 시불변 시스템의 경우 중첩의 원리와 컨벌루션 적분을 통하여 계의 응답을 해석적으로 구할 수 있음을 강조하였다. 마지막으로 6절에서는 임의의 비선형계까지도 평형점 (또는 동작점) 근방에서는 선형화될 수 있으며, 그 과정에 테일러 급수를 이용할 수 있다는 것, 그리고 모델의 안정성을 포함한 시간 응답의 특성은 s−평면상의 고유치의 위치나 특성방정식의 계수에 의하여 판별 가능하다는 것 등을 상술하였다.

연습문제

2.1 어떤 조화 운동이 $x = 0.5\sin(15\pi t - \pi/3)$으로 표현되었다면 (a) 그 운동의 주파수와 주기 (b) 최대 변위, 속도, 가속도 (c) $t=0$일 때의 변위, 속도, 가속도 (d) $t=0.25$일 때의 변위, 속도, 가속도를 구하라. x와 t의 단위는 각각 cm와 s이다.

2.2 어떤 물체의 가속도를 감지하였더니 주파수가 30 Hz, 최대값이 3,570 cm/s^{2}인 사인 함수 형태이었다면 진동 변위의 진폭은 얼마인가?

2.3 어떤 운동이 $x = X\cos(100t - \phi)$로 표현되며 초기 조건이 $x(0) = 0.1$ cm, $\dot{x}(0) = 50$ cm/s 라면 (a) 상수 X와 ϕ, (b) 운동을 $x = A\cos\omega t + B\sin\omega t$ 형태로 표현할 때 해당되는 A, B, w를 구하라.

2.4 두개의 조화 운동 즉, $x_1 = 2\sin(wt + \pi/3)$와 $x_2 = -3\cos(wt + 2\pi/3)$의 합을 $x = X\sin(wt + \phi)$ 형태로 표현하라.

2.5 $x = 4\sin(wt + \pi/6)$로 표현되는 어떤 질점의 운동이 조화 운동 두개의 합이며 그 중 하나가 $x_1 = 2\sin(wt - \pi/3)$이라면, 나머지 성분은?

2.6 그림과 같이 한쪽은 고정되고 반대쪽은 항상 우측 방향으로 장력 T가 작용하는 줄이 있을 때 점 A에서의 수직 즉, x−방향 등가 스프링 상수를 구하라. O점과 A점 사이의 거리는 l이며 변위 x는 크지 않다고 가정한다.

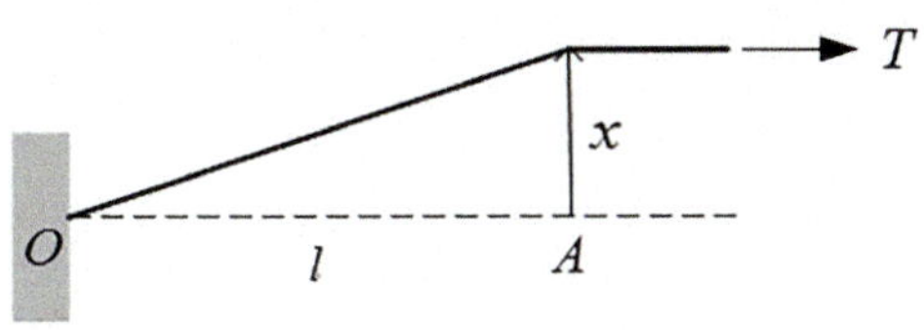

그림 P2.6

2.7 다음과 같은 복소수를 지수형 $Ae^{i\theta}$으로 표현하라.
(a) $1+i\sqrt{3}$ (b) -2 (c) $3/(\sqrt{3}-i)$ (d) $5i$ (e) $3/(\sqrt{3}-i)^2$ (f) $(\sqrt{3}+i)(3+4i)$
(g) $(\sqrt{3}-i)/(3-4i)$ (h) $(2i)^2+3i+8$ (i) $(1+i)/\{2(1-i)\}$

2.8 그림과 같은 계의 중력에 의한 처짐량은 몇 mm인가? 스프링 상수 $k=10$ kg/mm, 추의 무게 $W=8$ kg이다.

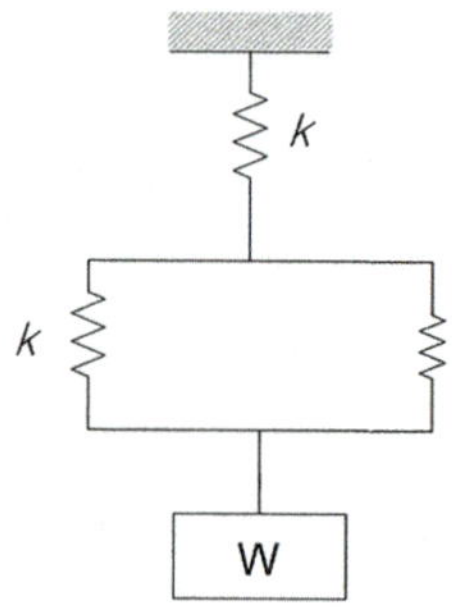

그림 P2.8

2.9 일정한 각속도 Ω로 회전하는 헬기 날개의 운동 방정식이 다음과 같을 때, (a) 정적 평형 위치를 모두 구하라 (b) 운동 방정식을 평형점 근방에서 선형화하라 (c) $\Omega^2=2g/L$인 경우, 각 평형점의 안정성을 판별하라. θ = 날개 회전축과 날개가 이루는 각도, g = 중력 가속도, L = 날개의 길이이다.

$$\ddot{\theta}+\left(\frac{3g}{2L}-\Omega^2\cos\theta\right)\sin\theta=0$$

2.10 다음 중 진동계를 구성하는 필수 요소 두 가지는?

① 질량 ② 감쇠 ③ 스프링 ④ 외력

2.11 그림과 같이 두 개의 동일한 스프링이 중간 지점에 설치되어 있는 도립 진자가 안정하기 위하여 스프링 상수 k가 만족시켜야 할 조건을 구하라. 진자의 질량과 길이는 각각 m과 L이며 중력 가속도는 g이다.

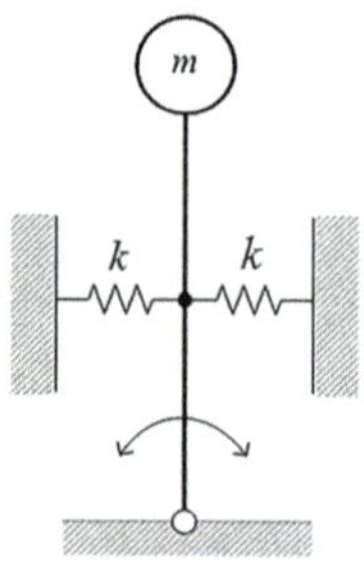

그림 P2.11

2.12 그림에서와 같이 어떤 질량체가 외팔보 끝에 핀으로 조립된 막대에 붙어 있을 때, 그 질량체에 작용하는 수직 방향의 등가 스프링 상수를 구하라. 보의 길이, 단면의 면적 관성 모멘트, 종 탄성 계수는 각각 L_1, I, E이며 막대의 길이, 단면적, 종 탄성 계수는 각각 L_2, A, E이다.

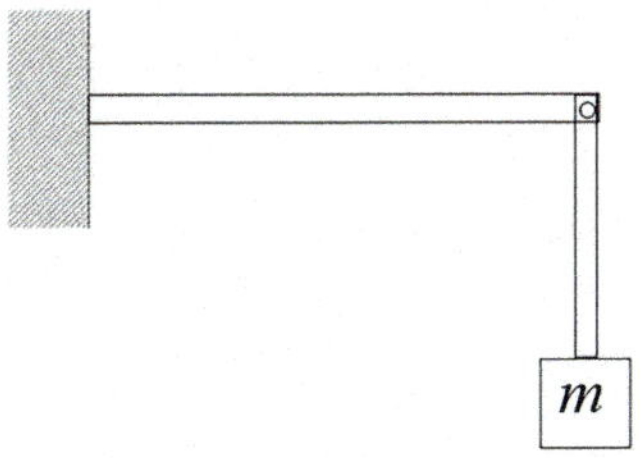

그림 P2.12

2.13 재질이 강이며 그림과 같이 중간에 단이 있는 원통형 중공 축의 자유단에서의 등가 비틀림 스프링 상수를 구하라. 세부 치수 [m] $L_1 = 2$, $L_2 = 3$, $D_1 = 0.3$, $D_2 = 0.25$, $d_1 = 0.2$, $d_2 = 0.15$ 이며, 전단 계수 $G = 80 \times 10^9\ N/m^2$이다.

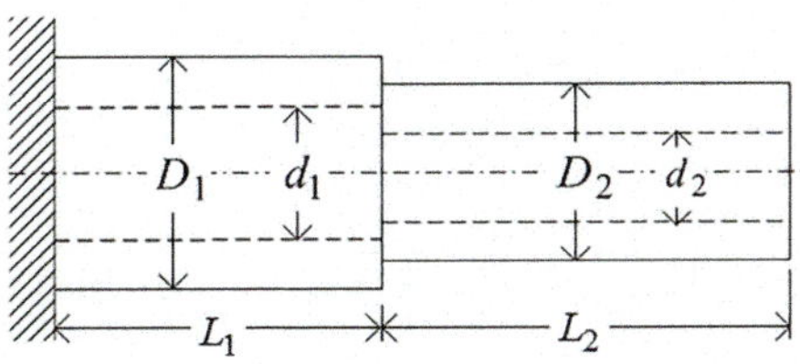

그림 P2.13

2.14 그림과 같은 랙과 피니언 기구의 (a) 수평 방향 등가 질량 (b) 기어의 회전 중심점 O에 대한 등가 이너셔를 구하라. 여기서 점 O는 고정점이다.

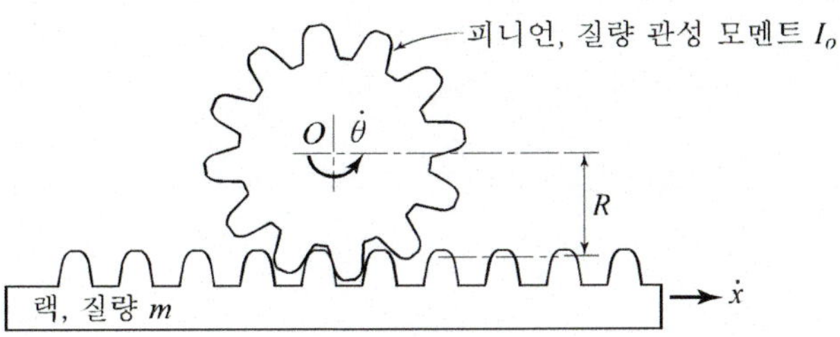

그림 P2.14

2.15 다음의 진술이 맞으면 T, 틀리면 F로 답하라. (a) 길이, 전단계수, 단면의 극 면적 관성 모멘트가 각각 L, G, J인 막대의 등가 비틀림 스프링 상수는 GJ/L이며, 그 값의 크기는 막대의 경계조건과 관계없다. (b) 길이, 영계수, 단면 면적이 각각 L, E, A인 막대의 축방향 등가 스프링 상수는 EA/L이며, 그 값의 크기는 막대의 경계조건과 관계없다. (c) 길이, 영계수, 단면의 면적 관성 모멘트가 각각 L, E, I인 보 끝단에서의 횡방향 등가 스프링 상수는 $3EI/L^3$이며, 그 값의 크기는 보의 경계조건과 관계없다.

2.16 다음과 같은 두 가지 신호 x와 y를 비교할 때, x에 대한 y의 지연 각은 얼마인가?

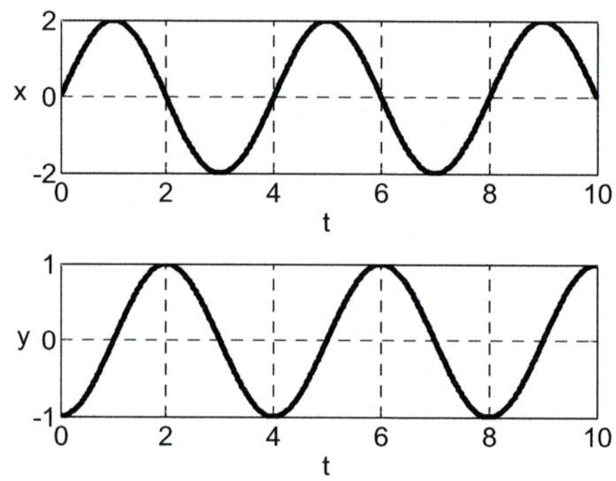

그림 P2.16

2.17 어떤 질점이 초기 위상각이 ϕ rad이고 반경이 15 m인 원주 위를 3분에 한 바퀴씩 일정한 속도로 회전한다면, 원의 중심을 xy 좌표계의 원점이라고 할 때 x축에 투영된 그 질점의 위치를 시간의 함수로 표현하라.

2.18 그림과 같은 1-자유도 진동계의 (a) 등가 스프링 상수 (b) 등가 질량을 구한 후, (c) 그를 적용하여 정적 평형 위치를 기준으로 한 x에 관하여 운동 방정식을 유도하라.

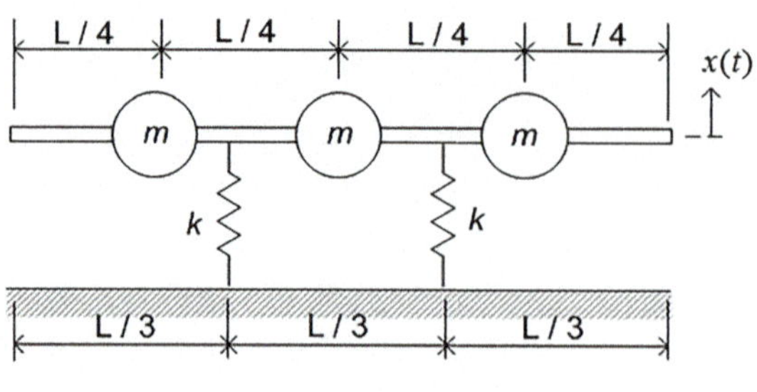

그림 P2.18

2.19 그림에 도시된 원추형 축의 (a) 축방향 등가 스프링 상수 (b) 그와 동일한 축방향 등가 스프링 상수를 갖는 균일 단면 중공축의 길이를 설계하라. 단, 설계될 축의 재질은 기존과 동일하며 내경과 두께를 각각 d와 t라고 하자.

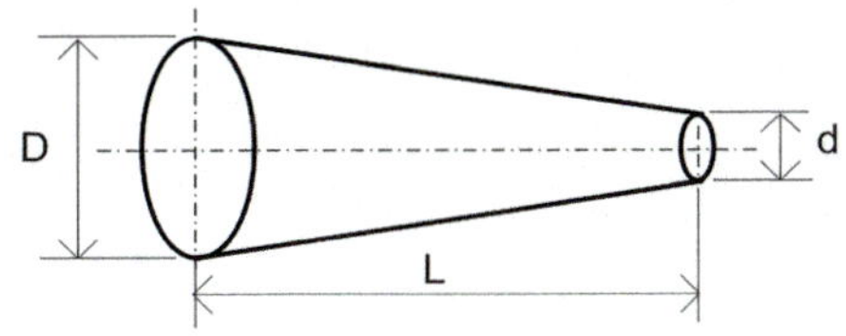

그림 P2.19

2.20 다음 그림과 같은 공기 스프링의 스프링 상수를 피스톤의 단면적 A, 압축 공기의 압력 P와 부피 V의 함수로 구하라. 단, 공기의 수축과 팽창은 '$PV^{1.4}$ = 상수'인 가역 단열 과정의 식을 따르고 압력 용기는 강체라고 가정한다.

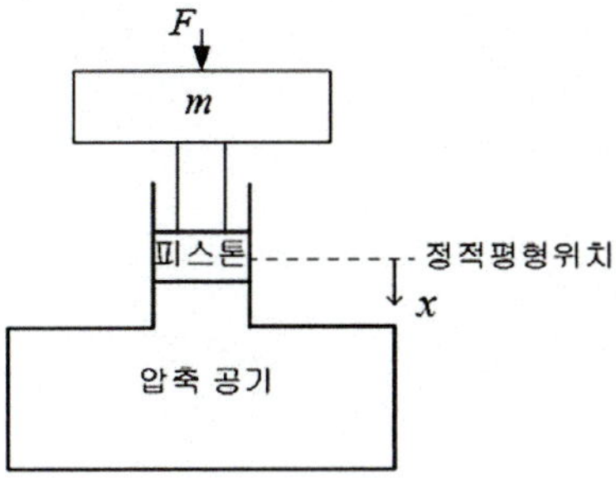

그림 P2.20

2.21 길이가 L이고 단면이 균일한 바이메탈 막대의 축방향 스프링 상수를 구하라. 강과 알루미늄 부분의 단면적은 각각 A_s, A_a, 영계수는 각각 E_s, E_a이다.

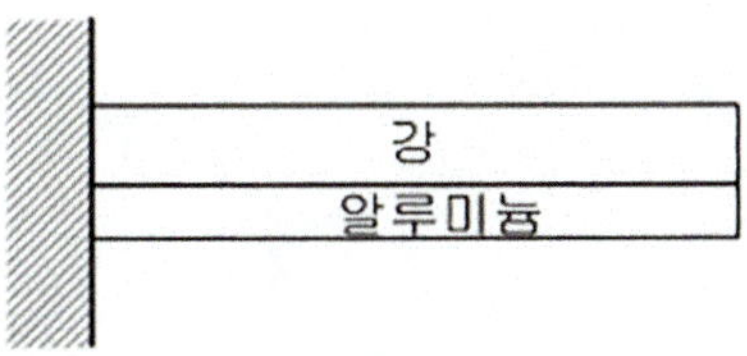

그림 P2.21

2.22 그림과 같이 양단에 장력 T가 작용하고 있는 케이블이 있다. 그 중앙에 위치한 C점의 상하 방향의 등가 강성을 (a) 케이블의 탄성 변형을 무시할 때와 (b) 케이블의 탄성 변형을 고려할 때 구하라. 단, 장력의 크기는 일정하며 케이블의 길이, 영계수, 단면적은 각각 L, E, A이다.

그림 P2.22

2.23 x 만큼 변형 시에 반대 방향으로 저항력 $F=k_1x+k_2x^3$을 발생하는 어떤 스프링의 $x=x_0$에서의 선형 스프링 상수를 구하라.

2.24 외팔보가 그림에서와 같이 2개의 균일한 부분으로 이루어져 있는 경우, 자유단에서의 횡방향 등가 스프링 상수를 구하라.

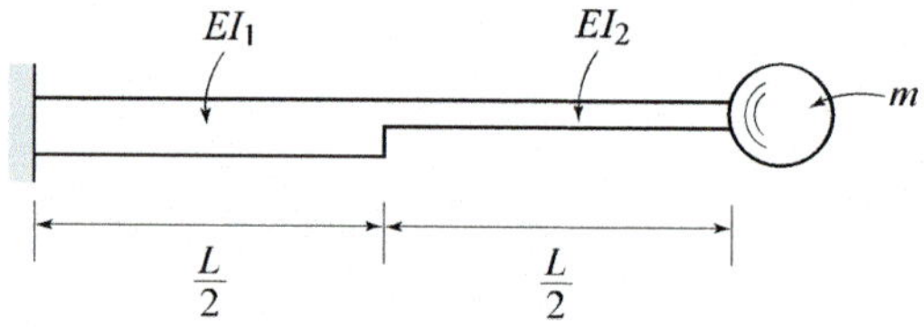

그림 P2.24

2.25 아래 시스템은 동일한 비틀림 강성 계수 GJ/L을 갖는 두 축과 그들을 연동하는 기어 A와 B로 구성되어 있다. 두 기어 간의 반경 비 $R_A/R_B=n$이고 미끄럼이 없다고 가정할 때, 조립된 상태에서의 기어 A측 축의 등가 비틀림 강성계수를 구하라. (힌트: 병렬 스프링의 경우에 해당함)

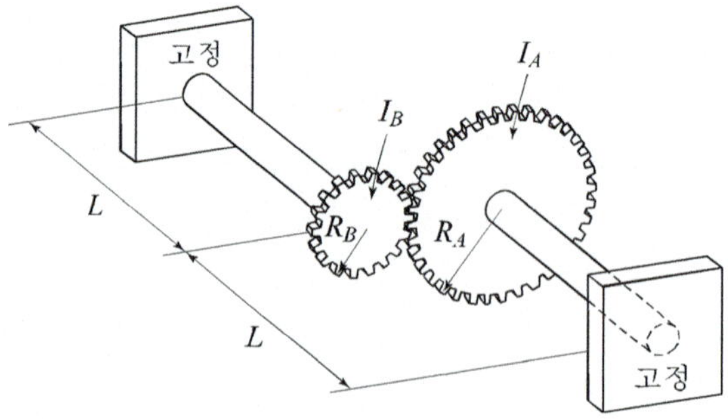

그림 P2.25

2.26 아래 시스템은 동일한 비틀림 강성 계수 GJ/L을 갖는 두 축과 그들을 연동하는 기어 A와 B로 구성되어 있다. 두 기어 간의 반경 비 $R_A/R_B=n$이고 미끄럼이 없다고 가정할 때, 조립된 상태에서의 기어 A측 축의 자유단에서의 등가 비틀림 강성계수를 구하라. (힌트: 직렬 스프링의 경우에 해당함)

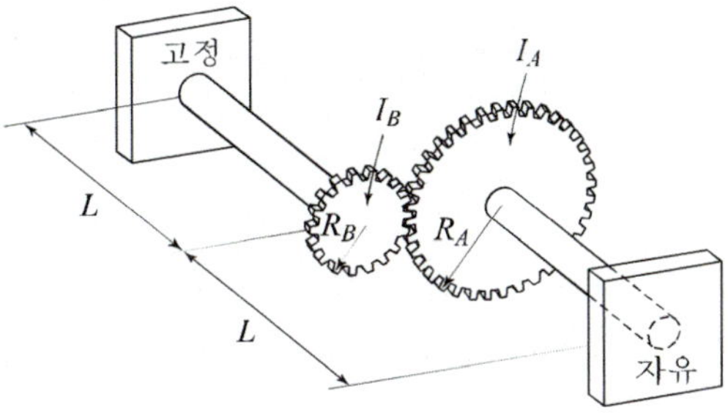

그림 P2.26

2.27 그림과 같이 비압축성 점성 유체로 채워진 실린더 내의 피스톤을 움직일 때 피스톤에 작용하는 저항력을 속도 v의 함수로 구하라. 피스톤에는 아주 미세한 구멍(또는 오리피스)이 존재하며, 유체는 이 구멍만을 통하여 유동하되, 단위 시간당 부피 유동율 q는 α가 상수일 때 압력차 $\Delta P(=P_2-P_1)$와 $q=\alpha\sqrt{\Delta P}$인 관계에 있다. 또한 피스톤의 단면적은 A이다. (참고: 이 문제는 감쇠력이 속도의 제곱에 비례하는 충격 흡수기의 작동 원리와 관계있다.)

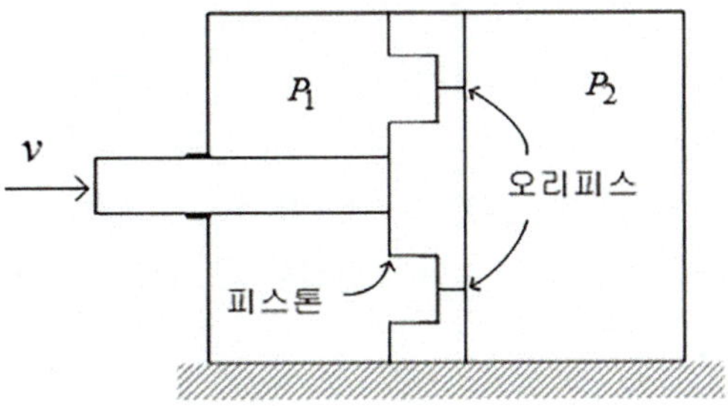

그림 P2.27

2.28 그림과 같이 압축 공기로 채워진 주름 상자 즉, 벨로오즈의 축방향 등가 스프링 상수를 평균 단면적 A, 내부 공기의 압력 P와 부피 V의 함수로 구하라. 단, 공기의 수축과 팽창은 '$PV^{1.4}$=상수'인 가역 단열 과정의 식을 따르고 벨로오즈 만의 스프링 상수는 k_b라고 가정한다. (참고: 이 문제는 공기 스프링의 원리와 관계있다.)

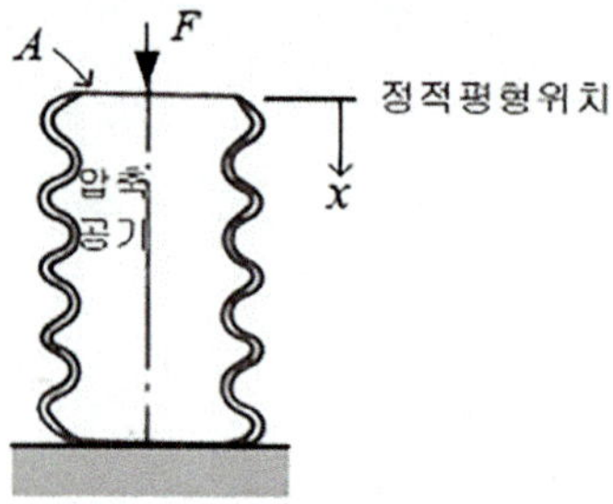

그림 P2.28

2.29 그림과 같이 구성된 장치의 등가 스프링 상수를 처짐량 δ의 함수로 구하여라. 상판은 기울어짐이나 마찰이 없이 양쪽에 있는 기둥을 따라 상하로 운동할 수 있다.

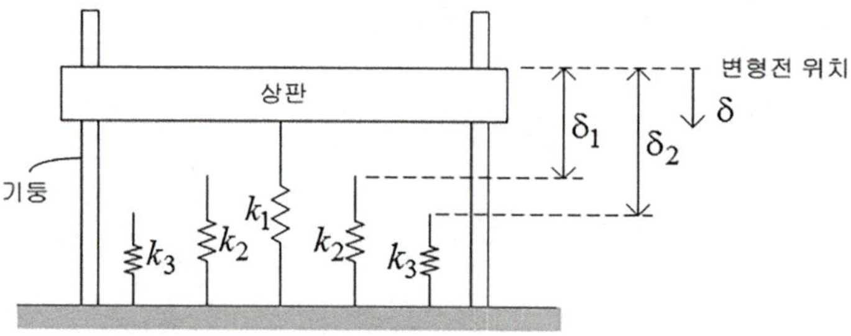

그림 P2.29

2.30 그림 a와 같이 두 개의 코일 스프링이 직렬 연결된 경우, 그림 b의 구간별 등가 스프링 상수 k_{eqI}와 k_{eqII} 그리고 처짐량 구간의 경계 δ_I, δ_{II}를 구하라. 단, 상/하 스프링의 강성 계수는 각각 k_1과 k_2이며 각각의 권선 수는 n_1과 n_2, 피치는 p_1과 p_2이다. 또한 $k_1 > k_2$이며 코일 스프링은 구조상 '권선수 x 피치' 이상으로 처짐이 발생할 수는 없다.

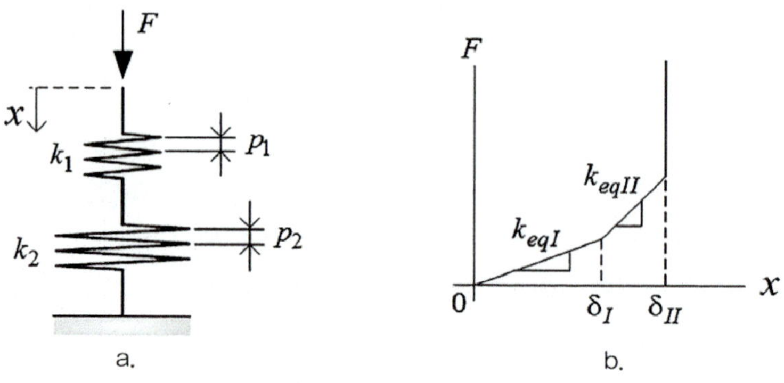

그림 P2.30

03 1-자유도 계의 자유 응답

계의 진동은 초기 가진에 의한 것과 지속적 가진에 의한 것으로 구별될 수 있으며, 전자의 경우 그 응답을 자유 응답 혹은 자유 진동, 후자의 경우를 강제 응답 혹은 강제 진동이라고 부른다. 이 장에서는 그 중 자유 응답이 1-자유도 계에서 어떻게 나타나는 지에 대하여 살펴본다.

3.1 비감쇠 계

아래 그림과 같이 외력 없이 질량과 스프링만으로 구성된 가장 간단한 형태의 1-자유도 진동계를 고려해 보자.

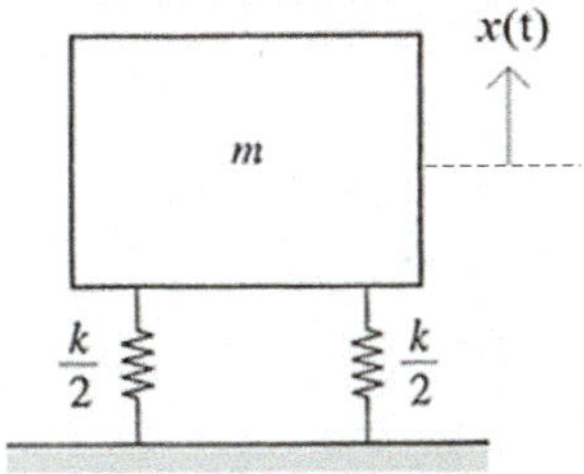

그림 3.1 비감쇠 계

정적 평형 위치를 기준으로 하는 질량의 변위 x에 관한 계의 운동 방정식은 뉴톤 법칙을 적용하면

$$m\ddot{x}+kx=0 \tag{3.1}$$

과 같이 얻어 진다. 위 식은 계의 매개 변수로서 m과 k를 갖지만 응답의 관점에서 볼 때 그들 각각의 값보다는 상호간 비율이 더 중요하다. 이러한 사실은 이후에 얻게 될 응답의 수학적 표현을 보면 보다 분명해 질 것이다. 이에 식 (3.1)의 양변을 m으로 나누고 $\omega_n=\sqrt{k/m}$라 정의하면 다음의 식을 얻을 수 있다.

$$\ddot{x}+\omega_n^2 x=0 \tag{3.2}$$

여기서 ω_n은 **고유 주파수** 또는 **고유 진동수**라 불리는 물리량으로서 표준 단위는 rad/s이다. 참고로, Hz 또는 cps 단위를 갖는 고유 진동수 f_n과는 아래의 식과 같은 관계에 있으며 확실한 구별을 원할 때는 ω_n을 **각** (또는 **원**) **고유 진동수**라고 부른다.

$$f_n = \omega_n / 2\pi \tag{3.3}$$

계의 초기조건이 다음 식 (3.4)와 같이 0이 아닌 값으로 주어진다면, 계는 어떤 자유 응답을 갖게 될 것이며 그 응답은 수학적으로는 미분방정식 (3.2)의 해에 해당한다. 이에 그 해를, 잘 알려진 상계수 선형 미분방정식의 해법[11]대로 식 (3.5)와 같이 가정하여 운동 방정식에 대입하면 식 (3.6)을 곧 바로 얻게 된다.

$$x(0) = x_0, \ \dot{x}(0) = v_0 \tag{3.4a,b}$$

$$x(t) = Ae^{st} \tag{3.5}$$

$$(s^2 + w_n^2)Ae^{st} = 0 \tag{3.6}$$

우리가 관심을 갖는 해는 지속적으로 0이 아닌 동적인 값이므로 식 (3.6)의 좌변에서 지수 함수뿐만 아니라 상수 A는 0이 될 수 없다. 따라서

$$s^2 + w_n^2 = 0 \tag{3.7}$$

이 반드시 성립되어야만 한다. 이러한 방정식으로부터 s값을 구할 수 있는 데, 그 값은 응답의 특성을 결정하므로 계의 **특성치** 혹은 **고유치**, 그리고 해당 방정식을 **특성 방정식**이라고 각각 호칭하고 있다.

위 특성 방정식으로부터 두 개의 특성치가 순허수인 $s = \pm i w_n$로 구해지며, 이를 식 (3.5)에 반영할 때 일반적 응답 $x(t)$는 결국 다음 식과 같이 각각의 가중치를 A_1, A_2라고 할 때 두 시간 함수의 선형 결합이다.

$$x = A_1 e^{i\omega_n t} + A_2 e^{-i\omega_n t} \tag{3.8}$$

여기서 오일러 공식을 적용하여 위 식을 재정리하면

$$x = (A_1 + A_2)\cos w_n t + i(A_1 - A_2)\sin w_n t \tag{3.9}$$

와 같이 쓸 수 있으며, 최종적으로 응답이 식 (3.4)의 초기 조건에서와 같이 실수 값이 되기 위하여는 가중치 A_1과 A_2는 상호 공액 (혹은 켤레) 복소수 관계에 있어야 함을 알 수 있다. 즉, σ와 ω를 미지의 실수라고 할 때 $A_1 = \sigma + i\omega$라면 $A_2 = \sigma - i\omega$이어야 한다. 이들 사실을 반영하면 응답은 다음 식 (3.10)과 같이 되고, 두 삼각 함수의 각이 같으므로 합성하면 식 (3.11)과 같이 두 개의 미지수 (또는 적분상수) 즉, 진폭 C와 지연 위상각 ϕ를 포함하는 하나의 함수로도 표현할 수 있다.

$$x = 2\sigma \cos w_n t - 2\omega \sin w_n t \tag{3.10}$$

$$x = C\cos(w_n t - \phi) \tag{3.11}$$

한편, 초기 변위와 속도를 각각 x_0와 v_0라고 하면 상기 미지수들은 그들로부터 결정되어 식 (3.10)은 (3.12)가 되고 이 때 진폭과 위상각은 식 (3.13)과 같다.

$$x(t) = x_0 \cos \omega_n t + \frac{v_0}{\omega_n} \sin \omega_n t \tag{3.12}$$

$$C = \sqrt{x_0^2 + (\frac{v_0}{\omega_n})^2}, \quad \phi = \tan^{-1}\frac{v_0}{\omega_n x_0} \tag{3.13a,b}$$

위 식과 같이 구해진 비감쇠 1-자유도계의 응답을 시간 축에 대하여 도시하면, 그림 3.2에서와 같이 $t = 0$일 때 초기 조건을 만족하되 시간 경과에 관계없이 일정한 진폭과 주기를 유지하는 사인형 함수 형태의 운동 즉, (단순) **조화 운동**(harmonic motion)임을 확인할 수 있다. 이 때의 주기 T는 다음 식에서와 같이 고유 진동수로 결정됨에 주목하기 바란다.

$$T = 2\pi / w_n \tag{3.14}$$

이제 1-자유도 비감쇠 계 즉, 조화 진동자(oscillator)의 예를 살펴보고 그 때 발생하는 조화 운동의 고유 진동수 혹은 주기를 구해보자.

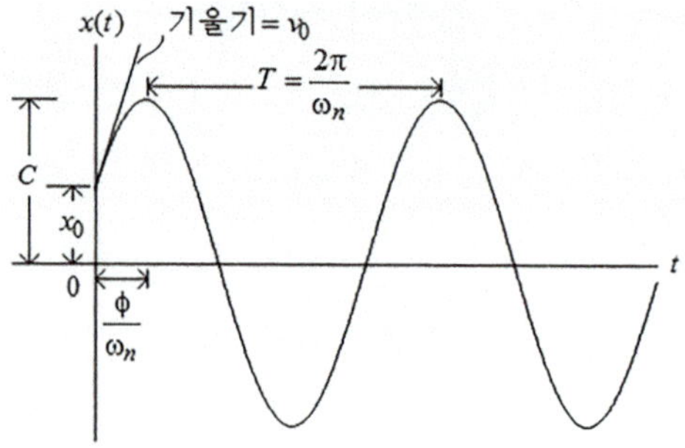

그림 3.2 초기 조건에 대한 1-자유도 비감쇠 계의 응답

예제 3.1 단진자가 예제 2.3에서 다룬 안정한 평형점 근처에서 조화 운동할 때의 고유 진동수를 구하라.

단진자가 정립하는 정적 평형 위치 즉, 수직선과 줄이 이루는 각도를 θ라고 할 때 운동 방정식은

$$\ddot{\theta}+\frac{g}{L}\theta=0 \tag{a}$$

와 같이 선형화 되므로 고유 진동수는 다음과 같이 구해진다.

$$\omega_n=\sqrt{\frac{g}{L}} \tag{b}$$

예제 3.2 그림에서와 같이 지상으로부터 높이 L인 지점에 설치된 물탱크가 수평 방향으로 자유 진동할 때 그 진동의 주파수를 구하라.

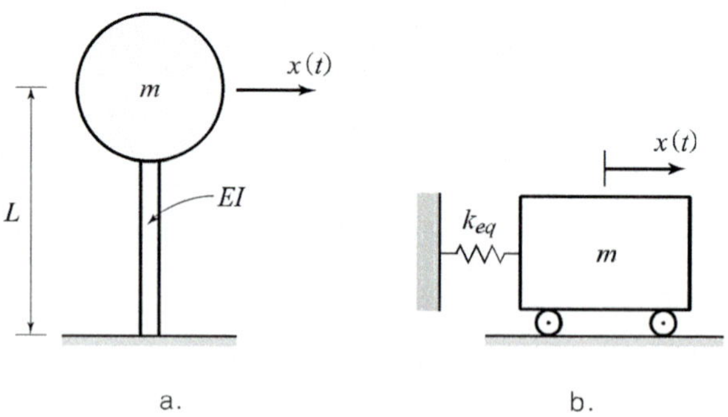

그림 3.3 a. 물탱크, b. 1-자유도 이산 계

그림 a에 나타낸 계는 원래 분포계이지만 1차 고유 진동수만을 구하기 위하여, 지지 기둥을 질량이 없고 단순히 스프링 효과만을 갖는 요소로 간주할 때 그림 b와 같이 비감쇠 1-자유도 계로 이산화할 수 있다. 이러한 모델의 운동방정식은

$$m\ddot{x}+k_{eq}x=0 \tag{a}$$

와 같으며, 이 때 등가 스프링 계수 k_{eq}는 외팔보 자유단에 작용하는 힘과 변위 $x(t)$의 비율인 $3EI/L^3$이므로(표 2.1 참조), 자유 진동의 주파수는 다음과 같이 구해진다.

$$\omega_n=\sqrt{k_{eq}/m}=\sqrt{3EI/mL^3} \tag{b}$$

예제 3.3 U-튜브형 마노미터(manometer) 즉, 압력 측정기 내에 담긴 비점성 액체의 양편에 압력차가 걸렸다가 사라지는 경우 발생할 수 있는 자유 진동의 주기를 구하라.

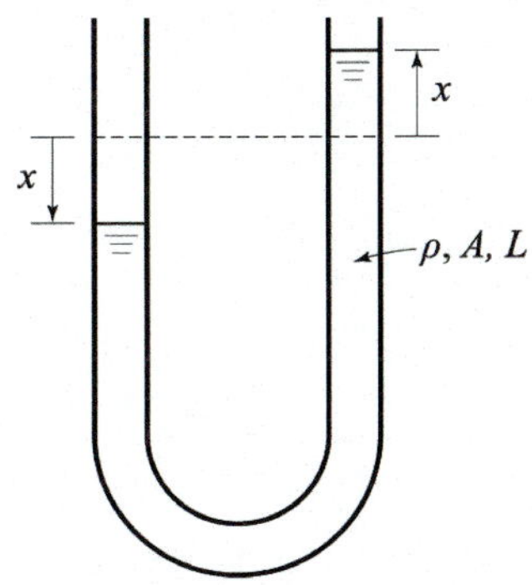

그림 3.4 U-튜브 마노미터

위 그림에서와 같이 관내 유체는 운동 중 마치 하나의 병진하는 물체처럼 어느 지점에서든 같은 변위 x를 갖으며, 점성에 의한 마찰이 없으므로 에너지가 보존되고, 한 쪽이 눌린 만큼 양단간의 압력차가 발생하여 원래 위치로 복귀하려는 특성을 갖고 있다. 따라서 1-자유도 질량-스프링 계로 모델링할 수 있으며 그 때의 운동 방정식은

$$m\ddot{x}+k_{eq}x=0 \tag{a}$$

와 같이 구해진다. 여기서 질량은 액체 전체의 질량이므로 액체의 밀도, 단면적, 길이를 각각 ρ, A, L라고 할 때 식 (b)와 같다.

$$m=\rho AL \tag{b}$$

한편, 등가 스프링 상수 k_{eq}는 그림과 같은 상황에서 왼쪽 자유 표면에 작용하는 저항력 즉, 오른 쪽에 존재하며 상대적으로 그보다 높은 위치에 있는 액체 기둥의 무게와 변위 x의 비율이므로 중력 가속도를 g라고 할 때

$$k_{eq}=\frac{\rho A2xg}{x}=\rho A2g \tag{c}$$

와 같이 계산될 수 있다. 따라서 진동의 주파수와 주기는 각각 다음과 같이 구해진다.

$$w_n = \sqrt{\frac{k_{eq}}{m}} = \sqrt{\frac{2g}{L}}, \quad T = \frac{2\pi}{w_n} = 2\pi\sqrt{\frac{L}{2g}} \tag{d}$$

예제 3.4 중력의 영향으로 원형 궤도에 내접하며 그 궤도의 최저점 주변에서 좌우로 구르는 원판의 운동 주기를 구하라. 여기서 θ는 공전각, ϕ는 원판의 회전각이다.

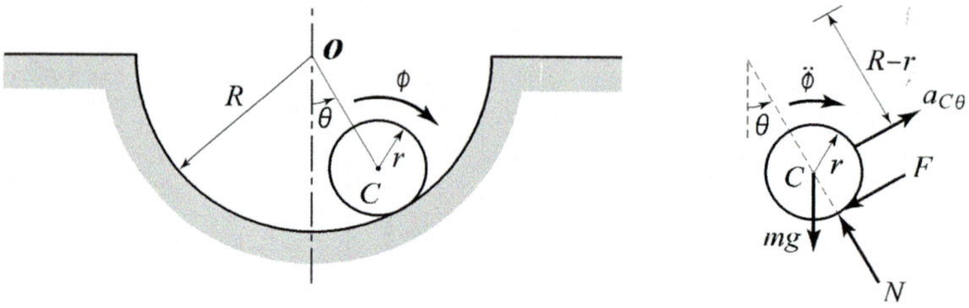

그림 3.5 a. 원형 궤도를 따라 구르는 원판, b. 원판의 자유 물체도

먼저 운동방정식을 구하기 위하여 원판의 자유 물체도를 그리면 그림 b와 같다. 원판은 병진과 회전을 포함하는 평면 운동을 하므로 θ−방향 병진과 ϕ−방향 회전에 대한 뉴톤 법칙을 적용하면 각각 식 (a), (b)와 같다.

$$-F - mg\sin\theta = ma_{C\theta} \tag{a}$$

$$Fr = I_C\ddot{\phi} \tag{b}$$

여기서 원판의 질량 중심에 대한 이너셔 $I_C = mr^2/2$이다. 한편, 식 (a)에 포함된 원판의 병진 가속도는 원판이 O점 주위를 원운동하므로 접선 방향 가속도에 해당하여 다음 식과 같다.

$$a_{C\theta} = (R-r)\ddot{\theta} \tag{c}$$

여기까지 우리는 3개의 식을 얻었으며 그에 포함된 미지수는 F, θ, $a_{C\theta}$, ϕ 등 총 4개이므로 해를 구하기 위하여 하나의 식이 더 필요한 데, 이는 운동학으로부터 얻을 수 있다. 즉, 다음 식에 기술한 바와 같이 질량 중심 C점의 속도 v_C는 공전 중심점 O에서 관찰할 때나 속도의 순간 중심점 A에서 관찰할 때 동일하여야 한다.

$$v_C = r\dot{\phi} = (R-r)\dot{\theta} \tag{d}$$

따라서 식 (d)을 한번 더 시간 미분한 후 식 (a)~(c)와 연립하면 θ에 관한 식

$$\ddot{\theta} + \frac{2g}{3(R-r)}\sin\theta = 0 \tag{e}$$

을 얻을 수 있다. 위 운동방정식은 다시 $\theta=0$인 평형점 근처에서 식 (f)와 같이 선형화될 수 있으므로, 자유 진동의 주기 즉, 고유 주기는 식 (g)와 같이 구해진다.

$$\ddot{\theta} + \frac{2g}{3(R-r)}\theta = 0 \tag{f}$$

$$T = 2\pi/w_n = 2\pi\sqrt{\frac{3(R-r)}{2g}} \tag{g}$$

3.2 점성 감쇠 계

이 절에서는 좀 더 현실에 가까운 모델을 고려하자. 전술한 1-자유도 모델에 감쇠를 포함시키는 것인데, 이는 자연 상태에서 어떠한 조화 운동도 영원히 지속될 수는 없다는 사실을 반영하기 위함이다. 감쇠의 모델로는 선형성으로 인하여 가장 취급이 용이하고 보편적으로 사용되는 점성 감쇠를 우선적으로 다룬다. 그 경우 1-자유도 질량-스프링-감쇠기 계는 그림 3.6과 같이 표현될 수 있고 그의 운동방정식은 뉴톤 방법에 의거하면 식 (3.15)와 같이 구할 수 있다.

$$m\ddot{x} + c\dot{x} + kx = 0 \tag{3.15}$$

한편, 위 식의 양변을 질량 m으로 나누면

$$\ddot{x} + 2\zeta\omega_n\dot{x} + \omega_n^2 x = 0 \tag{3.16}$$

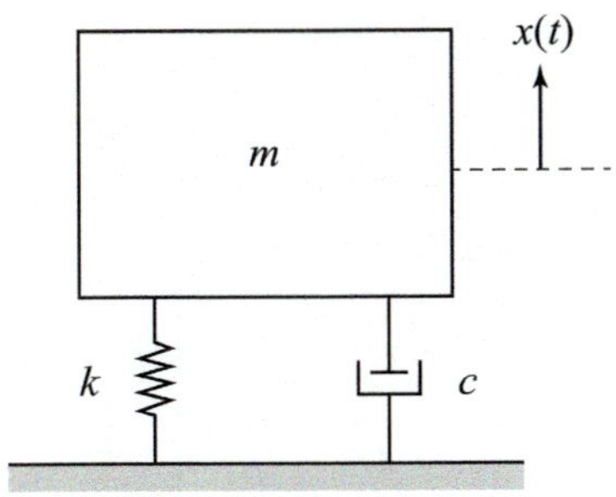

그림 3.6 점성 감쇠 계

와 같이 운동방정식을 다시 쓸 수 있는 데, 그렇게 하는 이유는 계의 동특성을 결정함에 있어서 감쇠 계수 c값 자체보다는 다음 식에 나타난 바와 같이 무차원 양수이며 시스템 매개변수들의 조합인 ζ 즉, 점성 감쇠율 (혹은 감쇠비)의 역할이 더 중요하기 때문이다. 여기에서 c_{cr}은 특별히 $\zeta=1$일 때의 감쇠 계수로서 임계 감쇠 계수라고 부른다.

$$\zeta = \frac{c}{2m\omega_n} = \frac{c}{2\sqrt{mk}} = \frac{c}{c_{cr}} \tag{3.17}$$

질량–스프링–감쇠기 계의 응답을 구하는 방법은 앞 절에서와 대동소이하다. 즉, 식 (3.16)에 식 (3.18)과 같이 해를 가정하여 대입하면 그 다음 식 (3.19)와 같은 2차 대수 방정식 형태의 **특성 방정식**을 얻고 그로부터 식 (3.20)과 같은 **고유치**를 구한다.

$$x = Ae^{st} \tag{3.18}$$

$$s^2 + 2\zeta\omega_n s + \omega_n^2 = 0 \tag{3.19}$$

$$s = -\zeta\omega_n \pm \sqrt{\zeta^2 - 1}\,\omega_n \tag{3.20}$$

이 때 방정식의 판별식은 감쇠율 ζ의 함수이므로 그 값에 따라 근 즉, 고유치의 종류가 달라진다. 따라서 두 개의 고유치를 감쇠율 값에 따라 복소 s–평면에 연속적으로 도시하면 그림 3.7과 같은 근궤적을 얻는다. 즉, ζ=0일 때는 허수축 상에 두 고유치가 존재하고 ζ가 증가함에 따라 반경이 w_n인 원주를 따라 음의 실수축으로 접근하며, ζ=1일 때는 두 개의 고유치가 실수축 상에서 만나다가 ζ가 1보다 더 커질 때는 고유치는 실수축 상에서 서로 다시 멀어지는 데 하나는 원점으로 다른 하나는 무한대 음수 쪽으로 수렴하게 된다. 이와 같이 감쇠율의 크기에 따라 고유치의 위치가 달라지면 시스템 응답의 특성도 달라지는 바, 그 내용을 정리한 것이 표 3.1이다.

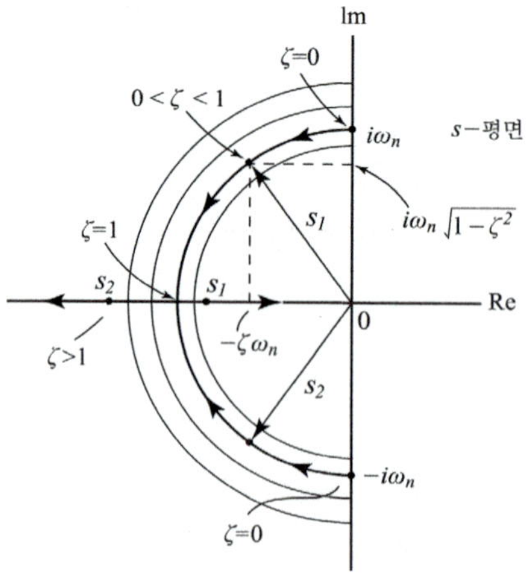

그림 3.7 점성 감쇠 계의 근 궤적 선도

표 3.1 감쇠의 크기에 따른 응답의 특성

감쇠율의 크기	감쇠의 종류	고유치의 유형	응답의 특성
$\zeta=0$	비감쇠	두 개의 공액 순허수	(단순) 조화 운동
$0<\zeta<1$	저감쇠	두 개의 공액 복소수	요동 쇠퇴 운동
$\zeta=1$	임계감쇠	실 중근	비요동 쇠퇴 운동
$\zeta>1$	과감쇠	두 개의 서로 다른 실근	비요동 쇠퇴 운동

위 표 중 비감쇠 경우는 이미 앞 절에서 살펴보았으므로 여기서는 나머지 경우의 시간 응답을 확인하여 보자. 이를 위하여 운동의 초기 조건을 식 (3.4)와 같이 일관되게 가정한다. **저감쇠**의 경우 고유치는 식 (3.21)과 같이 복소수로 얻어지며 이 때 실수부의 크기 $\zeta\omega_n$은 **쇠퇴율** (decay rate)이라고 하며, 허수부의 ω_d는 식 (3.22)로 표현되는 **감쇠 고유 진동수**로서 비감쇠 계에서의 고유 진동수와 같이 응답의 주파수와 주기를 결정한다.

$$s = -\zeta\omega_n \pm i\omega_d \tag{3.21}$$

$$\omega_d = \omega_n\sqrt{1-\zeta^2} \tag{3.22}$$

이제 식 (3.21)을 (3.18)에 대입하여 두 개의 해를 얻고 이를 선형 결합하면

$$x = e^{-\zeta\omega_n t}(A_1 e^{i\omega_d t} + A_2 e^{-i\omega_d t}) \tag{3.23}$$

와 같이 일반해가 구해진다. 그중 우변의 괄호내의 값은 실수가 되어야 하므로 앞 절의 식 (3.8)부터 (3.11)까지의 과정을 여기에도 적용하면 다음 식과 같이 최종적인 해를 구할 수 있다.

$$x = Ce^{-\zeta\omega_n t}\cos(\omega_d t - \phi) \tag{3.24}$$

여기서 진폭과 위상은

$$C = \sqrt{x_0^2 + \left(\frac{\zeta\omega_n x_0 + v_0}{\omega_d}\right)^2}, \quad \phi = \tan^{-1}\frac{\zeta\omega_n x_0 + v_0}{\omega_d x_0} \tag{3.25 a,b}$$

와 같이 초기 조건에 의존한다. 만일 식 (3.24)와 (3.25)를 결합하면 응답을 다음과 같은 형태로 표현할 수도 있다.

$$x(t) = e^{-\zeta w_n t}\left(\frac{\zeta w_n x_0 + v_0}{w_d}\sin w_d t + x_0 \cos w_d t\right) \tag{3.26}$$

수치적으로 $w_n = 4$ rad/s, $x_0 = 0$, $v_0 = 50$ cm/s인 경우의 상기 응답을 계산하여 시간 축에 대하여 도시하면, 다음 그림에서와 같이 감쇠율이 클수록 최대 진폭이 더 작아지고 쇠퇴 속도가 빨라지는 경향을 보인다. 그러나 주파수는 거의 같으며 공통적으로 요동 운동이되 점선으로 표시된 포락선(envelope)으로부터 그 진폭이 시간에 따라 지수적으로 감소하는 것을 확인할 수 있다.

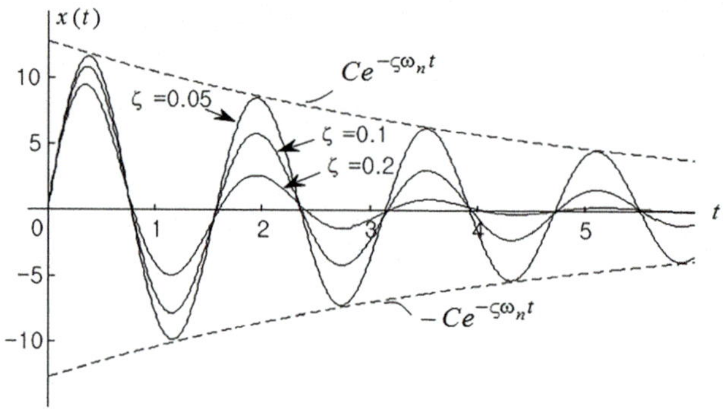

그림 3.8 저감쇠 계의 응답

다음으로, **과감쇠**의 경우를 분석하면 고유치가 식 (3.27)과 같이 서로 다른 음의 실수이므로 이를 식 (3.18)에 대입하고 그 두 해를 선형 결합하면 식 (3.28) 또는 쌍곡선 함수를 사용하는 경우, 식 (3.29)와 같은 일반해를 얻을 수 있다.

$$s = (-\zeta \pm \sqrt{\zeta^2 - 1})w_n \tag{3.27}$$

$$x = e^{-\zeta w_n t}(A_1 e^{\sqrt{\zeta^2-1}\,w_n t} + A_2 e^{-\sqrt{\zeta^2-1}\,w_n t}) \tag{3.28}$$

$$x = e^{-\zeta w_n t}[B_1 \sinh(\sqrt{\zeta^2-1}\,w_n t) + B_2 \cosh(\sqrt{\zeta^2-1}\,w_n t)] \tag{3.29}$$

여기서 B_1, B_2는 A_1, A_2 처럼 해당 성분의 가중치에 해당한다. 식 (3.29)에 초기 조건 식 (3.4)를 적용하면 상기 가중치들을 구할 수 있으며, 그 결과 과감쇠 계의 시간 응답은

$$x(t) = e^{-\zeta\omega_n t}\left[\frac{\zeta\omega_n x_0 + v_0}{\sqrt{\zeta^2 - 1}\,\omega_n}\sinh\left(\sqrt{\zeta^2 - 1}\,\omega_n t\right) + x_0\cosh\left(\sqrt{\zeta^2 - 1}\,\omega_n t\right)\right] \tag{3.30}$$

와 같이 구해진다. 이를 그림 3.8의 경우와 동일한 고유 진동수와 초기 조건에 대하여 계산하여 도시하면 다음 그림과 같다. 그로부터 과감쇠의 경우 공통적으로 비요동적인 쇠퇴를 한다는 사실과 함께, ζ가 증가함에 따라 저감쇠의 경우와는 달리 초기의 최대 진폭은 작아지나 쇠퇴 속도가 더 느려지는 단점이 있음을 알 수 있다.

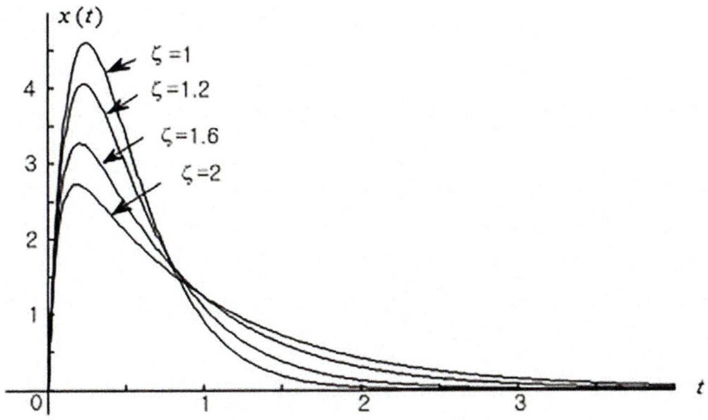

그림 3.9 임계 및 과 감쇠 계의 응답

마지막으로 **임계 감쇠**의 경우에는 고유치가 식 (3.31)과 같은 실 2중근이므로 앞에서 사용했던 방법대로 근을 단순히 식 (3.18)에 대입하여서는 상호간에 선형 독립적인 해를 얻을 수가 없다. 이러한 경우에 적용되는 해법 역시 존재하지만[11], 과감쇠 응답에 관한 식 (3.30)에 $\zeta \to 1$인 극한을 취하고 로피탈(L'Hospital) 정리[11]를 사용하여도 같은 결과 식 (3.32)를 얻을 수 있다.

$$s = -\omega_n \tag{3.31}$$

$$x(t) = e^{-\omega_n t}[x_0 + (\omega_n x_0 + v_0)t] \tag{3.32}$$

그림 3.8의 경우와 동일한 조건을 식 (3.32)에 대입하여 수치 계산하고 도시하면 그림 3.9의 ζ=1에 해당하는 곡선을 얻을 수 있다. 그로부터 임계감쇠가 과감쇠의 경우보다 상대적으로 초기 진폭은 다소 크지만 쇠퇴는 더 신속히 이루어지는 것을 알 수 있다.

3.3 감쇠의 측정

우리는 종종 정확한 모델링을 위하여 계의 매개변수를 직접 측정할 필요가 있다. 그중 질량과 강성 계수는 저울과 자 혹은 자유 진동의 주기 등을 이용하여 비교적 쉽게 측정 가능하다. 그러나 감쇠의 경우는 직접적인 측정이 용이하지 않으므로 여기에 한 가지 방법을 소개한다. 만일 어떤 계의 응답이 다음 그림 3.10과 같이 나타난다면, 이는 가장 흔히 존재하는 저감쇠 계에 해당하므로 인접한 두 피크(peak) 값의 비율로부터 계의 감쇠 계수 또는 감쇠율을 추정할 수 있다.

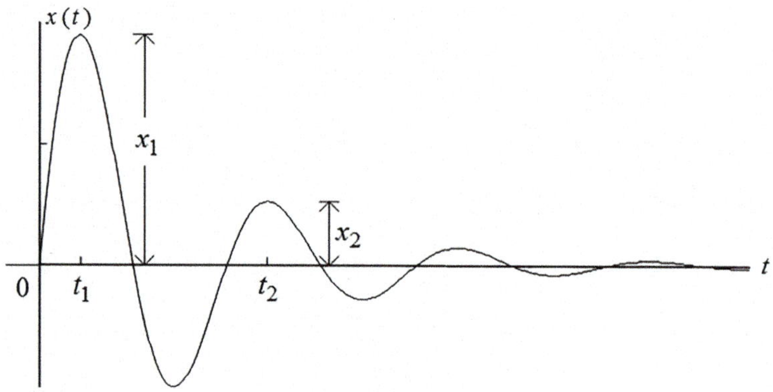

그림 3.10 저감쇠 계의 응답 샘플

보다 구체적으로 설명하면, 계의 감쇠를 순수한 점성 감쇠로 가정하는 경우 응답의 식은 앞 절에서 확인한 바와 같이 식 (3.24)로 표현된다. 그러므로 식 (3.33)과 같이 정의되는 **대수 감소**(logarithmic decrement)는 연산을 통하면 식 (3.34)로 귀결된다.

$$\delta \equiv \ln\frac{x_1}{x_2} \tag{3.33}$$

$$\delta = \ln\frac{Ce^{-\zeta w_n t}\cos(w_d t-\phi)}{Ce^{-\zeta w_n (t+T)}\cos(w_d(t+T)-\phi)} = \frac{2\pi\zeta}{\sqrt{1-\zeta^2}} \quad \text{또는} \quad 2\pi\zeta \quad (\zeta \ll 1\text{일 때}) \tag{3.34}$$

따라서 대수 감소를 측정할 수 있으면 식 (3.35)로부터 점성 감쇠율 ζ도 알 수 있다.

$$\zeta = \frac{\delta}{\sqrt{(2\pi)^2+\delta^2}} \quad \text{또는} \quad \frac{\delta}{2\pi} \quad (\zeta \ll 1\text{일 때}) \tag{3.35}$$

그러나 대부분의 저감쇠 응답의 경우 바로 인접한 두 피크 값의 크기는 거의 비슷하므로 판독 오차를 고려하면 위 방법은 신뢰성이 떨어진다. 이에 그 대안으로서 x_1과의 비교 대상으로 x_2 대신 x_j $(j \geq 2)$값을 사용한다면

$$\ln\frac{x_1}{x_j} = \ln\left(\frac{x_1}{x_2}\frac{x_2}{x_3}\cdots\frac{x_{j-1}}{x_j}\right) = (j-1)\delta \quad \text{또는} \quad \ln x_j = -\delta j + (\ln x_1 + \delta) \tag{3.36}$$

가 성립하므로, 그렇게 구한 대수 감소 δ를 식 (3.35)에 대입하여 감쇠율 ζ를 구할 수 있다.

한편, 일반적으로 계의 감쇠는 완전한 점성 감쇠가 아니다. 이에 측정치들을 그림 3.11에서와 같이 수평축에 피크의 순서인 j, 수직축에 그의 대수 값 $\ln x_j$를 표시하면 식 (3.36)의 두 번째 식이 의미하듯 기울기가 $-\delta$인 하나의 직선상에 모두 위치하지는 않는다. 그럼에도 불구하고 점성 감쇠로 등가화하기를 원한다면 **최소자승오차 법** [11,12] 등에 의하여 점선으로 그려진 직선의 식을 구할 수 있고 그 기울기의 크기가 최적의 대수 감소가 된다.

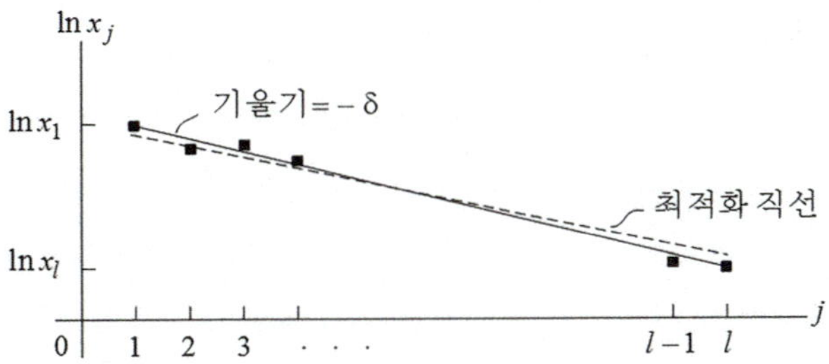

그림 3.11 측정된 피크의 순서와 그의 대수 값

3.4 쿨롱 감쇠

윤활이 안 되어 건조한 고체와 고체가 접촉하며 미끄러지면 마찰이 발생하여 에너지가 소산된다. 이러한 경우의 감쇠를 쿨롱(Coulomb) 감쇠라고 하며, 해당 감쇠력(또는 건 마찰력) F_d는 상대 미끄럼 속도 $\dot{x}$의 함수로서 그들의 함수 관계는 근사적으로 그림 3.12에 도시된 바와 같다. 여기서 μ_s는 정 마찰계수, μ_k는 μ_s보다 작은 동 마찰계수, N은 수직 반력이다. 다시 말하면 미끄럼 속도가 0일 때는 크기가 $\mu_s N$인 정 마찰력이, 운동 중에는 크기가 $\mu_k N$인 일정한 동 마찰력이 운동과 반대 방향으로 작용한다. 이에 운동 중 마찰력

을 수학적으로 표현하면 식 (3.37)과 같은 데, 여기에서 'sgn'은 식 (3.38)과 같이 정의되는 부호(signum) 함수이다.

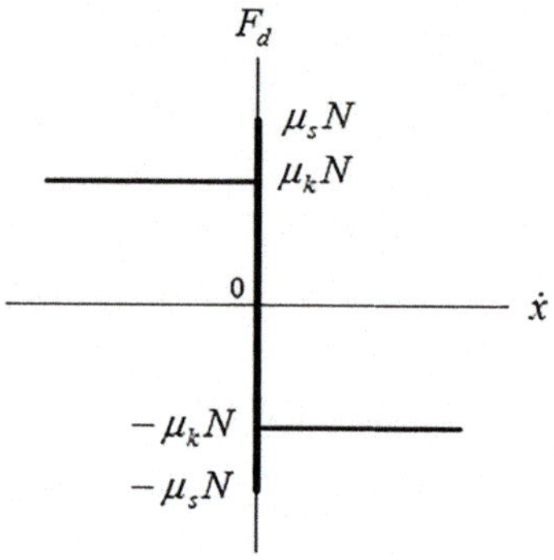

그림 3.12 건 마찰력

$$F_d = -\mu_k N \,\mathrm{sgn}(\dot{x}) \tag{3.37}$$

$$\mathrm{sgn}(\dot{x}) = \frac{\dot{x}}{|\dot{x}|} \tag{3.38}$$

이제 쿨롱 감쇠의 효과를 알아보기 위하여, 다음 그림에서와 같이 스프링이 걸려 있는 물체가 바닥면과 건(dry) 마찰을 일으키는 조건하에서 초기에 우측으로 당겼다 놓여 진 경우의 자유 응답을 구해보자. 단, 식 (3.39)에 기술된 바와 같이 초기 변위 x_0는 충분히 커서 스프링의 복원력이 정지 마찰력보다 크고, 초기 속도는 0이라고 가정한다.

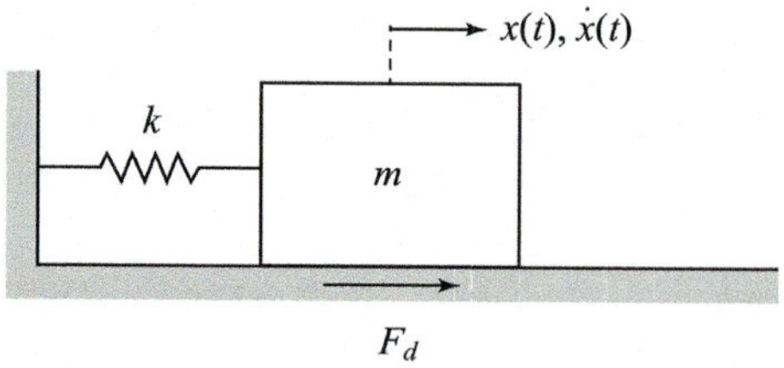

그림 3.13 쿨롱 감쇠가 있는 질량-스프링 계

$$x(0) = x_0 (> \mu_s mg/k), \quad \dot{x}(0) = 0 \tag{3.39 a,b}$$

그림 3.13을 참조하고 뉴톤 법칙에 의거하여 운동 방정식을 유도하면 식 (3.40) 또는 (3.41)과 같다. 식 (3.41)에서 ω_n은 고유진동수이며 $f_d\,(\equiv \mu_k mg/k)$는 동 마찰력의 등가 변위에 해당하는 상수 값이다.

$$m\ddot{x} + kx = -\mu_k mg\,\mathrm{sgn}(\dot{x}) \tag{3.40}$$

$$\begin{cases} \dot{x} < 0\text{일 때},\ m\ddot{x} + kx = \mu_k mg \quad \text{또는}\ \ddot{x} + \omega_n^2 x = \omega_n^2 f_d \\ \dot{x} > 0\text{일 때},\ m\ddot{x} + kx = -\mu_k mg \quad \text{또는}\ \ddot{x} + \omega_n^2 x = -\omega_n^2 f_d \end{cases} \tag{3.41a,b}$$

우리는 물체의 운동을 분석하기 위하여 속도의 방향에 따라 식 (3.41a)와 (3.41b)를 번갈아 가며 연쇄적으로 풀어야 한다. 다시 말하면, 물체가 초기 순간($t=0$) 부터 좌측 끝단까지 도달하는 순간($t=t_1$)까지의 변위는 식 (3.41a)에 상기 초기 조건을 반영하여 해를 구한다. 다음 식은 그 결과이다.

$$0 < t \le t_1\text{일 때},\ x(t) = (x_0 - f_d)\cos\omega_n t + f_d \tag{3.42}$$

그로부터 $\dot{x}(t_1) = 0$라는 조건을 적용하여 t_1을 먼저 구하고 그를 다시 식 (3.42)에 대입함으로써 그 순간의 변위 $x(t_1)$도 함께 구하면

$$t_1 = \pi/w_n,\ x(t_1) = -x_0 + 2f_d \tag{3.43a,b}$$

와 같다. 그 이후 물체가 우측으로 움직이는 동안의 변위는 초기 변위와 속도가 각각 $x(t_1)$과 0인 점을 반영하여 식 (3.41b)를 적분함으로써 (3.44)와 같이 얻을 수 있다. 또한, 전술한 바와 마찬가지 방법으로 우측 단에 정지하는 순간 t_2와 그 때의 변위도 식 (3.45)와 같이 구할 수 있다.

$$t_1 < t \le t_2\text{일 때},\ x(t) = (x_0 - 3f_d)\cos\omega_n t - f_d \tag{3.44}$$

$$t_2 = 2\pi/\omega_n,\ x(t_2) = x_0 - 4f_d \tag{3.45a,b}$$

위와 같은 연산을 반복하여 그 결과들을 시간 축에 대하여 도시하면 다음 그림과 같은 변위 응답을 얻게 된다. 즉, 물체는 일정한 주기 $T(=2\pi/w_n)$를 갖고 진동하되 물체가 정지하는 반 사이클마다 $2f_d$ 만큼씩 피크 값이 감소하며 직선적 쇠퇴를 보인다. 이는 점성 감쇠의 지수적 쇠퇴와 대비되는 특성이다. 한편, 그러한 진동은 다음 식 (3.46)이 나타내듯이 물체가 정지하는 매 시점에서 스프링 힘이 정지 마찰력 보다 작은 동마찰력 즉, kf_d 보다 작은 경우 확실히 멈추게 된다.

$$x_0 - 2nf_d < f_d < \mu_s mg/k,\ n = 0, 1, 2, \ldots \tag{3.46}$$

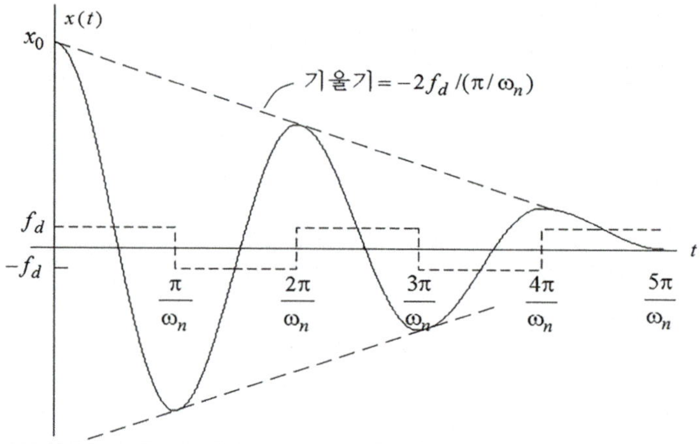

그림 3.14 쿨롱 감쇠가 포함된 질량–스프링 계의 응답

3.5 메틀랩 활용

메틀랩(Matlab)[16,21]은 최초로 발매된 1984년부터 현재까지 수십년간 꾸준히 발전하여 과학과 공학에 관련된 수치 계산과 그래픽에 뛰어난 성능을 발휘하는 컴퓨터 소프트웨어이다. 하나의 명령어가 포트란(FORTRAN)이나 C 언어 프로그램의 서브 루틴과 대등한 기능을 갖기 때문에 복잡한 작업도 간단하고 짧은 프로그램으로 수행할 수 있다. 이러한 관점에서 볼 때 진동학 학습에 메틀랩을 활용하는 것은 매우 바람직하면서도 자연스러운 일이다.

3.2절에서 질량–스프링–감쇠기 계의 특정 조건 즉, $x_0 = 0$, $v_0 = 50$ cm/s, $w_n = 4$ rad/s에 대한 자유 응답을 보인 그림 3.8과 3.9 역시 사실은 메틀랩을 이용하여 계산하고 도시한 것이다. 여기에 그들 각각에 해당하는 소스 프로그램을 공개하니, 가급적 그 프로그램을 직접 실행시켜가며 세부 내용을 배우고 익힐 수 있기를 바란다.

이 때 미지의 명령어가 나타날 때마다 'help 해당 명령어'를 명령 창에서 입력하면 자세한 설명을 얻을 수 있으므로 크게 도움이 될 것이다. 예를 들어 plot이라는 명령어의 의미와 사용 문법을 알고자 한다면 help plot을 입력한다.

프로그램 3.1:

```
% 이 프로그램은 주어진 조건하에서 몇가지 감쇠율에 대한 저감쇠 1-자유도 계의
% 자유 응답을 계산하고 도시한다.
clear
clf

wn=4; % 계의 고유 진동수
zeta=[0.05:0.1:0.2]; % 3차원 벡터 형태로 정리된 3가지 감쇠율
x0=0; % 초기 위치
v0=50; % 초기 속도
t0=0; % 개시 시간
deltat=0.01; % 계산을 위한 시간 간격
tf=6; % 최종 시간

t=[t0:deltat:tf];

for i=1:length(zeta),
    wd=sqrt(1-zeta(i)^2)*wn;
    x=exp(-zeta(i)*wn*t).*(((zeta(i)*wn*x0+v0)/wd)*sin(wd*t)+x0*cos(wd*t));

    plot(t,x)
    hold on

end

title('Response to Initial Excitations')
xlabel('t(s)')
ylabel('x(t)')
grid
```

프로그램 3.2 :

```
% 이 프로그램은 주어진 조건하에서 과감쇠 및 임계감쇠
% 1-자유도 계의 자유 응답을 계산하고 도시한다.
clear
clf

wn=4; % 계의 고유 진동수
zeta=[1.2; 1.6; 2]; % 3차원 벡터 형태로 정리된 3가지 과감쇠율
x0=0; % 초기 위치
v0=50; % 초기 속도
t0=0; % 개시 시간
deltat=0.01; % 계산을 위한 시간 간격
tf=4; % 최종 시간

t=[t0:deltat:tf];

for i=1:length(zeta),
    wp=sqrt(zeta(i)^2-1)*wn;
    x=exp(-zeta(i)*wn*t).*(((zeta(i)*wn*x0+v0)/wp)*sinh(wp*t)+x0*cosh(wp*t));

    plot(t,x)
    hold on

end

x=exp(-wn*t).*(x0+(wn*x0+v0)*t);% 임계감쇠 시의 응답
plot(t,x)

title('Response to Initial Excitations')
xlabel('t(s)')
ylabel('x(t)')
grid
```

3.6 요약

이 장에서는 1-자유도 계의 응답을 수학적 모델에 기반하여 다루었고 특히 초기 조건에 의한 자유 응답을 구하는 방법과 고유 진동수나 감쇠율 등의 개념 파악에 중점을 두었다.

그런 맥락에서 1절에서는 비감쇠 시의 자유 응답은 단일한 고유 진동수로 요동하는 단순 조화 운동이며, 2절에서는 점성 감쇠의 존재 시에 자유 응답은 공히 쇠퇴하는 경향을 보이되 그중 특히 저감쇠의 경우에만 주기성을 갖고 요동하며 쇠퇴한다는 사실 등을 확인하였다. 3절에서는 가장 흔히 나타나는 저감쇠의 경우 시간 응답으로부

터 점성 감쇠율을 측정하는 방법, 그리고 4절에서는 점성 감쇠와는 사뭇 구별되는 쿨롱 감쇠를 갖는 계의 특성을 예시를 통하여 살펴보았다. 마지막 5절에서는 메틀랩에 대한 소개와 함께 메틀랩 명령을 이용한 프로그래밍에 의하여 매우 편리하면서도 정확하게 자유 진동을 시뮬레이션하고 그 결과를 도시할 수 있음을 보였다.

연습문제

3.1 어떤 질량-스프링 계에서, 자중에 의한 정적 처짐이 0.7 cm이라면 고유 진동수는 몇 Hz 인가?

3.2 다음 보기 중 보의 고유 진동수에 영향을 미치지 않는 것은?
① 보의 초기 조건 ② 보의 길이 ③ 보의 질량 분포 ④ 보의 지지 조건

3.3 쿨롱 마찰에 관한 다음 설명 중 틀린 것은?
① 비선형 마찰 ② 고체와 고체 사이의 마찰
③ 자유 진동의 진폭을 지수적으로 감소시킴 ④ 자유 진동 시에 주기성 존재함

3.4 다음 중 점성 감쇠를 가장 잘 발생시킬 수 있는 물질은?
① 공기 ② 물 ③ 윤활유 ④ 고무

3.5 문제 1.7의 후프에 대하여, θ가 충분히 작을 때 해당 운동 방정식을 선형화하여 고유 진동수를 구하라.

3.6 문제 1.2의 계에서 진동 변위와 속도가 충분히 작다고 가정하여 선형화한 경우의 고유 진동수를 구하라.

3.7 문제 1.9의 계의 운동방정식을 정적 평형점 근방에서 선형화하여 고유 진동수를 구하라.

3.8 문제 1.10의 계에 대한 운동 방정식을 참조하여, θ가 충분히 작을 때 고유 진동수를 구하라.

3.9 (a) 질량이 10 kg이고 반경이 200 mm인 원판을 가는 막대에 조립된 상태로 비틀었다가 놓았을 때 진동의 주기가 1.13초이었다면 그 막대의 비틀림 강성은 얼마인가? (b) 또한 원판 대신에 어떤 기어를 조립하여 같은 실험을 하였을 때 그 비틀림 진동의 주기가 1.93초였다면 기어의 도심에 관한 이너셔는 얼마인가?

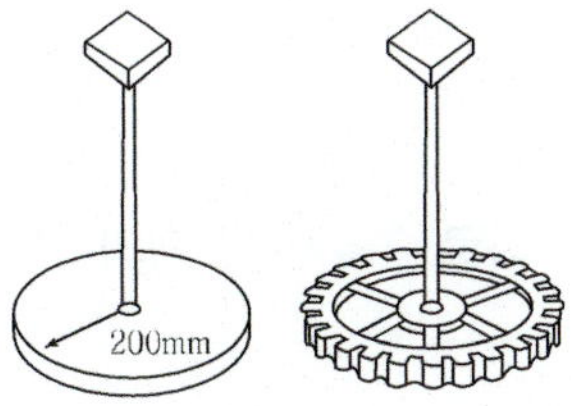

그림 P3.9

3.10 그림과 같이 계가 수평 트랙을 따라 운동하는 물체와 그 물체를 당겨 고정점 O에 연결하는 줄로 구성되어 있다. 줄의 단위 길이 당 질량을 ρ라고 할 때 그의 질량 효과를 포함하는 물체의 고유 진동수를 구하라. 단, 물체의 변위는 길이 l에 비하여 충분히 작아서 물체의 위치에 관계없이 장력 T는 일정하다고 가정한다.

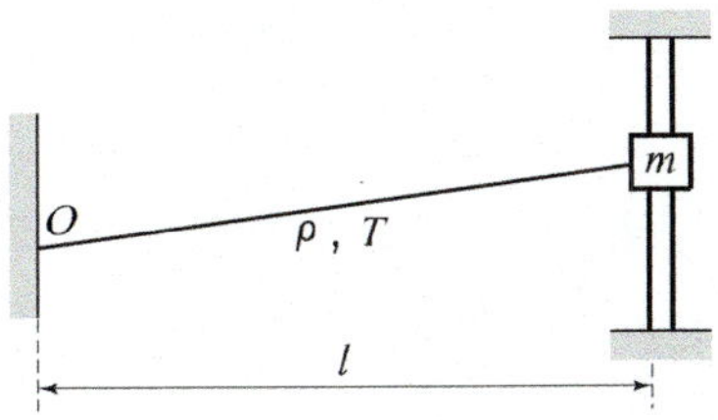

그림 P3.10

3.11 50 kg의 기계가 스프링과 댐퍼에 의하여 지지되어 있고 강성과 감쇠 계수가 각각 100 N/cm, 2 N/(cm/s)라고 할 때, 다음과 같은 초기 조건하에서의 자유 응답을 구하라. (a) $x(0)=1$ cm, $\dot{x}(0)=0$ (b) $x(0)=0$, $\dot{x}(0)=10$ cm/s (c) $x(0)=1$ cm, $\dot{x}(0)=10$ cm/s.

3.12 다음 그림에서와 같이 수직으로 설치되어 있는 계의 고유 진동수를 구하라. 단, 보(beam)의 질량은 무시하며 보의 정 중앙에 위치한 C점에서의 보의 하중 P과 처짐 δ의 관계는 $\delta = PL^3/48EI$이다.

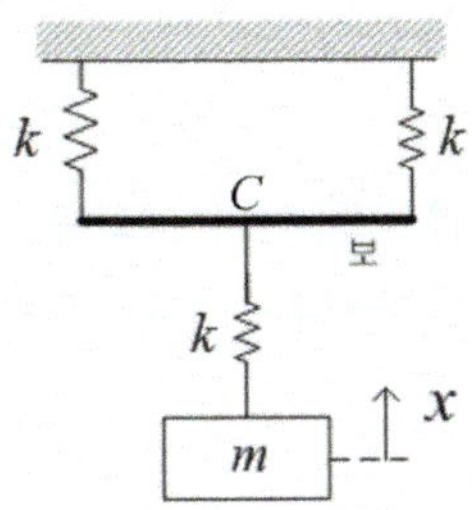

그림 P3.12

3.13 대수 감소 δ를 감쇠 계수 c와 임계 감쇠 계수 c_{cr}의 함수로 표현하라.

3.14 그림과 같이 질량, 스프링, 풀리로 이루어진 계의 고유진동수[Hz]는? 단, 풀리의 질량과 줄의 신축성은 무시한다.

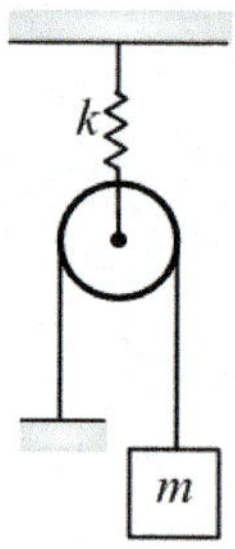

그림 P3.14

3.15 그림에서 원통의 반지름과 질량은 각각 r, m이다. 이 계의 (a) 원통이 스프링에 연결되어 미끄럼 없이 구를 때 등가 질량, (b) 진동의 주기, (c) 초기 변위가 x_0, 초기 속도가 0일 때 변위의 시간 응답을 구하라.

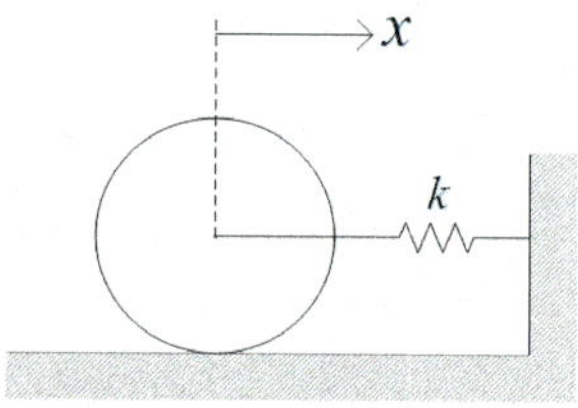

그림 P3.15

3.16 그림 P2.8과 같은 계의 고유 진동수 f_n[Hz]을 구하라. 중력 가속도, 개별 스프링 상수, 추의 무게를 각각 g, k, W라고 표시하자.

3.17 문제 1.3의 계에 대하여 (a) 고유 진동수와 감쇠율, (b) 감쇠를 무시하고 점 O에서의 초기 변위 및 속도가 각각 θ_0, 0일 때 변위의 시간 응답을 구하라.

3.18 그림과 같이 구성된 복합 진자의 자유 진동 주기가 T라면, 진자의 질량 중심 G에 대한 z축 방향의 이너셔 I_G를 구하라. 진자의 질량 $= m$, 중력가속도 $= g$이다.

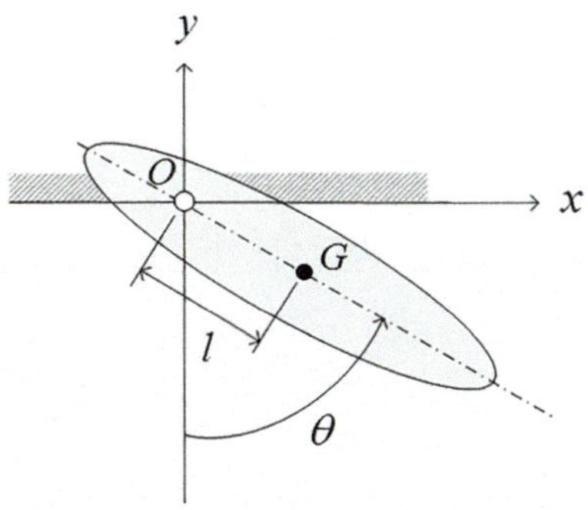

그림 P3.18

3.19 문제 1.13의 계의 진동 변위가 작다고 가정할 때의 운동 방정식과 고유 진동수를 구하라.

3.20 어떤 질량이 상하 방향으로 자유 진동을 하되, 위치가 2초마다 코사인 함수의 형태로 반복되며 전체 행정 (peak−to−peak)의 크기가 20 mm, 초기 속도 = 0일 때 (a) 정적 평형 상태를 기준으로 하는 변위, 속도, 가속도의 시간 함수, (b) 고유 진동수[Hz], (c) 감쇠율 등을 구하고, (d) 안정성을 판별하라.

3.21 그림과 같이 스프링이 연결된 막대 끝에 달린 블록에 대하여 (a) 운동 방정식, (b) 고유 진동수, (c) 스프링이 끊어 진 이후의 고유 진동수를 구하라. 단, 막대의 질량은 무시하며, 중력 가속도는 g, 회전각 θ는 충분히 작으며 그 각이 0일 때 스프링은 변형 전 상태이다.

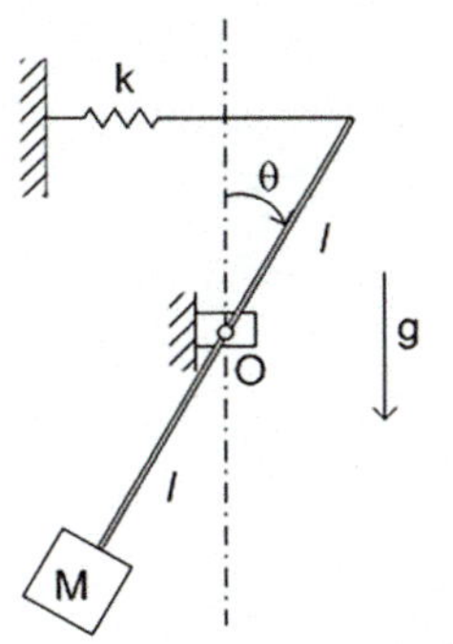

그림 P3.21

3.22 문제 1.4의 부이에 대하여 (a) 고유 진동수[Hz], (b) 초기 변위 = x_0, 초기 속도 = 0일 때 변위의 시간 응답을 구하라.

3.23 진동의 변위가 $x = 4\sin(25t + \frac{\pi}{3})$ cm라면 (a) 시간 t=2초일 때의 진동 속도는? (b) 최대 진동 가속도는 중력 가속도 g의 몇 배인가?

3.24 그림과 같은 계에 대하여 (a) 운동 방정식, (b) 초기 변위 = x_0, 초기 속도 = v_0, 초기 가속도 = a_0 일 때 변위의 시간 응답을 구하라.

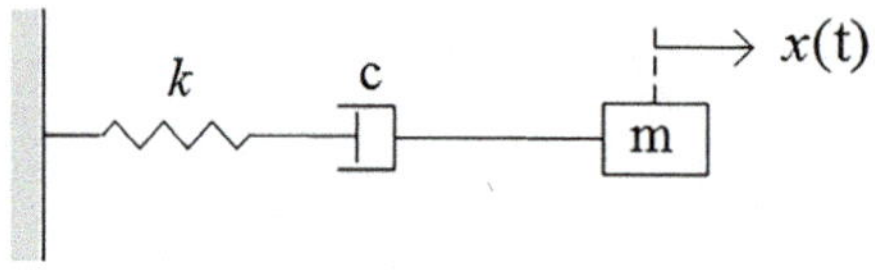

그림 P3.24

3.25 문제 2.18의 계에 대하여 (a) 고유 진동수, (b) 초기 조건이 $x(0) = 0$, $\dot{x}(0) = v_0$일 때 동적 변위의 시간 응답을 구하라.

3.26 그림과 같이 선형 스프링, 점성 감쇠기, 비틀림 스프링이 연결된 막대 끝에 달린 질량에 대하여 (a) 운동 방정식, (b) 고유 진동수, (c) 정적 평형 위치를 구하라. 단, 막대의 질량은 무시하며, 중력 가속도는 g, 회전각 θ는 크지 않으며 그 값이 0일 때 스프링들은 변형 전 상태이다.

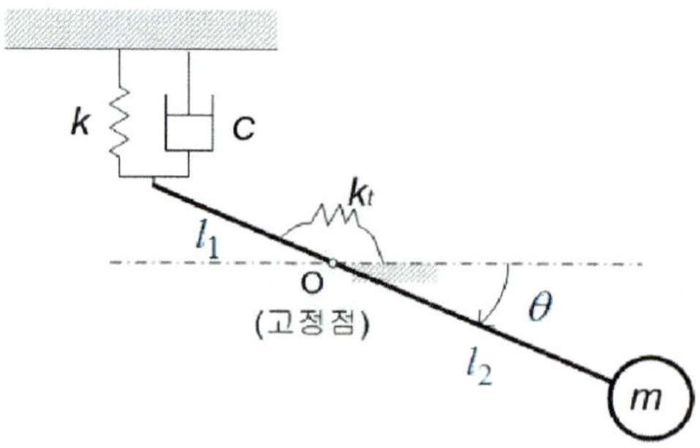

그림 P3.26

3.27 그림과 같이 질량이 비선형 스프링에 의하여 매달려 있을 때 정적 평형점 근방 진동의 고유 진동수를 구하라. 스프링의 힘 F_s[N]과 변위 x[m]의 관계식은 $F_s = 2x^3$, 질량 $m = 1$ kg, 중력 가속도 g = 9.8 m/s^{2}이다.

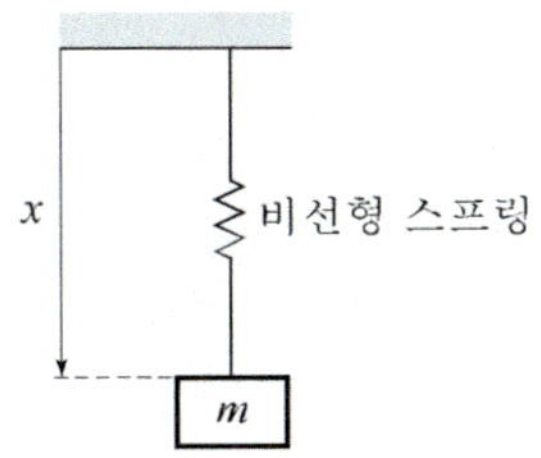

그림 P3.27

3.28 그림과 같이 두 선형 스프링 사이에 존재하는 질량에 대하여 답하라. 좌측 스프링의 변형 전 길이는 0.5 m이고 강성 계수 $k_1 = 1$ kN/m이며, 우측 스프링의 변형 전 길이는 0.25 m이고 강성 계수 $k_2 = 2$ kN/m이다. $m = 2$ kg일 때, (a) 먼저 $l = 0.5$ m로서 예압된 경우의 질점의 평형 위치와 고유 진동수를 구하라, (b) 그 다음으로 예압이 없는 $l = 0.75$ m인 경우의 고유 진동수를 구하여 비교하라.

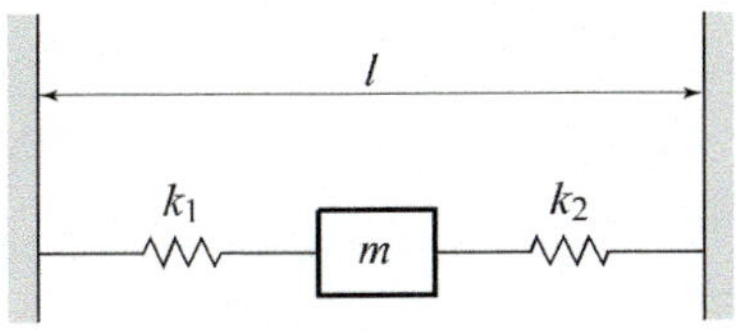

그림 P3.28

3.29 위 3.28번 문제와 모든 조건이 동일하나 다음과 같이 우측의 스프링만 비선형 스프링으로 대체된 경우에 대하여 답하라. 우측 비선형 스프링의 힘 F[N]과 변위 x[m]사이의 관계식은 $F(x) = 24{,}000x^2$이며 (a) 먼저 $l = 0.5$ m로서 예압된 경우의 질점의 평형 위치와 그 근방 진동의 고유 진동수를 구하라. (b) 다음으로 예압이 없는 $l = 0.75$ m인 경우의 고유 진동수를 구하여 비교하라.

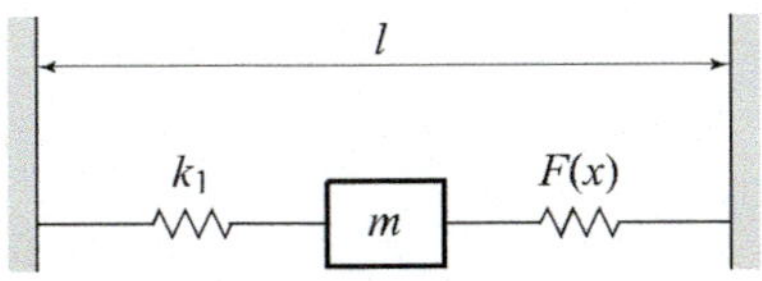

그림 P3.29

3.30 그림과 같이 구성된 계의 고유 진동수를 구하라.

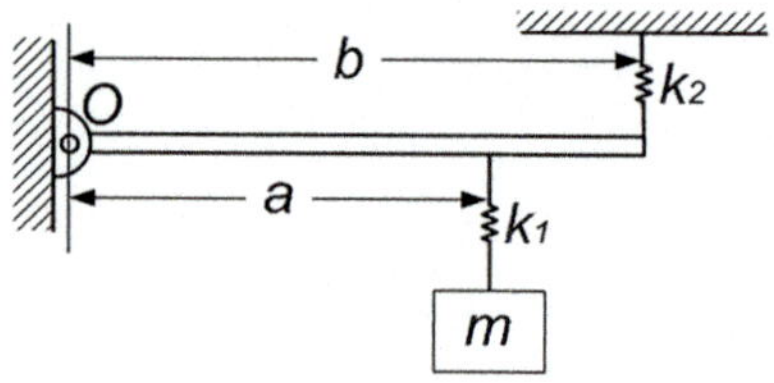

그림 P3.30

3.31 그림과 같은 구조를 갖는 1-자유도 계의 운동 방정식과 고유 진동수를 구하라.

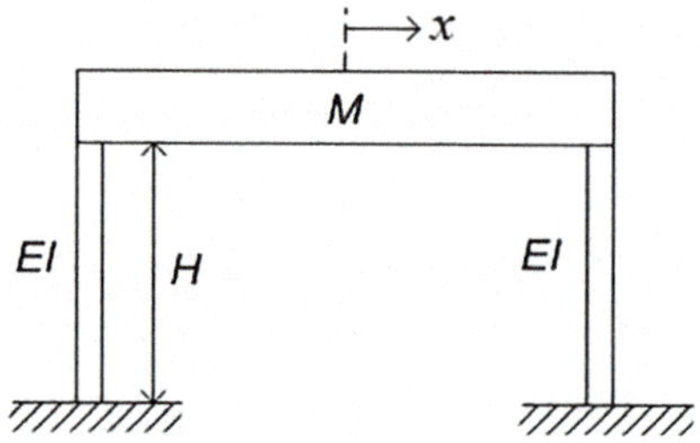

그림 P3.31

3.32 장기 사용으로 인하여 계의 경계조건이 그림 a에서 b로 바뀌었다면 계의 고유 진동수는 몇 퍼센트나 변화하겠는가? 단, 보의 질량은 무시한다.

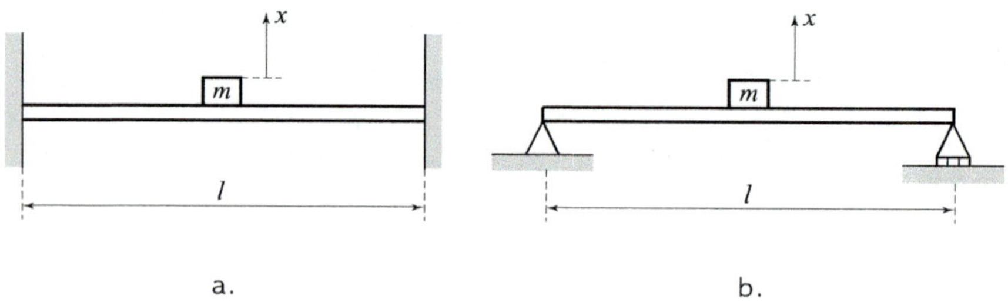

그림 P3.32

3.33 문제 3.32의 계의 경계조건이 그림 a의 상태에서 파괴가 진행되어 우측 지지대가 아예 사라져 버렸다면 계의 고유 진동수는 원래 계에 비하여 몇 퍼센트나 변화하겠는가?

3.34 1-자유도 계의 감쇠를 크게 하면 자유 진동의 주파수를 상승시키는가 아니면 저하시키는가?

3.35 1-자유도 점성 감쇠 계에서 질량은 쇠퇴율(decay rate)에 어떠한 영향을 미치는가?

3.36 주기운동 $x = 5\sin 2\pi t + 3\sin 4\pi t$을 시간 축에 대하여 0에서 2초까지 도시하라. (메틀랩 사용 권장)

3.37 운동 $x = 5e^{-t}\sin(10\pi t + \pi/4)$을 시간 축에 대하여 0에서 2초까지 도시하라. (메틀랩 사용 권장)

3.38 운동 $x = 5e^{-t}\sin(10\pi t + \pi/4) + 7\sin 2\pi t$을 시간 축에 대하여 0에서 2초까지 도시하라. (메틀랩 사용 권장)

3.39 $x_1 = 2\sin(t + \pi/6)$, $x_2 = 2.9\sin t$와 같이 평면 내에서 상호 직교하는 질량의 조화 운동을 $x_1 - x_2$ 평면 내에 도시하라. (참고: 그와 같은 그림을 **리사주(Lissajous) 도형**이라고 한다) (메틀랩 사용 권장)

3.40 $x_1 = 2\sin(2t + \pi/6)$, $x_2 = 2.9\sin t$와 같이 평면 내에서 상호 직교하는 질점의 조화 운동을 $x_1 - x_2$ 평면 내에 도시하라. (메틀랩 사용 권장)

3.41 그림과 같이 서로 반대 방향으로 회전하는 두 개의 원통형 드럼위에 놓인 균일 판자의 수평 방향 운동 방정식과 고유 진동수를 구하라. 판자의 질량, 드럼과 판자 사이의 마찰계수, 중력 가속도는 각각 m, μ, g이다.

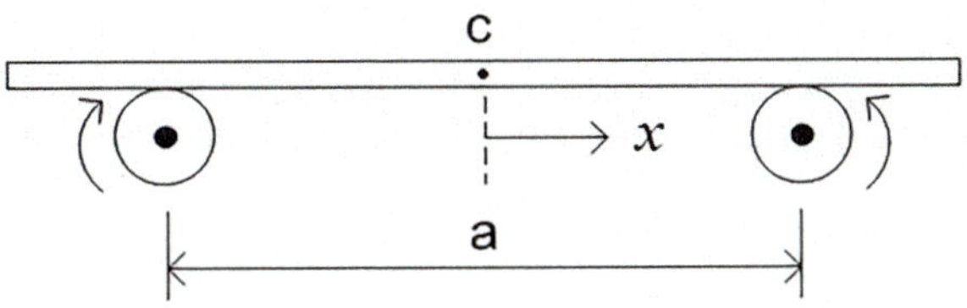

그림 P3.41

3.42 그림과 같은 계에 대하여 (a) 운동 방정식, (b) 초기 위치 $(x, y) = (r_0, 0)$이고 초기 속도 $(\dot{x}, \dot{y}) = (v_0, 0)$일 때의 자유 응답의 궤적, (c) 초기 위치 $(x, y) = (r_0, 0)$이고 초기 속

도 $(\dot{x},\ \dot{y}) = (v_0 \cos\theta, v_0 \sin\theta)$일 때의 자유 응답의 궤적 등을 구하고, (d) 운동의 안정성을 판별하라. 단, $k_1 = k_2 = k$이다.

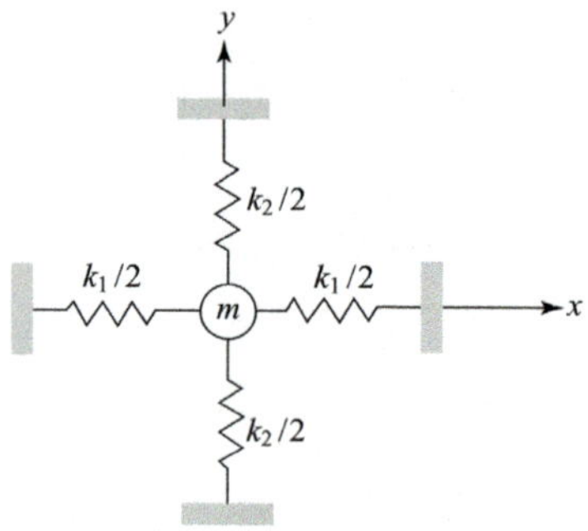

그림 P3.42

3.43 문제 3.42를 다시 풀어라. 단, 이때는 $k_1 \neq k_2$이다.

3.44 길이가 L이고 단위 길이 당 질량이 ρ인 외팔보의 자유단에서의 등가 질량을 구하고, 표 2.1에 있는 해당 등가 스프링 상수의 값을 참조하여 1-자유도 외팔보 모델의 횡방향 고유 진동수를 구하라. (참고: 외팔보의 엄밀한 1차 고유 진동수 값은 $w_{n1} = 3.5160\sqrt{EI/\rho L^4}$이다[12])

04 주기적 가진에 대한 1-자유도 계의 응답

이 장에서는 조화 가진을 포함한 주기적 가진에 의한 단일 자유도계의 응답에 대하여 알아본다. 이와 같이 지속적 가진에 의하여 발생하는 응답을 강제 응답 혹은 강제 진동이라 일컫는다.

4.1 직접적인 조화 가진력에 대한 응답

먼저 그림 4.1과 같은 1-자유도 계에 외력 $F(t)$가 직접 질량에 작용하는 경우를 고려하자. 이 때 동적 변위 $x(t)$는 식 (4.1)과 같은 운동 방정식을 따른다.

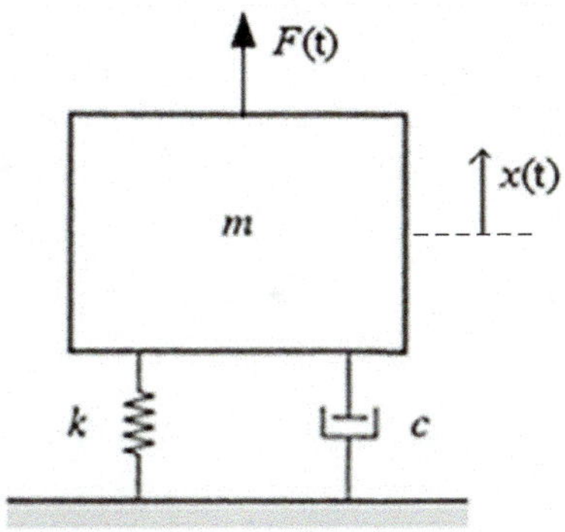

그림 4.1 단일 자유도 감쇠계

$$m\ddot{x}+c\dot{x}+kx=F(t) \tag{4.1}$$

외력을 식 (4.2)에서와 같이 스프링 상수 k와 변위 $f(t)$의 곱으로 등가화하고, 질량의 크기 m으로 운동 방정식의 양변을 나누면 고유 진동수와 감쇠율을 매개변수로 갖는 식 (4.3)을 얻을 수 있다.

$$F(t)=kf(t) \tag{4.2}$$

$$\ddot{x}+2\zeta\omega_n\dot{x}+\omega_n^2x=\omega_n^2 f(t) \tag{4.3}$$

이제 등가 변위 $f(t)$가 다음 식에서와 같이 진폭이 A이고 주파수가 ω인 코사인 함수 형태의 조화 가진일 때의 정상 상태 응답을 구해보자. 여기서 **정상 상태 응답**이라 함은 가진 이후 시간이 충분히 흐른 다음의 응답을 말하며 이는 곧 초기 조건에 의한 영향이 감쇠에 의하여 완전히 사라진 경우의 응답에 해당한다.

$$f(t) = A\cos\omega t \tag{4.4}$$

그러므로 우리는 식 (4.3)의 일반해 중 지속적 가진에 의한 해 즉, 특해에만 관심을 둔다. 그 특해를 구하는 방법은 몇가지 알려져 있으나 그중 미정계수법[11]에 따르면 다음의 식 (4.5)와 같이 해를 가정할 수 있고, 이를 운동 방정식 (4.3)에 대입하면 미정 계수 C_1과 C_2를 식 (4.6)과 같이 구할 수 있다. 참고로, 미정계수법은 결국 선형 시스템의 응답은 가진력과 같은 함수 형태이며 그 주파수까지도 같다는 점에 근거하고 있다.

$$x = C_1\sin\omega t \ + \ C_2\cos\omega t \tag{4.5}$$

$$C_1 = \frac{2\zeta\omega/\omega_n}{[1-(\omega/\omega_n)^2]^2+(2\zeta\omega/\omega_n)^2}A, \ \ C_2 = \frac{1-(\omega/\omega_n)^2}{[1-(\omega/\omega_n)^2]^2+(2\zeta\omega/\omega_n)^2}A \tag{4.6 a,b}$$

따라서 정상상태 응답은

$$x(t) = \frac{A}{[1-(\omega/\omega_n)^2]^2+(2\zeta\omega/\omega_n)^2}\left\{\frac{2\zeta\omega}{\omega_n}\sin\omega t + [1-(\frac{\omega}{\omega_n})^2]\cos\omega t\right\} \tag{4.7}$$

와 같고, 이는 다시 합성을 통하여 다음과 같이 간단한 형태로 재표현될 수 있다.

$$x(t) = X\cos(\omega t - \phi) \tag{4.8}$$

여기서 진폭 X와 지연 위상각 ϕ는 공히 주파수의 함수로서 편의상 무차원 주파수 r $(=w/w_n)$을 사용할 때 다음과 같은 값들이다.

$$X(\omega) = \frac{A}{\sqrt{(1-r^2)^2+(2\zeta r)^2}} \tag{4.9}$$

$$\phi(\omega) = \tan^{-1}\frac{2\zeta r}{1-r^2} \tag{4.10}$$

위 두 식은 물리적으로, 다음 절에 제시된 그림 4.2와 4.3으로부터도 알 수 있지만, $r = 0$인 정적 가진의 경우 출력 응답의 진폭이 입력 가진의 크기와 동일하며 상호간에 위상

차도 없다는 것과, $r=\infty$ 인 초고주파수의 동적 가진의 경우에는 출력의 크기가 0이며 입력에 비하여 180° 까지 위상이 지연된다는 것 등을 의미한다.

한편, 가진력 F_R과 F_I에 대한 상기 계의 응답을 각각 x_R, x_I라고 한다면 다음 식 (4.11), (4.12)가 성립한다.

$$m\ddot{x}_R + c\dot{x}_R + kx_R = F_R(t) \tag{4.11}$$

$$m\ddot{x}_I + c\dot{x}_I + kx_I = F_I(t) \tag{4.12}$$

이에 식 (4.12)에 $i(=\sqrt{-1})$를 곱한 후 (4.11)과 더하면 식 (4.13)과 (4.14)가 된다.

$$m(\ddot{x}_R + i\ddot{x}_I) + c(\dot{x}_R + i\dot{x}_I) + k(x_R + ix_I) = F_R(t) + iF_I(t) \tag{4.13}$$

$$m\ddot{x} + c\dot{x} + kx = F(t) \tag{4.14}$$

이는 곧 식 (4.14)와 같이, 복소 힘 $F(=F_R + iF_I)$가 계에 가해질 때 응답 역시 복소 $x(=x_R + ix_I)$가 됨을 의미하며, 그 응답의 실수부는 힘의 실수부, 그 응답의 허수부는 힘의 허수부에 기인한 것임을 알 수 있다. 이와 같이 복소 표현을 이용하면 두개의 실수 식을 동시에 처리할 수 있을 뿐만 아니라, 미방을 풀어 응답을 구하는 과정 자체도 간편해지는 장점이 있음을 곧 이어 확인할 수 있다.

이에 가진력의 등가 변위를 다음 식 (4.15)와 같이 진폭이 A이고 가진 주파수가 ω인 복소수로 표현하면, 그 때의 정상상태 응답도 복소수로서 미정계수법에 따라 식 (4.16)에서와 같이 동일한 형태의 함수 즉, 복소 지수함수의 형태로 가정되며, 이 때 그 크기 $X(iw)$ 역시 일반적인 경우 복소수로 가정함이 당연하다. 이를 운동방정식 (4.14)에 대입하여 연산하면, 앞에서 실수를 이용하여 식 (4.7)을 얻었던 과정보다 훨씬 간편하게 미정계수 즉, 응답의 크기 $X(iw)$를 식 (4.17)과 같이 구할 수 있다.

$$f(t) = Ae^{i\omega t} \tag{4.15}$$

$$x(t) = X(i\omega)e^{i\omega t} \tag{4.16}$$

$$X(iw) = A\,G(i\omega) \tag{4.17}$$

여기서 $G(i\omega)$는 주파수의 함수이며 복소 응답과 가진 입력의 크기 비에 해당하는, 식 (4.18)과 같은 무차원 복소수로서 흔히 **주파수 응답 함수**(frequency response function),

또는 약칭 FRF라고 불린다. 그의 크기와 각은 식 (4.19)와 같다. 같은 맥락에서 $X(iw)$는 계의 주파수 응답이라고도 일컫는다.

$$G(i\omega) = \frac{k}{k - mw^2 + icw} = \frac{1}{1-(w/w_n)^2 + i2\zeta w/w_n} = \frac{1}{1-r^2+i2\zeta r} \tag{4.18}$$

$$|G(iw)| = \frac{1}{\sqrt{(1-r^2)^2+(2\zeta r)^2}}, \quad \measuredangle G(iw) = -\phi = -\tan^{-1}\frac{2\zeta r}{1-r^2} \tag{4.19 a,b}$$

따라서 주파수 응답 함수를 사용하면 복소 응답을 식 (4.20)과 같이도 표현할 수 있으며, 그로부터 식 (4.4)에서와 같이 입력이 코사인 함수일 때뿐만 아니라 입력이 사인 함수일 때의 응답까지도 식 (4.21)에서와 같이 즉시 구할 수 있다.

$$x(t) = A\,G(i\omega)e^{i\omega t} \quad \text{또는} \quad A|G(i\omega)|e^{i(\omega t-\phi)} \tag{4.20}$$

$$\begin{cases} f(t) = A\cos\omega t \text{ 일 때}, \; x(t) = \mathrm{Re}\left[\,A\,|G(iw)|\,e^{i(wt-\phi)}\,\right] = A|G(i\omega)|\cos(\omega t-\phi) \\ f(t) = A\sin\omega t \text{ 일 때}, \; x(t) = \mathrm{Im}\left[\,A\,|G(iw)|\,e^{i(wt-\phi)}\,\right] = A|G(i\omega)|\sin(\omega t-\phi) \end{cases}$$

(4.21a,b)

한편, 전기 회로의 교류 저항에 해당하는 **임피던스**(impedance)처럼 기계 시스템에서도 동적 힘과 변위의 비를 기계적 임피던스라고 부른다. 기계적 임피던스 $Z(iw)$는 식 (4.2), (4.15)~(4.18)로부터

$$Z(i\omega) \equiv \frac{F}{x} = \frac{k}{G(iw)} = k - mw^2 + iwc \tag{4.22}$$

와 같이 구해질 수 있는 데, 주파수 응답함수 $G(iw)$에 반비례하며 스프링 상수 k와 같은 차원을 갖되 주파수의 함수이므로 동적 강성이라고 볼 수 있다. 그 크기는 정적 가진의 경우에는 스프링 상수 k와 같으나 고유 진동수 근처에서는 감소하여 최소화되며 그 이상 고주파 영역에서는 mw^2에 접근하며 다시 매우 큰 값으로 증가한다. 따라서 임피던스의 개념을 이용하면 가진 주파수에 따른 계의 출력 변위의 크기와 위상을 예측할 수 있을 뿐만 아니라, 그 값을 정합(matching)함으로써 동력 전달을 최대화 할 수도 있다.

4.2 주파수 응답

앞 절에서 다룬 질량-스프링-댐퍼 계의 FRF를 무차원 주파수 축에 대하여 도시하면 그 크기와 위상이 각각 그림 4.2, 4.3과 같다. 여기서 ϕ는 식 (4.19)에서 보듯이 FRF의

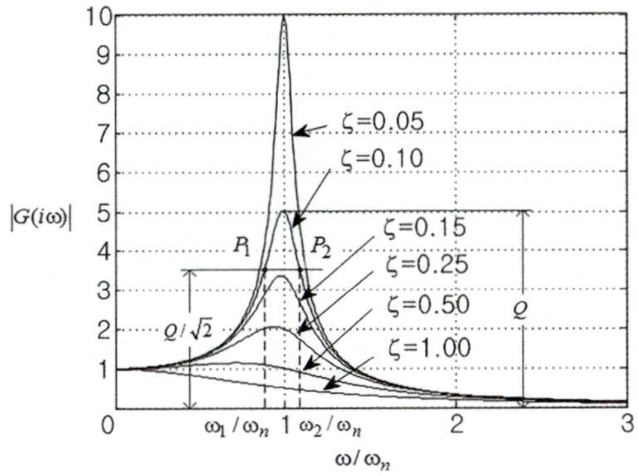

그림 4.2 주파수 응답 함수의 크기

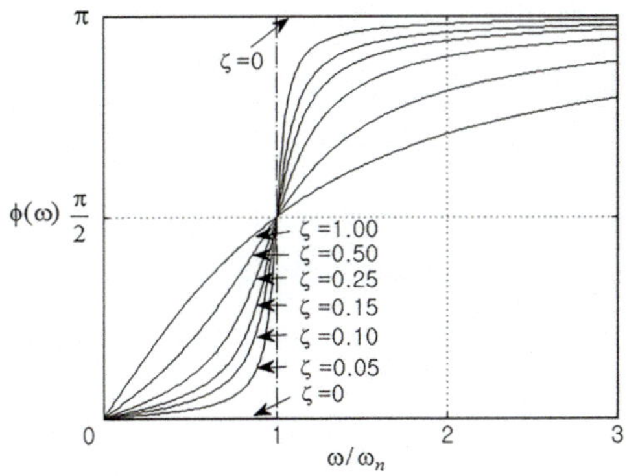

그림 4.3 주파수 응답 함수의 위상각

분모의 각으로서 지연 위상의 크기에 해당한다. 그림 4.2로부터 ζ가 작은 경우 가진 주파수가 증가함에 따라 FRF의 크기가 1에서 증가하여 특정 주파수에서 최대가 되고 그 이후 감소하기 시작하여 결국에는 0으로 수렴함을 알 수 있다. 이와 같이 1보다 큰 피크 값이 발생하는 현상을 기계나 전기, 음향학 등에서 "함께 진동한다 또는 울린다"라는 의미에서 각각 **공진**(resonance) 또는 **공명**이라고 하는 데, 감쇠가 크지 않은 2차 이상의 계에서만 나타날 수 있다.

여기서 두 가지 더 강조할 사항은, 공진 현상은 에너지의 증폭이 아니라 계가 그만큼 입력 에너지를 더 잘 받아 들여 나타나는 현상이며, 2장에서 다룬 계의 불안정성과는 다른 현상이라는 점이다. 이는 우리가 그네를 밀 때 그 운동 주기에 맞게 미는 경우와 그렇지 않은 경우를 비교해 보면 쉽게 이해할 수 있다. 경험상 전자의 경우가 훨씬 더 많은 양(positive)의 일을 가할 수 있고 이에 진폭도 커지게 되는 데 그것이 바로 공진의 속성이다. 한편 위상은 **공진 주파수**를 전후하여 0에서 180°로 급격히 바뀌며 이는 가진의 주파수를 점차 증가시킬 때 응답의 방향이 가진의 방향과 같다가 어느 순간 반대가 되는 것을 의미한다.

FRF의 크기 식 (4.19a)로부터 알 수 있겠지만, 그림 4.2에서 피크가 나타나는 공진 주파수 즉, w_r과 그 때의 피크 값 Q는 각각 다음 식으로 결정된다.

$$\omega_r = \omega_n \sqrt{1-2\zeta^2} \tag{4.23}$$

$$Q = \frac{1}{2\zeta\sqrt{1-\zeta^2}} \tag{4.24}$$

단지 위 두 식은 감쇠율 ζ가 $1/\sqrt{2}$ ($\cong 0.707$) 이하인 경우에만 성립하는 데, 그 이유는 감쇠율이 그 보다 클 때는 피크 자체가 존재하지 않기 때문이다. 또한 Q는 그 응용에 따라 "그 값이 클수록 잡음 대비 신호의 크기가 커서 선택도가 양호하다"는 측면에서 **품질 인자**(quality factor)라고도 불린다. 이러한 Q-인자는 인위적으로 감쇠 처리를 하지 않은 일반적인 계의 경우 $\zeta \ll 1$이므로

$$Q \cong \frac{1}{2\zeta} \quad \text{또는} \quad \zeta \cong \frac{1}{2Q} \tag{4.25}$$

와 같이 근사화 될 수 있고, 이는 사실상 $r=1$일 때의 FRF의 크기와 같다. 따라서 식 (4.24) 혹은 (4.25)를 이용하면, 동적 신호 분석기 등을 통하여 계의 FRF를 실험적으로 얻는 경우 3장에서 전술한 대수 감소 방법과는 별개로 감쇠율도 추정할 수 있음을 시사한다. 또한 그림 4.2에서와 같이 예를 들어 ζ=0.10인 경우의 반전력 또는 반동력 점(half-power point) 즉, 동력의 관점에서 2제곱했을 때 그 크기가 Q-인자의 절반이 되는 점은 P_1과 P_2이다. 그리고 그에 해당하는 주파수가 각각 ω_1, ω_2일 때 그 두 주파수의 차이를 진동이나 증폭 회로 등에서는 대역폭 $\Delta\omega$ 이라 부르며, $\zeta \ll 1$인 경우 그 값 역시 다음과 같이 근사화 될 수 있다.

$$\Delta\omega = \omega_2 - \omega_1 \cong 2\zeta\omega_n \tag{4.26}$$

그러므로 식 (4.25)와 (4.26)으로부터 다음 식을 쓸 수 있으며, 이는 Q-인자를 제고시키려면 감쇠나 대역폭을 가급적 작게 하여야 함을 뜻한다.

$$Q \cong \frac{1}{2\zeta} \cong \frac{\omega_n}{\Delta\omega} \tag{4.27}$$

한편 비감쇠의 경우에는 식 (4.18)로부터 알 수 있듯이 FRF가 실수이므로 그것을 그림 4.4와 같은 하나의 그림 상에 나타낼 수 있다. 해당 그림은 r=1일 때 공진이 발생하며 그 때 진폭은 무한대이고, 가진 주파수가 공진 주파수를 넘어가면서 응답의 방향은 불연속적으로 반전될 것임을 보여주고 있다.

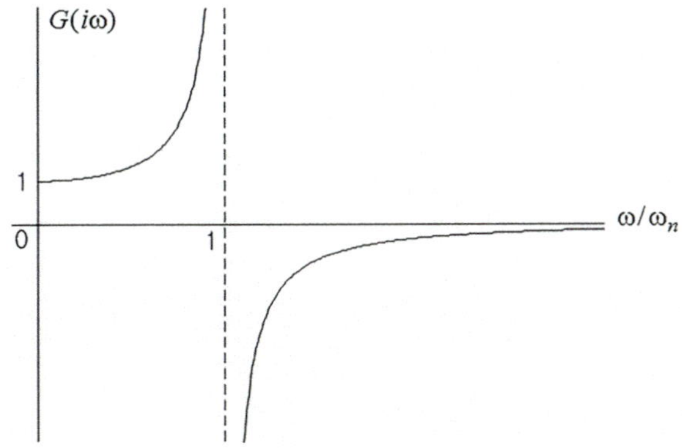

그림 4.4 비감쇠 계의 주파수 응답 함수

이제, 공진 시의 변위 응답을 비감쇠계의 경우에 대하여 알아보자. 이를 위하여 감쇠율 ζ는 0, 가진 주파수 w는 ω_n이라 하면 식 (4.3)과 (4.4)로부터 다음 식을 얻는다.

$$\ddot{x} + \omega_n^2 x = \omega_n^2 A \cos \omega_n t \tag{4.28}$$

더불어 초기 변위와 속도는 편의상 모두 0으로 가정하자. 그 경우, 특해 x_p는 여느 때와는 달리 식 (4.29)에서와 같이 괄호 안에 있는 값에 시간 t를 곱한 형태로 가정되어야 한다[11]. 그 이유는 특해 x_p가 식 (4.30)과 같은 제차해 x_h와 서로 선형 독립적이 되도록 하기 위함이다.

$$x_p(t) = t\,(C_1 \sin\omega_n t\ +\ C_2 \cos\omega_n t) \tag{4.29}$$

$$x_h(t) = C\cos(w_n t - \phi) = D_1 \sin\omega_n t\ +\ D_2 \cos\omega_n t \tag{4.30}$$

식 (4.29)를 (4.28)에 대입하여 미정 계수를 구하면 $C_1 = Aw_n/2$, $C_2 = 0$임을 알 수 있고 일반해 $x(t)\,(=x_h + x_p)$에 초기 조건을 반영하면 재차해의 진폭 $C=0$임도 알 수 있다. 따라서 공진 시에 변위의 시간 응답은 식 (4.31)과 같으며 이를 시간 축에 대하여 도시하면 그림 4.5a와 같아서 주파수가 ω_n인 사인 함수 형태로 요동하되 그 진폭이 시간에 대하여 선형적으로 증가함을 알 수 있다.

$$x(t) = \left(\frac{A}{2}\omega_n t\right) \sin\omega_n t \tag{4.31}$$

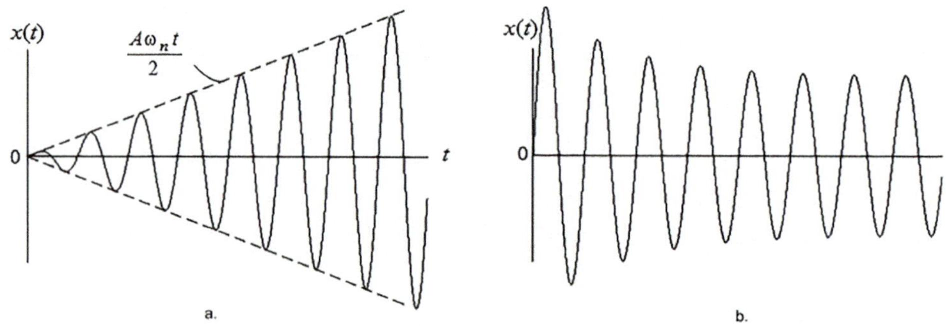

그림 4.5 공진 시의 응답 a. 비감쇠 계, b. 저감쇠 계

참고로, 점성 저감쇠 계의 경우 $w = w_n$일 때의 응답은 초기 변위와 속도가 모두 0일 때 식 (4.32)와 같이 구해진다.

$$x = -\frac{A}{2\zeta\sqrt{1-\zeta^2}}e^{-\zeta w_n t}\sin w_d t + \frac{A}{2\zeta}\sin w_n t \tag{4.32}$$

그림 4.5b에 도시된 바와 같이 그 중 첫 번째 항은 제차해로부터 유래한 것으로 시간이 경과함에 따라 0에 수렴하며 특해에서 나온 두 번째 항만이 지속된다. 그러한 잔류 진동의 진폭은 $A/(2\zeta)$로서 일정하며 이는 입력 변위의 진폭 A에 $r=1$일 때의 FRF의 크기를 곱한 값과 일치한다. 만일 $w = w_r$이었다면 잔류 진동의 진폭은 진폭 A에 Q-인자를 곱한 값이었을 것이다.

이러한 공진과 관련된 실제 예는 매우 풍부하다. 그 중 비근한 것으로는 앞에서 언급했던 그네를 밀 때의 현상을 포함하여, 라디오나 TV 방송을 수신할 때 채널을 맞추는 동조(tuning) 회로, 그리고 조율된 첼로 두 개가 서로 근접한 상태에서 그 중 하나의 특정 줄을 튕겼을 때 다른 첼로의 동음 줄도 같이 떨리며 소리를 내는 현상, 현악기에서 줄이 진동할 때 소리판(soundboard)이 함께 떠는 현상 등이 있다.

예제 4.1 그림 4.1의 계에서 감쇠가 무시된 경우, 질량에 직접 작용하는 조화 가진력 $F(t)=kA\cos wt$가 정상 상태의 한 주기 동안 행한 일을 구하고, 그 주기중 양(positive)의 일을 최대화하기 위한 가진 주파수를 구하라.

먼저 계의 운동방정식

$$m\ddot{x}+kx=F(t) \tag{a}$$

로부터 정상 상태 응답을 구하면, 무차원 주파수 $r=w/w_n$이라고 할 때 다음 식과 같다.

$$x=\mathrm{Re}[A\,G(iw)e^{iwt}]=\mathrm{Re}[\frac{A}{1-r^2}e^{iwt}]=\frac{A}{1-r^2}\cos wt \tag{b}$$

이에 $r<1$일 때 가진력과 변위 응답을 동일 시간 축에 대하여 도시하면 다음 그림과 같다.

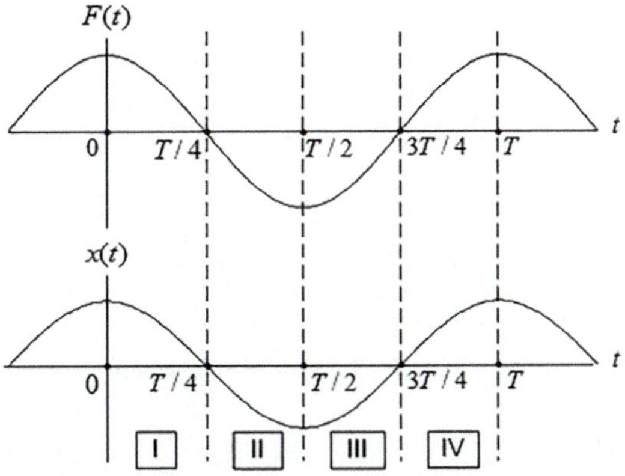

그림 4.6 비감쇠계의 가진력과 진동 변위 추이

또한 비보존력 F가 한 주기 T동안 행한 일은

$$W_{cyc}=\int_{x(0)}^{x(T)}F\,dx=\int_0^T F\,(\dot{x}dt) \tag{c}$$

이므로 위 식에 힘 F와 속도 즉, 식 (b)의 시간 미분값을 대입하여 연산하면 결국 다음과 같이 0이 된다.

$$W_{cyc}=\int_0^T(kA\cos wt)(-\frac{Aw}{1-r^2}\sin wt)\,dt=0 \tag{d}$$

이는 사실상 속도의 방향을 고려해 볼 때, 구간 I, III에서는 음의 일, 구간 II와 IV에서는 양의 일을 하며 그 일들의 크기가 모두 같기 때문이다. 한편, 구간 II 또는 IV에서 가진력에 의하여 입력되는 양의 일은

$$W_{II} = W_{IV} = \frac{kA^2}{2(1-r^2)} \tag{e}$$

이므로 $r=1$ 즉, $w=w_n$일 때 최대가 되며 그 크기는 무한대이다. 이상의 결과로부터 비점성계에 대하여 알 수 있는 것은 첫째, 정상 상태에서 한주기 동안 계의 보존력에 의한 일뿐만 아니라 비보존 가진력에 의한 일도 0이 되므로 계의 전체 역학적 에너지는 매주기마다 단순히 반복이 된다는 것, 둘째, 그네 밀기에서도 경험하는 것처럼 가진 시 힘의 방향을 운동 방향과 일치시키고 가진 주파수를 고유 진동수에 맞출 때 에너지를 계에 최대로 입력시킬 수 있다는 것이다.

4.3 불평형 회전 질량을 갖는 계

물체내 질량은 어느 정도 편심이 존재하며 이로 인하여 회전 질량을 갖는 기계는 그만큼 진동할 가능성이 크다. 예를 들어 2.3절에서 다룬, 불평형 드럼이 회전하는 세탁기 경우의 진동을 다시 살펴보자. 먼저, 진동 변위에 관한 운동 방정식은 이미 앞에서 유도한 바대로 다음과 같다.

$$M\ddot{x} + c\dot{x} + kx = me\omega^2 \sin\omega t \tag{4.33}$$

위 식은 양변을 M으로 나눌 때

$$\ddot{x} + 2\zeta\omega_n\dot{x} + \omega_n^2 x = w_n^2 A \sin wt \tag{4.34}$$

와 같이 재표현될 수 있다. 여기서 진폭 A는 가진의 등가 변위로서 다음과 같다.

$$A = \frac{me}{M}\left(\frac{w}{w_n}\right)^2 \tag{4.35}$$

따라서 식 (4.34)의 정상 상태 해는, 4.1절의 과정으로부터 유추하면

$$x = X\sin(\omega t - \phi) \tag{4.36}$$

와 같이 얻어진다. 여기서 진폭 X와 위상각 ϕ는 $G(iw)$가 식 (4.18)과 같은 1-자유도 계의 FRF일 때 각각

$$X = A|G(iw)|, \quad \phi = -\measuredangle G(iw) \tag{4.37a,b}$$

이다. 이에 최종적인 변위 응답은 다음과 같이 구해진다.

$$x = \frac{me}{M}\left(\frac{\omega}{\omega_n}\right)^2 \ |G(i\omega)| \ \sin(\omega t - \phi) \tag{4.38}$$

그 중 변위의 진폭은

$$X = \frac{me}{M} r^2 \ |G(i\omega)| \tag{4.39}$$

이므로, 그로부터 무차원화된 주파수 응답 함수의 크기 $MX/me = r^2\,|G(i\omega)|$을 주파수 축에 대하여 도시하면 그림 4.7과 같아진다. 해당 그림으로부터 불평형 회전 질량을 갖는 계의 주파수 응답에는 비회전 진동계의 경우와 구별되는 세 가지 특징이 있음을 알 수 있다. 첫째, $\omega=0$일 때 응답의 크기가 0이 된다. 둘째, 감쇠가 증가할수록 공진이 ω_n보다 높은 주파수에서 발생한다. 셋째, 가진 주파수 $\omega \gg \omega_n$일 때 크기가 1에 수렴하여 출력 진폭 X는 편심거리 e보다 훨씬 작은 값인 me/M이 된다.

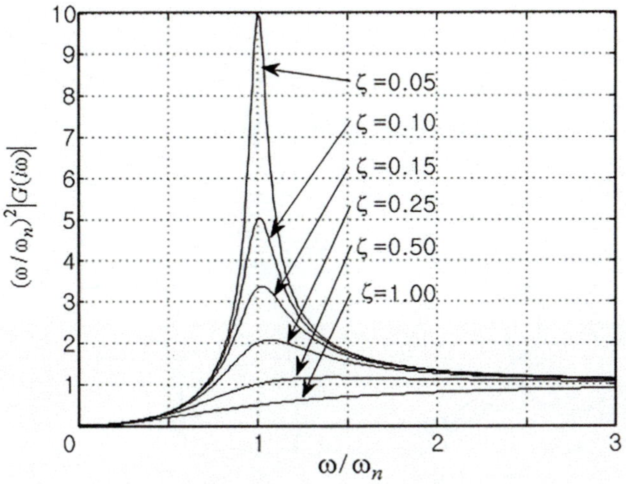

그림 4.7 불균형 회전 질량을 갖는 계의 FRF의 크기

4.4 회전축의 휘둘림

우리 주변에는 모터, 터어빈, 펌프, 압축기, 디스크 드라이브 등 생각보다 다양한 형태의 회전 기계가 존재하며 이들은 모두 회전축을 갖고 있다. 이러한 축이 작동 중 횡 방향으로 운동을 일으켜 베어링의 정렬 선을 선회하는 진동이 발생할 수 있다. 그런 진동을 특히 휠

(whirl) 또는 **휘둘림**이라고 부르는 데, 이는 기계의 성능을 저하시키거나 심지어 안정성을 해치기도 한다. 휘둘림의 원인은 여러 가지가 있지만 질량의 편심이 가장 대표적이다.

휘둘림의 특징을 학습하기 위하여 여기서는 그림 4.8과 같이 간단한 회전체 모델인 **제프캇 회전자**(Jeffcott rotor)의 두가지 유형을 고려한다. a와 b 유형 모두 베어링과 축 그리고 축 중앙에 설치된 강체 원판으로 구성되며 원판만이 질량을 갖되 도심 S에서 축과 조립되지만 질량 중심은 C점에 존재하고 편심거리가 e이다(그림 4.9 참조). 한편, 유형 a의 경우는 베어링 보다는 축이 유연하여 축이 스프링의 역할을 하는 것으로 가정한다. 이는 주로 구름 베어링을 사용하는 축계에 해당되며, 계가 기하학적으로 축대칭일 경우 모든 방향으로 물성치가 같은 소위 등방성(isotropy)을 보유할 가능성이 크다. 반면에 유형 b의 경우는 축보다는 베어링이 유연하다고 가정한다. 이는 주로 저널 베어링을 채용함으로써 이방성(anisotropy)을 갖는 축계에 해당된다.

그 유형에 관계없이, 원판을 포함한 축의 등속 회전 속도를 ω, 원판의 질량을 m이라고 하자. 이 경우 회전 중 원판은 원심력에 의하여 그림 4.9a에서와 같이 베어링 정렬선과 원판 면의 교점인 O로부터 횡 방향으로 병진 운동도 할 것이다. 그 때 S점과 C점의 위치는 O점에 고정된 xy 직각 좌표계를 기준으로 할 때 각각 좌표 $(x,\ y)$와 식 (4.40)과 같은 위치 벡터의 성분으로 표현될 수 있다.

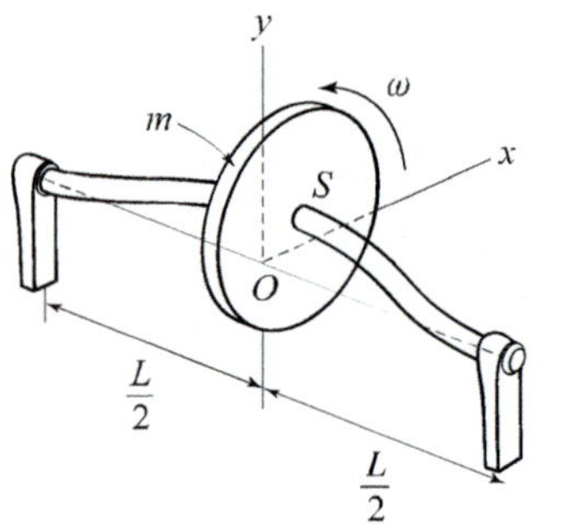

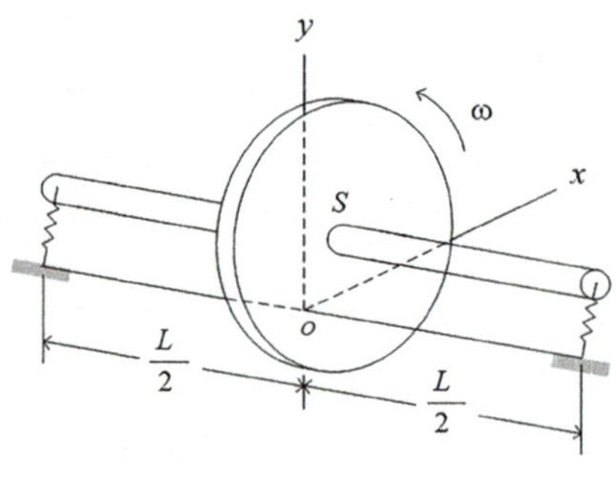

그림 4.8 제프캇 회전자 a. 유연 축 - 강체 베어링, b. 강체 축 - 유연 베어링

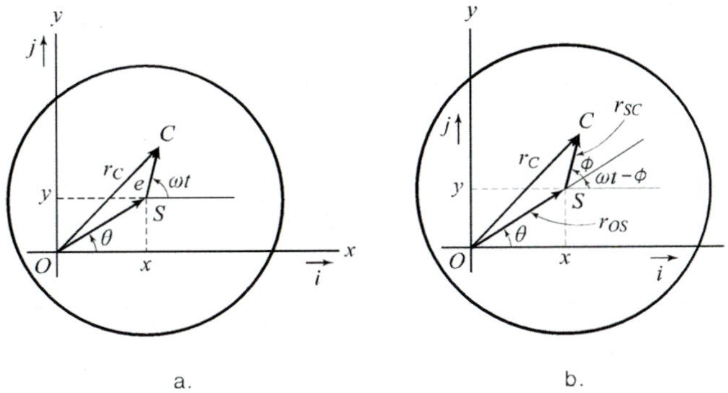

그림 4.9 a. 질량 중심 C와 도심 S의 위치, b. 휠 각 θ와 위상차 ϕ

$$\boldsymbol{r}_c = (x + e\cos\omega t)\boldsymbol{i} + (y + e\sin\omega t)\boldsymbol{j} \tag{4.40}$$

단, 이 때 C점은 편의상 초기 순간에 x축 상에 존재하였다고 가정하였으며 $\boldsymbol{i}$와 $\boldsymbol{j}$는 각각 x, y축 방향의 단위 벡터를 의미한다. 이에 위 식을 두 번 시간 미분하면 질량 중심의 가속도

$$\boldsymbol{a}_c = (\ddot{x} - e\omega^2\cos\omega t)\boldsymbol{i} + (\ddot{y} - e\omega^2\sin\omega t)\boldsymbol{j} \tag{4.41}$$

을 얻을 수 있다. 이를 원판에 작용하는 외력 즉 스프링 저항력과 함께 강체의 병진 운동에 관한 뉴톤 법칙 식

$$\sum \boldsymbol{F} = m\boldsymbol{a}_c \tag{4.42}$$

에 반영하면 다음과 같은 운동 방정식 즉, 두개의 상호 독립된 1-자유도 모델 식을 얻을 수 있다.

$$m\ddot{x} + k_x x = me\omega^2\cos\omega t,\ \ m\ddot{y} + k_y y = me\omega^2\sin\omega t \tag{4.43 a,b}$$

이 때 중력은 y축 방향의 일정한 정적 처짐에만 영향을 미치므로 무시되었다.

위 운동 방정식은, 양변을 질량 m으로 나눌 때

$$\ddot{x} + \omega_{nx}^2 x = e\omega^2\cos\omega t,\quad \ddot{y} + \omega_{ny}^2 y = e\omega^2\sin\omega t \tag{4.44 a,b}$$

와 같이 다시 표현될 수 있으며 여기에 포함된 x 및 y축 방향 고유 진동수는 다음과 같다.

$$\omega_{nx} = \sqrt{\frac{k_x}{m}}\,,\ \omega_{ny} = \sqrt{\frac{k_y}{m}} \tag{4.45 a,b}$$

식 (4.44)의 해는 x, y축 방향 공히 제차 해와 특해로 구성된다. 그 중 초기 조건에 의한 응답을 나타내는 제차 해나 그 해를 구하는 과정에서 얻어지는 특성치로부터 계의 안정성을 판별할 수도 있다. 그런 맥락에서 볼 때 주어진 계의 경우, 한계 안정하며 초기 조건에 따라 그 궤도의 형상과 방향이 결정되리라는 것을 알 수 있다. 다시 말해서, 자유 응답의 궤도는 일반적으로는 타원형이며 방향은 축의 회전과 같은 순(forward) 또는 그와 반대인 역(backward) 방향이 될 수 있다는 것이다.

한편, 감쇠의 존재 시에 사라지는 과도 상태 이후의 강제 응답 즉, 정상 상태 해는 식 (4.21) 또는 바로 앞 절의 내용을 참고하면 다음과 같이 얻어질 수 있다.

$$x(t) = X\cos\omega t\,,\quad y(t) = Y\sin\omega t \tag{4.46 a,b}$$

여기서

$$X = \frac{e(\omega/\omega_{nx})^2}{1-(\omega/\omega_{nx})^2}\,,\ Y = \frac{e(\omega/\omega_{ny})^2}{1-(\omega/\omega_{ny})^2} \tag{4.47 a,b}$$

이제, 물성치의 방향성에 따른 응답의 차이를 고찰해보자. 먼저 **등방성**의 경우를 살펴보면, 스프링 상수 $k_x = k_y = k$라고 할 때 고유 진동수는

$$\omega_{nx} = \omega_{ny} = \omega_n = \sqrt{k/m} \tag{4.48}$$

와 같이 되며 이에 따라 x, y축 방향 진동 변위의 진폭도 다음과 같이 동일하게 된다.

$$X = Y \tag{4.49}$$

한편, 식 (4.46)으로부터

$$\frac{x^2}{X^2} + \frac{y^2}{Y^2} = 1 \tag{4.50}$$

을 얻을 수 있으며, 식 (4.49)를 감안할 때 휠의 궤도가 중심이 O점에 있고 반경이 X 또는 Y인 원형이라는 것을 알 수 있다. 또한 그림 4.9b와 식 (4.46)으로부터

$$\tan\theta = \frac{y}{x} = \tan\omega t \tag{4.51}$$

인 관계가 성립함을 알 수 있으므로, 휠 각 θ와 축의 회전각 wt 사이에는 다음 관계가 성립한다.

$$\theta = \omega t \quad \text{또는} \quad \dot{\theta} = \omega \tag{4.52}$$

따라서 등방성의 경우, 불평형 질량에 의한 정상 상태 휠은 축의 회전 운동과 방향뿐만 아니라 속도까지 같음을 알 수 있다. 이러한 휠을 소위 순방향, 동기 휠이라고 한다.

또한, 식 (4.47)~(4.49)로부터 휠의 반경은 식 (4.53)과 같음을 알 수 있고 입/출력간의 위상차 ϕ 가 축의 각속도 w의 영역에 따라 식 (4.54)에서와 같이 변화됨을 알 수 있다. 만일 계에 감쇠가 존재하는 경우에는 그보다는 변화가 연속적이고 완만해 질 것이므로, 그림 4.10에 나타낸 바와 같이 공진 주파수 통과 시 원심력의 방향이 O점의 관점에서 볼 때 바깥쪽에서 안쪽으로 변화됨을 뜻한다. 이로 인하여 저주파수 영역에서는 회전 속도가 높을수록 휠의 진폭이 증가하지만 고주파수 영역에서는 반대로 회전 속도가 높을수록 휠의 진폭이 감소하여 편심거리 e에 수렴하게 되는 것이다.

$$r_{os} \equiv \sqrt{x^2+y^2} = \frac{ew^2}{|w_n^2 - w^2|} \tag{4.53}$$

$$\phi = \begin{cases} 0 & (\omega < \omega_n \text{일 때}) \\ \pi & (\omega > \omega_n \text{일 때}) \end{cases} \tag{4.54}$$

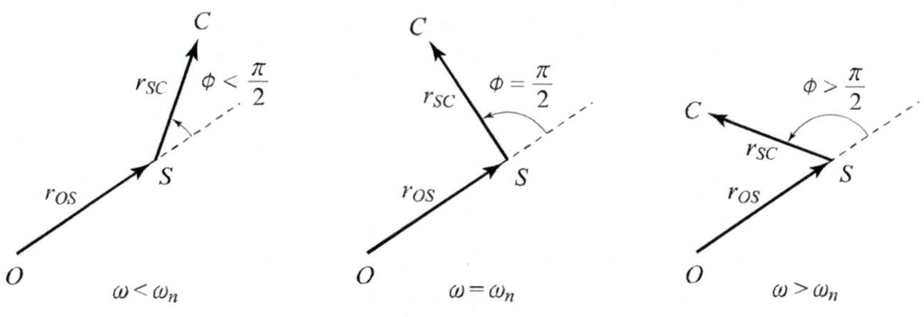

그림 4.10 동기 휠의 위상각

다음으로, 유형 b에서와 같이 계의 물성이 방향에 따라 달라지는 이방성의 경우를 살펴보자. 이때는 $k_x \neq k_y$ 이므로 앞의 식들 중 (4.40)~(4.47)과 (4.50)만이 성립된다. 이는, 일반적으로 진폭 X와 Y는 서로 다른 값이므로 이방성의 경우 휠의 궤도가 타원형임을 의미한다. 또한, 휠 각에 관하여 식 (4.55)가 성립하므로 이를 시간 미분하면 식 (4.56)을 얻을 수 있다. (미분 관련 공식 (B.14), (B.15) 참고 바람)

$$\tan\theta = \frac{y}{x} = \frac{Y}{X}\tan\omega t \text{ 또는 } \theta = \tan^{-1}\left(\frac{Y}{X}\tan\omega t\right) \tag{4.55}$$

$$\dot{\theta} = \frac{XY}{X^2\cos^2\omega t + Y^2\sin^2\omega t}\omega \neq \omega \tag{4.56}$$

해당 식은 결국, 이방성의 경우 $X \neq Y$인 조건으로 인하여 휠 속도와 축의 각속도가 일반적으로 비동기적이라는 사실뿐만 아니라, 축 회전 속도의 영역에 따라 다음 식에 나타낸 바와 같이 휠의 방향이 순 또는 역 방향이 될 수 있음도 의미한다.

$$\begin{cases} \omega < \omega_{nx} \text{ 및 } \omega_{ny} \text{일 때,} \quad XY > 0 \rightarrow \dot{\theta} \text{과 } \omega\text{는 같은 방향} \\ \omega > \omega_{nx} \text{ 및 } \omega_{ny} \text{일 때,} \quad XY > 0 \rightarrow \dot{\theta} \text{과 } \omega\text{는 같은 방향} \\ \text{그 외의 경우,} \quad XY < 0 \rightarrow \dot{\theta} \text{과 } \omega\text{는 반대 방향} \end{cases} \tag{4.57}$$

이해를 돕기 위하여 위 식의 내용을 다음 그림에 표현하였다. 참고로, 식 (4.45)의 고유주파수 ω_{nx}, ω_{ny}를 **임계 속도** 또는 **위험 속도**(critical speed)라고도 부른다.

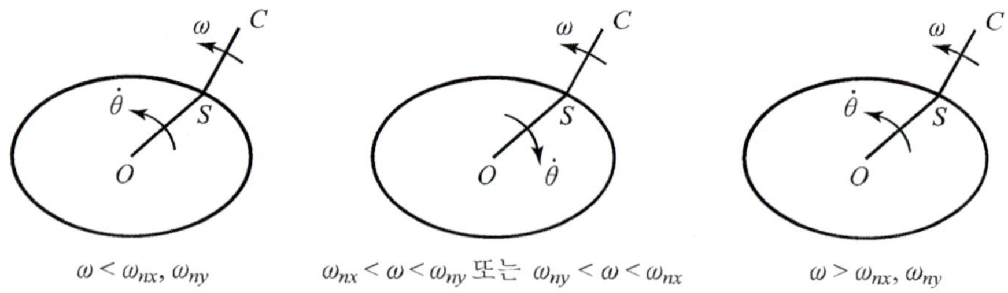

그림 4.11 축의 각속도 ω의 구간별 휠의 방향

이러한 위험속도에서는 x 및 y축 방향의 휠이, 4.2절의 내용을 적용하면 각각 다음 식과 같이 사인형 함수로 요동하되 그 진폭이 시간 경과에 따라 선형적으로 증가함을 알 수 있다. 따라서 불가피하게 축의 회전 속도가 위험속도를 넘나들 때는 가급적 신속하게 통과하는 것이 기계의 성능이나 안전을 위하여 바람직하다.

$$x(t) = \frac{ew_{nx}}{2} t \sin \omega_{nx} t \,, \quad y(t) = -\frac{ew_{ny}}{2} t \cos \omega_{ny} t \tag{4.58 a,b}$$

참고로, 회전자 유형 a의 경우에라도, 예를 들어 축 단면의 강성치가 직교하는 방향으로 서로 다른 이방성을 갖는 경우에는 앞에서 사용한 고정 직교 좌표계를 기준으로 계의 운동 방정식을 수립하고 동특성을 분석하는 것은 곤란하다. 이때는 축과 같이 회전하는 직교 좌표계의 사용이 바람직하며 그 경우 직교 방향 변위 사이에 연성(coupling)이 존재하는 명실상부한 2-자유도 모델이 얻어 진다. 해당 모델로 부터 강성의 최소 및 최대 값에 의하여 결정되는 서로 다른 두 개의 위험 속도 즉, 고유 진동수를 구할 수 있고, 감쇠 존재 시에 그 구간이 좁혀지기는 하지만 비감쇠 시에는 그 위험속도들 사이의 구간에서는 계가 불안정해 지는 것도 알 수 있다. 또한, 그 구간 밖에서는 계가 안정하여 불평형 강제 응답이 정상 상태에 나타나게 되며 그 때의 휠은 고정 좌표계에서 관찰할 때 등방성의 경우와 마찬가지로 항상 원형이고 순방향이며 동기적이라는 사실도 알 수 있다. 이와 관련하여 더 상세한 내용을 원한다면 관련 문헌[5,6]이나 연습 문제 4.17과 4.18을 참고하기 바란다.

사진 4.1은 유형 a와 같이 하나의 원판이 달린 볼 베어링 지지 축 계가 1차 위험속도 근처에서 운전될 때 나타난 휠의 실례를 보여주고 있으며, 그로부터 휠 궤도는 원형이며 원판 위치에서 가장 크게 나타남을 확인할 수 있다. 축계에서는 이러한 위험 속도를 가급적 높이는 것이 바람직하며 그를 위해서는 식 (4.48)로부터 알 수 있듯이 원판을 경량화하거나 등가 스프링 상수를 증가시켜, 결국 축의 굽힘이 최소화도록 해야 한다.

사진 4.1 하나의 원판이 달린 회전축계의 휠

4.5 기초의 조화 운동에 대한 응답

지진이나 충격 등 어떤 이유로든지 기초(base)가 운동하여 기계가 진동하거나 주행 중

노면의 요철에 의하여 차량이 진동하는 경우를 상상해 보자. 이 때 가급적이면 기초의 운동이 기계나 차량에 최소로 전달되는 것이 바람직하다. 이러한 상황에서 그들의 지지대를 어떻게 설계해야 할지가 본 절의 관심사이다.

먼저, 다음 그림 4.12와 같은 1-자유도 계에 대하여 기초의 변위 $y(t)$와 그에 의한 질량의 동적 변위 $x(t)$의 관계를 알기 위하여 운동 방정식을 세워보자. 이를 위하여 동 그림의 b와 같은 자유 물체도를 그릴 수 있고, 그를 참조하여 뉴톤 법칙에 따라 식 (4.59)를 얻을 수 있다. 또한, 그 식의 양변을 질량 m으로 나누면 식 (4.60)에서와 같이 감쇠율 ζ와 고유 진동수 w_n만을 계수로 갖는 운동 방정식을 얻을 수 있다.

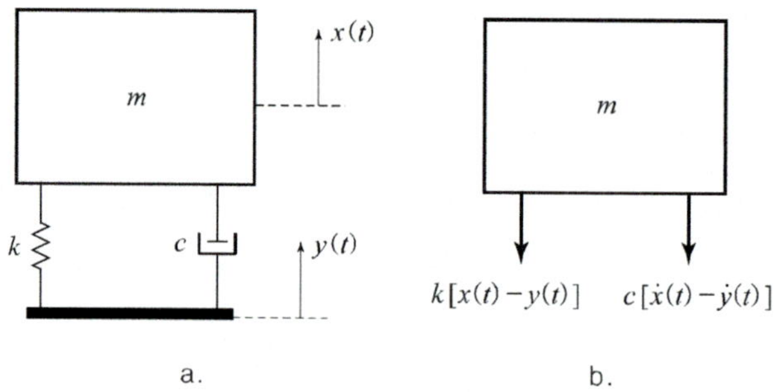

그림 4.12 a. 기초가 움직이는 질량-스프링-댐퍼 계. b. 자유물체도

$$m\ddot{x} + c\dot{x} + kx = c\dot{y} + ky \tag{4.59}$$

$$\ddot{x} + 2\zeta\omega_n\dot{x} + \omega_n^2 x = 2\zeta\omega_n\dot{y} + \omega_n^2 y \tag{4.60}$$

만일 기초가 다음 식과 같이 변위의 진폭이 A이고 주파수가 ω인 조화 운동을 한다면, 상기 식 (4.60)은 (4.62)와 같이 다시 쓰여 질 수 있다.

$$y(t) = Ae^{i\omega t} \tag{4.61}$$

$$\ddot{x} + 2\zeta\omega_n\dot{x} + \omega_n^2 x = (i2\zeta\omega_n w + \omega_n^2)Ae^{iwt} = w_n^2(1 + i2\zeta\frac{w}{w_n})Ae^{iwt} \tag{4.62}$$

따라서 정상상태에서 질량의 복소 변위를 식 (4.63)과 같이 예측할 수 있으며 이 때 그의 진폭인 주파수 응답 $X(iw)$는 종래와 같이 1-자유도 질량-스프링-댐퍼 계의 FRF를 $G(iw)$라고 할 때 식 (4.64)과 같이 구해질 수 있다.

$$x(t) = X(i\omega)e^{i\omega t} \text{ 또는 } |X(i\omega)|e^{i(\omega t - \phi')} \tag{4.63}$$

$$X(i\omega) = G(iw)(1 + i\frac{2\zeta\omega}{\omega_n})A \tag{4.64}$$

이에 그의 크기와 위상은 각각 다음의 두 식과 같다. 그중 식 (4.66)의 우변에서 두 개의 각을 하나의 각으로도 재표현할 수 있는 이유는 부록의 식 (B.4)가 성립하기 때문이다.

$$|X(i\omega)| = \frac{\sqrt{1+(2\zeta r)^2}\ A}{\sqrt{(1-r^2)^2+(2\zeta r)^2}} \tag{4.65}$$

$$\measuredangle X(i\omega) = -\phi' = -(\tan^{-1}\frac{2\zeta r}{1-r^2} - \tan^{-1}2\zeta r) \text{ 또는} -\tan^{-1}\frac{2\zeta r^3}{1-r^2+(2\zeta r)^2} \tag{4.66}$$

그러므로 입/출력 변위간의 크기 비로 정의되는 무차원 수인 **변위 전달율**(transmissibility)은 다음 식 (4.67)과 같으며, 그와 함께 입/출력 변위간의 지연 위상각인 ϕ'를 주파수 축에 대하여 도시하면 각각 그림 4.13, 4.14와 같다.

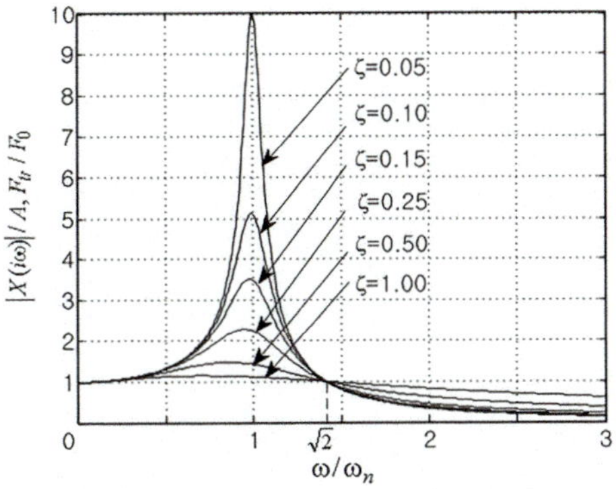

그림 4.13 변위 전달율

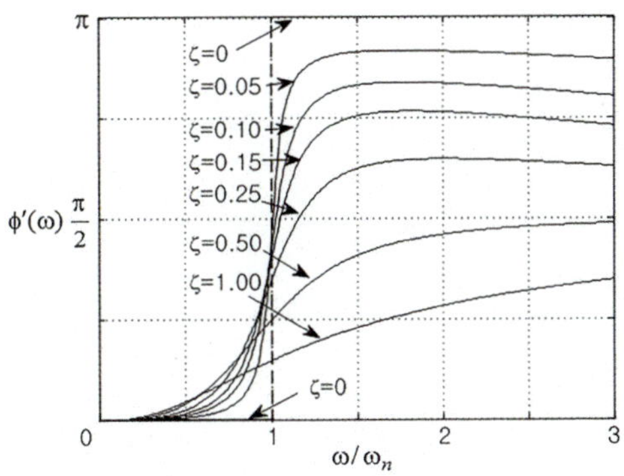

그림 4.14 입/출력 변위간의 지연 위상각

$$\frac{|X(i\omega)|}{A} = \sqrt{\frac{1+(2\zeta r)^2}{(1-r^2)^2+(2\zeta r)^2}} \tag{4.67}$$

따라서 기초 변위의 전달을 최소화하기 위하여는 가진 주파수보다 최대한 고유 진동수를 낮게 설계하여

$$w_n < \frac{\omega}{\sqrt{2}} \tag{4.68}$$

이 만족되도록 하는 것이 바람직하다. 이를 위하여 구체적으로는 지지대로서 약한 스프링을 쓰거나 혹은 큰 질량의 지지대 블록(foundation block)을 설치하기도 한다. 그중 전자의 예로는 흔히 방진 고무라 일컫는 고무 스프링이나 공기 스프링이 적용된 방진 테이블, 공기 스프링이 적용된 차량, 열차 등이 있고, 후자의 예로는 여러 가지 정밀 시험 장치가 있다.

한편, 그림 4.13로부터 변위 전달을 최소화하기 위하여는 감쇠율 ζ가 저주파 영역에서는 클수록, 고주파 영역에서는 작을수록 좋다는 것도 알 수 있다. 이러한 모순성은 감쇠기가 질량과 기초 사이에 존재하기 때문에 유발되는 것이다. 이에 특히 노면의 가진 주파수가 주행 속도에 따라 가변하는 차량의 경우에는 기존의 충격 흡수기 대신에 차체측과 반대쪽 단이 소프트웨어 알고리즘 적으로 일정 고도의 허공에 위치하고 그 감쇠력이 실시간으로 반능동 또는 능동 제어되는 **스카이훅 감쇠기**(skyhook damper)[10,19]를 설치하기도 한다.

4.6 방진

이 절에서는 진동 고립, 절연, 면진 등으로도 불리는 **방진**(vibration isolation)에 관하여 살펴본다. 다음 그림에서와 같이 기초위에 설치된 기계가 동작하면서 회전부의 편심 등에 의한 가진력이 발생할 수 있다. 이러한 힘이 기초에 전달되는 것은 그 기초뿐만 아니라 주위에 설치된 다른 기계의 진동도 야기할 수 있으므로 가급적 지양되어야 한다.

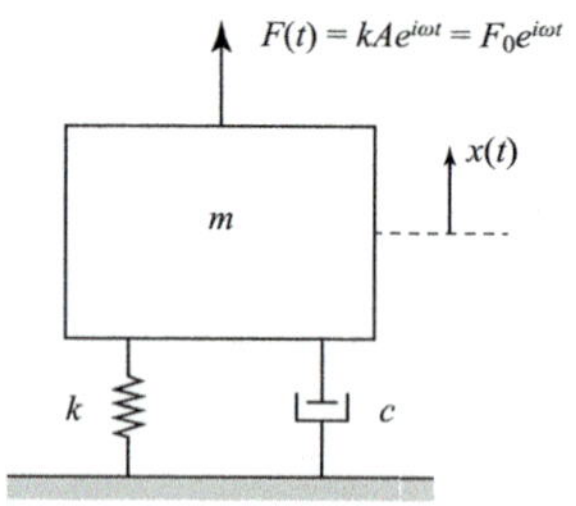

그림 4.15 기초위에 설치된 기계

이에 가진력과 전달되는 힘의 관계를 정량적으로 분석해 보자. 1-자유도 모델을 유지하기 위하여 기초를 그 질량이 충분히 커서 고정된 상태라고 볼 때, 기계로부터 기초로 전달되는 힘 F_b는 스프링 힘과 감쇠력의 합이므로 다음과 같다.

$$F_b = kx + c\dot{x} \tag{4.69}$$

한편, 계의 운동 방정식은 식 (4.70)과 같이 표현될 수 있으므로, 변위 x와 속도 $\dot{x}$은 1-자유도 질량-스프링-댐퍼 계의 FRF인 $G(iw)$를 포함할 때 식 (4.71)과 같다.

$$m\ddot{x} + c\dot{x} + kx = kAe^{i\omega t} \quad \text{또는} \quad \ddot{x} + 2\zeta w_n \dot{x} + w_n^2 x = w_n^2 A e^{i\omega t} \tag{4.70}$$

$$x = AG(i\omega)e^{i\omega t}, \quad \dot{x} = AG(i\omega)i\omega e^{i\omega t} \tag{4.71 a,b}$$

그러므로 전달력은 다음 식과 같이 쓰여 질 수 있어서, 가진력과 전달력의 관계를 알 수 있다.

$$F_b = (k + icw)A\,G(iw)\,e^{iwt} = (1 + i2\zeta r)G(iw)\,F \tag{4.72}$$

이에 다음과 같이 복소 가진력과 전달력의 크기를 각각 F_o와 F_{tr}로 정의할 때,

$$F_o \triangleq |F|, \quad F_{tr} \triangleq |F_b| \tag{4.73 a,b}$$

그들의 비 즉, **힘 전달율**은 다음 식 (4.74)와 같으므로 앞 절에서 다룬 변위 전달율과 일치한다. 그런 맥락에서 볼 때 방진을 위해서도 계의 고유 진동수를 가급적 낮게 유지해야 함을 알 수 있다. 사진 4.2는 지진에 대비하여 3차원으로 상기 요건을 만족하도록 제작된 방진 테이블과 그 위에 설치된 배전반의 예를 보여주고 있다.

$$\frac{F_{tr}}{F_0} = \sqrt{1 + (2\zeta r)^2}\;|G(iw)| = \sqrt{\frac{1 + (2\zeta r)^2}{(1 - r^2)^2 + (2\zeta r)^2}} \tag{4.74}$$

사진 4.2 3차원 면진 테이블 위의 배전반

4.7* 구조 감쇠

이 절에서는 점성이나 쿨롱 감쇠와는 또 다른 종류인 **구조 감쇠**를 소개한다. 구조 감쇠는 물질 감쇠 혹은 이력 감쇠라고도 불리며 인장과 압축이 반복될 때 나타나는 재료의 비선형성인 **이력(hysteresis) 현상**에 기인한다.

예를 들어 어떤 재료의 시편에 인장과 압축을 주기적으로 반복하면 인가된 힘과 변위사이의 관계가 그림 4.16에 보인 바와 같이 원점을 통과하는 직선이 아닌 폐루프의 형태로 나타나게 되는 데, 그런 현상을 일컬어 이력 현상이라고 한다. 그로 인하여 매 사이클(cycle)마다 시편이 변형되도록 가해진 일 즉, 입력 에너지 보다 시편이 탄성으로 인하여 변형으로부터 회복되며 반환하는 출력 에너지가 작아서, 그 차이만큼 에너지의 손실이 초래된다. 이러한 손실 에너지는 결국 한 사이클 당 상기 폐루프 내 면적 만큼의 크기를 가지며 진동 중이라면 그 대부분이 열의 형태로 사라지는 감쇠 에너지에 해당한다.

이제, 구조 감쇠를 갖는 계의 정상상태 주파수 응답을 고찰하기 위하여 다음 그림에서와 같이 외팔보를 예로 들어 이산화 하되, 먼저 계수가 c인 점성 감쇠기가 포함된 1-자유도계 모델을 고려하자. 모델의 운동방정식은 식 (4.75)와 같으므로 가진력 $F(t) = kA\cos\omega t$일 때 변위와 속도 응답은 식 (4.76)과 같이 얻어질 수 있다.

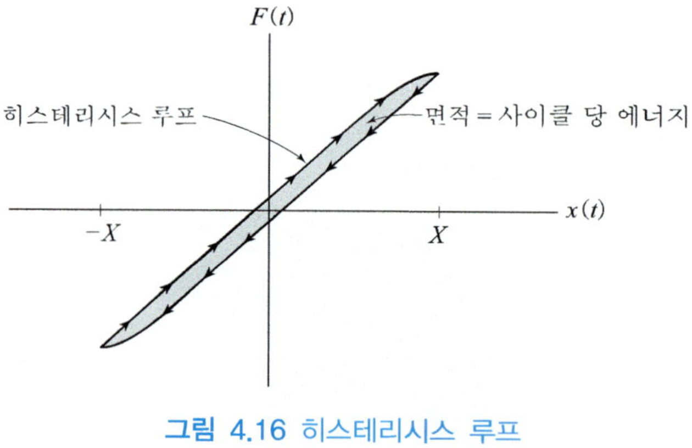

그림 4.16 히스테리시스 루프

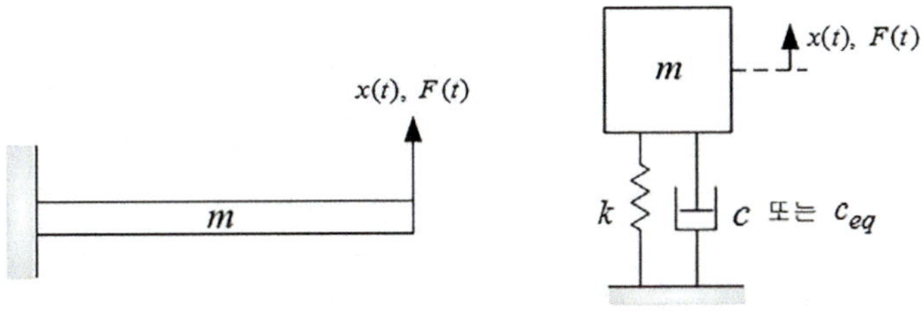

그림 4.17 a. 구조 감쇠가 있는 외팔보, b. 1-자유도 등가 모델

$$m\ddot{x} + c\dot{x} + kx = F(t) \tag{4.75}$$

$$x(t) = X\cos(\omega t - \phi),\ \dot{x}(t) = -X\omega\sin(\omega t - \phi) \tag{4.76 a,b}$$

여기서 X와 ϕ는 각각 변위의 진폭과 지연 위상각을 나타낸다. 이에 상기 모델의 한 사이클 당 소산 에너지 $\triangle E_{cyc}$는

$$\triangle E_{cyc} = \int_{cyc} F_d\, dx = \int_0^T (c\dot{x})\dot{x}\, dt = \int_0^T c\{Xw\sin(wt-\phi)\}^2 dt = c\pi w X^2 \tag{4.77}$$

와 같이 일련의 과정을 거쳐 산출된다. 여기서 사용된 T는 사이클의 주기로서 $2\pi/w$와 같다. 위 식은 결과적으로 점성 감쇠계의 소산 에너지는 변위의 진폭뿐만 아니라 가진 주파수에도 비례한다는 것을 의미한다. 이는 그림 4.16이나 비례상수 α를 포함하는 다음의 실험식으로부터 알 수 있듯이, 구조 감쇠의 경우 사이클 당 소산 에너지는 진폭의 제곱에는 비례하나 가진 주파수와는 무관하다는 사실에 위배되는 것이다.

$$\triangle E_{cyc} = \alpha X^2 \tag{4.78}$$

이에 소산 에너지를 기준으로 구조 감쇠를 점성 감쇠로 등가화 하려면 c 대신에 등가 점성 계수 $c_{eq}(= \dfrac{\alpha}{\pi\omega})$을 사용하여야 함을 알 수 있고, 그 경우 모델의 운동방정식은 다음 식과 같아진다.

$$m\ddot{x} + c_{eq}\dot{x} + kx = F(t) \text{ 또는 } m\ddot{x} + \frac{\alpha}{\pi\omega}\dot{x} + kx = F(t) \tag{4.79}$$

여기서 잠시, 복소 해석을 위하여 가진력을 $F(t) = kA\,e^{iwt}$로 고려하면 그에 해당하는 복소 변위와 복소 속도 응답 사이에는 식 (4.80)의 관계가 성립하므로 위 식은 (4.81)처럼 다시 기술될 수 있다.

$$\dot{x} = i\omega x \tag{4.80}$$

$$m\ddot{x} + k(1+i\gamma)x = Ake^{i\omega t} \tag{4.81}$$

이 때 변위의 계수에 해당하는 $k(1+i\gamma)$를 **복소 강성**, 그 중 무차원 상수 γ를 **손실 계수**(loss factor)라 부른다. 손실 계수는 식 (4.79)~(4.81)로부터 다음 식과 같음을 알 수 있다.

$$\gamma = \frac{\alpha}{\pi k} \quad \text{또는} \quad \frac{c_{eq}w}{k} \tag{4.82}$$

종래와 같이 식 (4.81)의 양변을 질량 m으로 나누면 식 (4.83)과 같은 복소 운동 방정식이 되므로 원래 코사인 함수인 가진력 $F(t)$에 대한 해는 식 (4.84)와 같이 얻어진다.

$$\ddot{x} + \omega_n^2(1+i\gamma)x = \omega_n^2 A\, e^{i\omega t} \tag{4.83}$$

$$x(t) = \mathrm{Re}\,[AG^*(i\omega)e^{i\omega t}] = A\,|\,G^*(i\omega)|\cos(\omega t - \phi^*) \tag{4.84}$$

여기서 $G^*(iw)$는 등가화 된 모델의 FRF로서 점성 감쇠계의 FRF인 $G(iw)$의 감쇠율 ζ를 등가 감쇠율 ζ_{eq}로 대체하여 얻을 수 있다. 즉, ζ_{eq}는 식 (4.79)으로부터 (4.85)와 같음을 알 수 있으므로 이를 반영하면 $G^*(iw)$는 최종적으로 식 (4.86)으로 구해진다.

$$\zeta_{eq} = \frac{c_{eq}}{2\sqrt{mk}} = \frac{\gamma\omega_n}{2w} \tag{4.85}$$

$$G^*(i\omega) = \frac{1}{1-r^2+i\gamma} \tag{4.86}$$

$G^*(iw)$의 크기와 분모의 위상을 주파수 축에 대하여 도시하면 각각 다음 두 그림과 같은 데, 그로부터 구조 감쇠계에는 점성 감쇠계와 유사하면서도 손실 계수가 증가할수록 저주파 영역에서의 FRF의 크기가 1보다 작아지고 위상은 $\pi/4$에 수렴하며, 손실계수의 크기에 관계없이 공진이 항상 고유 주파수에서 발생하는 등의 차이점이 있음을 알 수 있다.

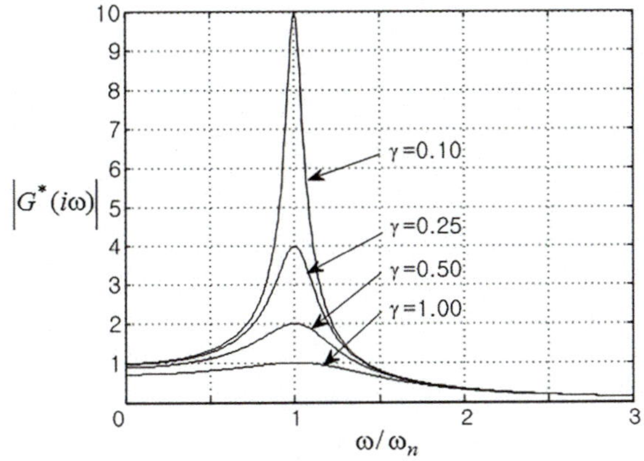

그림 4.18 구조 감쇠계의 주파수 응답 함수의 크기

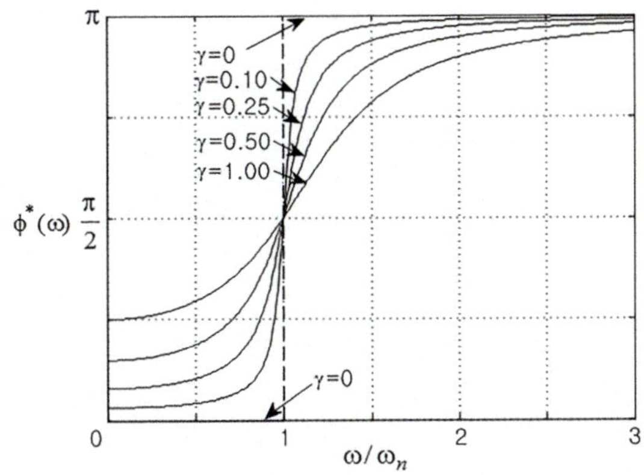

그림 4.19 구조 감쇠계의 주파수 응답 함수의 위상각

참고로, 손실 계수는 다음 식 (4.87)과 같이 두가지 에너지의 비율로도 해석될 수 있으며, 재료에 따라 그 값이 달라 철의 경우는 $2{\sim}6\times10^{-4}$으로 미미하나, 코르크나 고무와 같은 점탄성 물질의 경우에는 각각 0.13~0.17, 1.0으로 상당히 큰 값이다.

$$\gamma = \frac{\text{주기당 소산 에너지}/(2\pi)}{\text{주기당 최대 변형 에너지}} = \frac{(\alpha X^2)/(2\pi)}{kX^2/2} = \frac{\alpha}{\pi k} \tag{4.87}$$

또한, 식 (4.85)으로부터 공진 시에 즉, $w = w_n$일 때 등가 감쇠율 $\zeta_{eq} = \gamma/2$가 됨을 알 수 있다. 그 값은, 감쇠가 충분히 작은 경우 공진 주파수 근처에서만 그 효과가 주로 나타나는 구조 감쇠의 영향을 고려하되 주파수와 관계없이 상수로 사용 가능한 등가 점성 감쇠율의 근사치로 활용될 수 있다.

4.8 기타 주기적 가진에 대한 응답

주기적 가진에는 사인형 외에도 다양한 파형의 가진이 존재할 수 있다. 예를 들어, 그림 4.20에서와 같이 캠(cam)이 등속도 w_0로 회전함에 따라 이와 항상 접촉을 유지하는 종동절(follower)이 좌우로 요동하며 변위 $y(t)$를 계에 가하는 경우를 고려해보자. 이 때 진동계의 운동방정식은 식 (4.88), 입력 변위 y의 형상은 그림 4.21과 같은 주기 함수가 된다. **푸리에(Fourier) 급수** 이론에 의하면, 임의의 주기함수 $f(t)$는 평균값을 제외하면 사인 함수와 코사인 함수 사이에 성립하는 **함수의 직교성**[11]에 따라 무한개의 사인과 코사인 함수 성분으로 구성되며 구체적으로 식 (4.89)와 같이 전개될 수 있다.

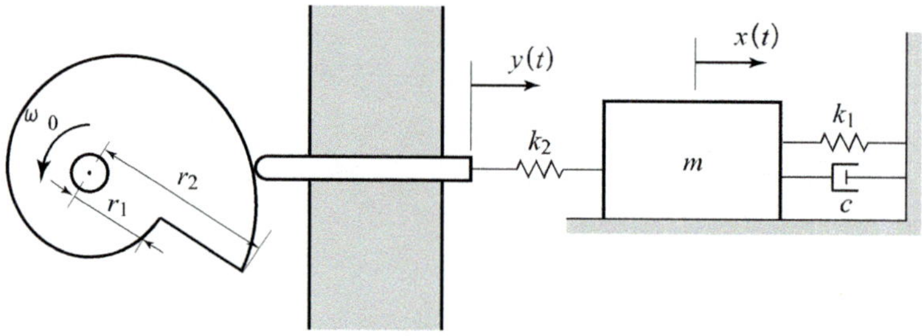

그림 4.20 주기적 변위를 가하는 캠과 종동절

$$m\ddot{x} + c\dot{x} + (k_1 + k_2)x = k_2 y \tag{4.88}$$

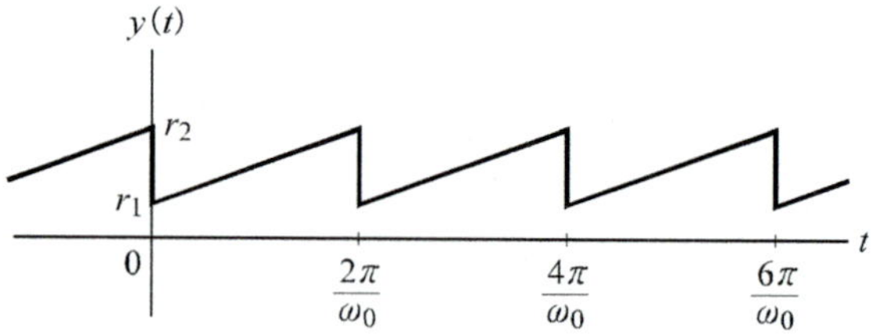

그림 4.21 주기적 변위 선도

$$f(t) = \frac{1}{2}a_0 + \sum_{p=1}^{\infty}(a_p \cos p\omega_0 t + b_p \sin p\omega_0 t) \tag{4.89}$$

여기서 주기 T와 기본 주파수 w_0의 관계 및 각 항의 계수 즉, 성분의 크기는 다음과 같다.

$$\omega_0 = 2\pi / T \tag{4.90a}$$

$$a_p = \frac{2}{T}\int_0^T f(t)\cos p\omega_0 t\ dt,\ \ p = 0, 1, 2,\ \cdots \tag{4.90b}$$

$$b_p = \frac{2}{T}\int_0^T f(t)\sin p\omega_0 t\ dt,\ \ p = 1, 2,\ \cdots \tag{4.90c}$$

참고로, 식 (4.89) 우변의 초항은 주기 함수의 평균값에 해당하며 $p = 1$일 때의 성분을 기본파, p가 그 이상의 정수일 때 성분을 고조파(higher harmonics)라 부른다. 위와 같은 계수의 공식들은 일견 복잡해 보이지만 다음 식 (4.91)로 표현되는 삼각 함수의 직교성이나 부록 B에 실려 있는 삼각 함수의 곱의 공식을 이용하면 어렵지 않게 유도될 수 있다.

$$\int_0^T \cos pw_0 t\ \sin qw_0 t\, dt = 0 \quad (p, q\text{가 임의의 자연수일 때}) \tag{4.91a}$$

$$\int_0^T \cos pw_0 t\ \cos qw_0 t\, dt = \int_0^T \sin pw_0 t\ \sin qw_0 t\, dt = \begin{cases} 0 & (p \neq q\text{인 자연수일 때}) \\ T/2 & (p = q\text{인 자연수일 때}) \end{cases} \tag{4.91b}$$

또한, 위 식 (4.90)이 의미하는 바는 결국 a_p는 함수 $f(t)\cos pw_0 t$의 한 주기 동안 평균값의 두 배에 해당하며 b_p 역시 $f(t)\sin pw_0 t$와 마찬가지 관계라는 것이다.

한편, 위의 푸리에 급수 일반형에 해당 계수들을 대입하고, 오일러 공식을 적용하면 다음 식 (4.92)와 같은 중간 과정을 거쳐 (4.93)과 같은 단면(single-sided) 복소 형의 푸리에 급수를 유도할 수 있다. 즉,

$$\begin{aligned} f(t) &= \frac{1}{2}a_0 + \left(\frac{2}{T}\int_0^T f(\tau)\cos w_0\tau\, d\tau\right)\cos w_0 t + \left(\frac{2}{T}\int_0^T f(\tau)\sin w_0\tau d\tau\right)\sin w_0 t + \ldots \\ &= \frac{1}{2}a_0 + \frac{2}{T}\int_0^T f(\tau)\cos w_0(t-\tau)\, d\tau + \ldots \\ &= \frac{1}{2}a_0 + \frac{2}{T}\int_0^T f(\tau)\mathrm{Re}\left[e^{iw_0(t-\tau)}\right] d\tau + \ldots \end{aligned} \tag{4.92}$$

$$f(t) = \frac{1}{2}A_0 + \mathrm{Re}\left[\sum_{p=1}^{\infty} A_p e^{ip\omega_0 t}\right] \tag{4.93}$$

여기서 계수 A_p는 다음과 같이 정의된다.

$$A_p = \frac{2}{T}\int_0^T f(t)e^{-ip\omega_0 t}dt,\ p=0,1,2,\cdots \tag{4.94}$$

더 나아가, 식 (4.92)를 'Re' 표현의 사용없이 이어서 전개하면 주기함수는 식 (4.95)와 같이 양면(double-sided) 복소 형으로도 표현될 수 있다.

$$\begin{aligned} f(t) &= \frac{1}{2}a_0 + \frac{1}{T}\int_0^T f(\tau)\left\{e^{iw_0(\tau-t)} + e^{-iw_0(\tau-t)}\right\}d\tau + \ldots \\ &= \ldots + \frac{1}{T}\int_0^T f(\tau)\, e^{iw_0(\tau-t)}\, d\tau + \frac{1}{2}a_0 + \frac{1}{T}\int_0^T f(\tau)\, e^{-iw_0(\tau-t)}\, d\tau + \ldots \\ &= \ldots + \frac{1}{T}\int_0^T f(\tau)\, e^{iw_0\tau}\, d\tau\, e^{-iw_0 t} + \frac{1}{2}a_0 + \frac{1}{T}\int_0^T f(\tau)\, e^{-iw_0\tau} d\tau\, e^{iw_0 t} + \ldots \\ &= \sum_{p=-\infty}^{\infty} c_p e^{ip\omega_0 t} \end{aligned} \tag{4.95}$$

여기서 c_p는 다음과 같이 정의된 계수이다.

$$c_p = \frac{1}{T}\int_0^T f(t)e^{-ip\omega_0 t}dt,\ p=0,\ \pm1,\ \pm2,\cdots \tag{4.96}$$

이러한 양면 복소형의 푸리에 급수는 주파수가 0인 축을 중심으로 좌우 대칭인 주파수 스펙트럼을 그리게 되며, 특히 그의 확장형인 **푸리에 변환** 식[2,11,12]을 유도하는 출발점이 된다.

한편, 우함수의 경우는 식 (4.89)의 계수 중 b_p가 모두 0이 되어 다음 식 (4.97)과 같은 **푸리에 코사인 급수**로 축소되며, 기함수의 경우는 반대로 동식의 계수 중 a_p가 모두 소멸 되어 식 (4.98)과 같은 **푸리에 사인 급수**로 축소된다.

$$f(t) = \frac{1}{2}a_0 + \sum_{p=1}^{\infty} a_p \cos p\omega_0 t \tag{4.97}$$

$$f(t) = \sum_{p=1}^{\infty} b_p \sin p\omega_0 t \tag{4.98}$$

푸리에 급수 표현은 해당 주기 함수가 갖는 주파수 성분의 스펙트럼을 알려 준다는 점에서 매우 유용하다. 예를 들어, 어떤 함수가 평균치가 0이 아니고 진폭이 점점 작은 기본파 및 고조파 성분들을 갖고 있다면 다음 그림과 같은 이산 주파수 스펙트럼을 보일 것이다.

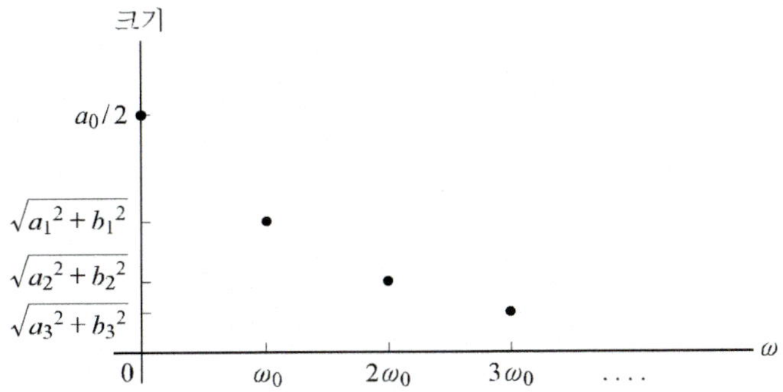

그림 4.22 이산 주파수 스펙트럼의 예

이제 식 (4.99)로 묘사되는 1-자유도 계에 등가 변위가 식 (4.100)로 표현되는 일반적 주기 함수 형태의 가진력이 작용하는 경우에 대하여 정상 상태 응답을 구해보자.

$$m\ddot{x} + c\dot{x} + kx = kf(t) \tag{4.99}$$

$$f(t) = \frac{1}{2}A_0 + \mathrm{Re}\left[\sum_{p=1}^{\infty} A_p\, e^{ip\omega_0 t}\right] \tag{4.100}$$

계가 선형적이므로 중첩의 원리를 적용할 수 있다. 따라서 각 입력 항에 대한 해를 질량-스프링-댐퍼 계의 FRF인 $G(iw)$를 이용하여 먼저 구하고, 그들을 합하면

$$x(t) = \frac{1}{2}A_0 + \mathrm{Re}\left[\sum_{p=1}^{\infty} A_p\, G_p(iw)\, e^{ip\omega_0 t}\right] \tag{4.101}$$

와 같이 최종적인 응답을 구할 수 있다. 이 때 $G_p(iw)$는 다음과 같이 가진 주파수 w가 pw_0일 때의 FRF 값이다.

$$G_p(iw) \equiv G(i\omega)|_{\omega = p\omega_0} = \frac{1}{1-(p\omega_0/\omega_n)^2 + i2\zeta p\omega_0/\omega_n} \tag{4.102}$$

식 (4.101)의 형태로부터 응답 $x(t)$ 역시, $G_p(iw)$에 의한 크기와 위상의 변화가 발생하겠지만, 가진과 동일한 기본 주기를 갖는 주기 함수임을 알 수 있다. 또한 고조파 성분의 크기는 $1/p^2$에 비례하여 급격히 감소하므로, 출력 변위는 가진력에 비하여 상대적으로 느리게 변화하는 파형이 되리라는 것도 예측할 수 있다.

예제 4.2 그림과 같은 주기 함수 형태의 가진 변위 $f(t)$에 대한 1-자유도 질량-스프링-감쇠기 계의 주파수 스펙트럼 및 시간 응답을 구하라. 단, $\zeta = 0.1$, $\omega_n = 4\omega_0$이다.

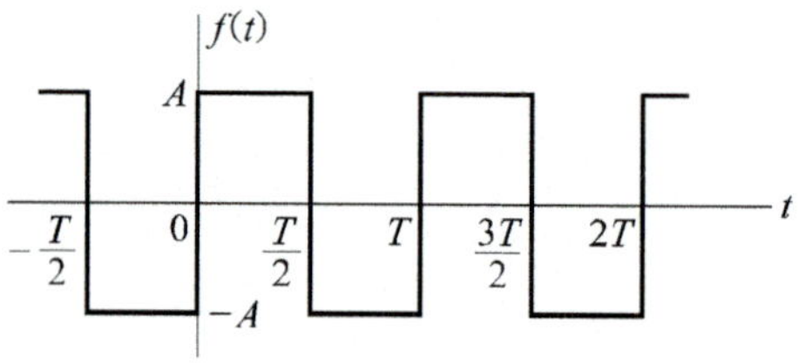

그림 4.23 주기적 가진

먼저 계의 운동 방정식은 식 (a)와 같고, $f(t)$는 푸리에 사인 급수를 사용하여 표현하면 식 (b)와 같다.

$$m\ddot{x} + c\dot{x} + kx = kf(t) \tag{a}$$

$$f(t) = \sum_{p=1}^{\infty} b_p \sin p\omega_0 t \tag{b}$$

여기서

$$b_p = \frac{2}{T}\int_0^T f(t)\sin p\omega_0 t\,dt = \begin{cases} \dfrac{4A}{\pi p} & (p = \text{홀수일 때}) \\ 0 & (p = \text{짝수일 때}) \end{cases} \tag{c}$$

따라서 계의 변위 응답은

$$\begin{aligned} x(t) &= \sum_{p=1,3,\ldots}^{\infty} b_p \left| G_p(iw) \right| \sin(p\omega_0 t - \phi_p) \\ &= \sum_{p=1,3,\ldots}^{\infty} \frac{4A}{\pi p} \frac{1}{\sqrt{[1-(p/4)^2]^2 + (p/20)^2}} \sin(p\omega_0 t - \phi_p) \end{aligned} \tag{d}$$

와 같이 구해질 수 있다.

수치적으로 $T = 2\pi$ 초, $A = \pi/4$인 경우 식 (b)를 $p=1$, 3, 9일 때까지만 계산하고 각각을 시간 축에 대하여 도시하면 그림 4.24와 같고, 그로부터 고려하는 항의 수를 늘릴수록 보다 더 원래의 함수 $f(t)$에 가까워짐을 확인할 수 있다.

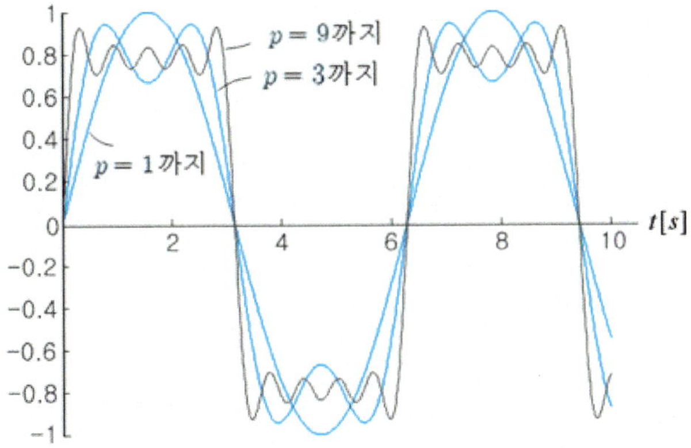

그림 4.24 푸리에 급수의 수렴 특성

또한 계의 변위 응답을 도시하면 그림 4.25와 같으며, 그로부터 응답의 주기성과 상대적으로 저주파가 우세한 파형임을 확인할 수 있다.

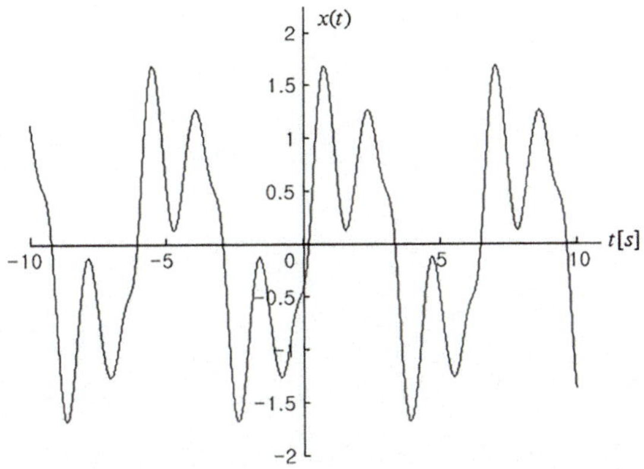

그림 4.25 출력 변위의 시간 응답

한편, 입력과 출력의 주파수 스펙트럼을 도시하면 그림 4.26과 같은 데, $p=3$, 5일 때 가진 입력의 성분 크기에 비하여 출력 응답의 해당 주파수 성분이 상대적으로 커진 것을 알 수 있다. 이는 계의 고유 진동수가 가진의 기본 주파수 w_0의 4배라는 문제의 조건에 따라 응답의 위상각으로부터도 알 수 있듯이 $p=4$에 가까울수록 공진의 특성이 나타나기 때문이다.

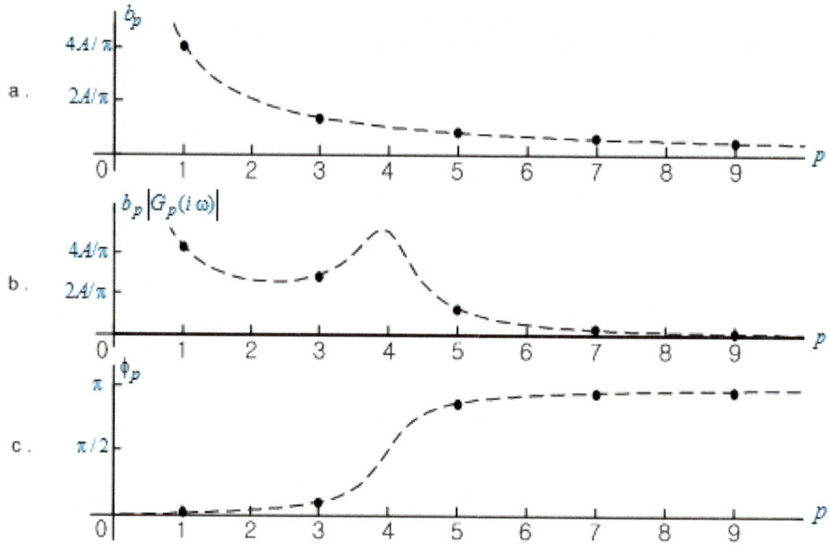

그림 4.26 주파수 스펙트럼: a. 가진, b. 응답의 크기, c. 응답의 위상각

4.9 메틀랩 활용

4장에서는 식 (4.18)과 그림 4.2와 4.3으로 표현되는 전형적인 1-자유도 질량-스프링-댐퍼 계의 주파수 응답 함수 $G(iw)$를 도시하기 위한 프로그램 4.1을 위시하여, 식 (4.66), (4.67)과 그림 4.13 및 4.14로 묘사되는 변위 전달율과 그에 해당하는 지연 위상각, 그리고 식 (4.86)과 그림 4.18, 4.19로 표현되는 구조 감쇠가 있는 1-자유도 계의 주파수 응답 함수인 $G^*(iw)$의 계산과 도시를 위한 프로그램 등 총 3개의 메틀랩 프로그램을 공개한다. 이에 독자 스스로가 각 프로그램을 직접 실행시켜가며 세부 내용을 배우고 익힐 수 있기를 희망한다.

프로그램 4.1 : 그림 4.2와 4.3 도시

```
% 이 프로그램은 1-자유도 질량-스프링-감쇠기 계의 주파수 응답 함수의 크기 및 응답을
% 계산하고 도시한다.

clear
figure(1); clf
figure(2); clf

zeta=[0.05;0.1;0.15;0.25;0.5;1.00]; % 6x1 벡터로 정리된 감쇠율 6가지
r=[0:0.01:3];                       % 무차원 가진 주파수의 구간

for i=1:length(zeta)
    G=1./sqrt((1-r.^2).^2+(2*zeta(i)*r).^2); % 주파수 응답 함수의 크기
    phi=atan2(2*zeta(i)*r,1-r.^2);           % 주파수 응답 함수의 지연 위상

    figure(1)
    plot(r,G)
    hold on

    figure(2)
    plot(r,phi)
    hold on

end

figure(1)
title('Frequency Response Magnitude')
xlabel('₩omega/₩omega_n')
ylabel('|G(i₩omega)|')
grid

figure(2)
title('Frequency Response Phase Angle')
xlabel('₩omega/₩omega_n')
ylabel('₩phi(₩omega)')
ha=gca;
set(ha,'ytick',[0:pi/2:pi])
grid
set(ha,'Fontname','symbol','ylim',[0 pi])
set(ha,'yticklabel',{'0';'p/2';'p'})
```

프로그램 4.2 : 그림 4.13과 4.14 도시

```
% 이 프로그램은 1-자유도 질량-스프링-감쇠기 계의 변위 전달율 및 그에 해당 하는 지연 위상을
% 계산하고 도시한다.

clear
figure(1); clf
figure(2); clf

zeta=[0.05;0.1;0.15;0.25;0.5;1.00]; % 6x1 벡터로 정리된 감쇠율 6가지
r=[0:0.01:3];                       % 무차원 가진 주파수의 구간

for i=1:length(zeta)
    G=1./sqrt((1-r.^2).^2+(2*zeta(i)*r).^2);              % 주파수 응답 함수의 크기
    Tr=sqrt(1+(2*zeta(i)*r).^2).*G;                       % 변위 전달율
    phi=atan2(2*zeta(i)*r.^3,1-r.^2+(2*zeta(i)*r).^2);    % 지연 위상

    figure(1)
    plot(r,Tr)
    hold on

    figure(2)
    plot(r,phi)
    hold on

end

figure(1)
title('Frequency Response Magnitude')
xlabel('Womega/Womega_n')
ylabel('|X(iWomega)|/A,  F_{tr} /F_0')
grid

figure(2)
title('Frequency Response Phase Angle')
xlabel('Womega/Womega_n')
ylabel('Wphi(Womega)')
ha=gca;
set(ha,'ytick',[0:pi/4:pi])
grid
set(ha,'Fontname','symbol','ylim',[0 pi])
set(ha,'yticklabel',{'0';'';'p/2';'';'p'})
```

프로그램 4.3 : 그림 4.18과 4.19 도시

```
% 이 프로그램은 1-자유도 질량-스프링- 구조 감쇠기 계의 주파수 응답 함수를
% 계산하고 도시한다.

clear
figure(1); clf
figure(2); clf

gamma=[0.1;0.25;0.5;1.00]; % 4x1 벡터로 정리된 손실 계수 4가지
r=[0:0.01:3];              % 무차원 가진 주파수의 구간

for i=1:length(gamma)
    Ga=1./sqrt((1-r.^2).^2+gamma(i)^2);          % 주파수 응답 함수의 크기
    phia=atan2(gamma(i),1-r.^2);                 % 지연 위상

    figure(1)
    plot(r,Ga)
    hold on

    figure(2)
    plot(r,phia)
    hold on

end

figure(1)
title('Frequency Response Magnitude')
xlabel('₩omega/₩omega_n')
ylabel('|G^*(₩omega)|')
grid

figure(2)
title('Frequency Response Phase Angle')
xlabel('₩omega/₩omega_n')
ylabel('₩phi^*(₩omega)')
ha=gca;
set(ha,'ytick',[0:pi/4:pi])
grid
set(ha,'Fontname','symbol','ylim',[0 pi])
set(ha,'yticklabel',{'0';'';'p/2';'';'p'})
```

4.10 요약

4장에서는 1-자유도 계의 응답 중 주기적 가진에 의한 강제 응답을 다루었다. 이와 관련하여 1, 2절에서는 진폭과 주파수가 일정한 조화 가진력이 질량에 직접 작용할 때 응답 역시 진폭이 일정하며 주파수가 가진 주파수와 동일한 사인형 함수 형태의 시간 응답이 나타나며, 그러한 정상 상태 응답의 진폭과 위상이 가진 주파수의 함수임을 보였다. 그 과정 중에 주파수 응답 함수, 기계적 임피던스, 공진, 품질 인자 등과 같이 관련된 주요 개념에 대하여도 알아보았다.

3, 4절에서는 상기와 같은 가진력이 나타날 수 있는 구체적인 시스템의 예로서 각각 불평형 회전 질량을 갖는 세탁기와 회전축의 시간 및 주파수 응답을 살펴보았다. 특히 회전축의 경우는 등방성과 이방성의 경우에 위험속도와 휠의 특성에 어떤 차이가 있는지도 탐구하였다. 5와 6절에서는 각각 기초의 운동 변위가 질량의 진동 변위에 기여하는 변위 전달율과 기계의 운전 중 발생하는 힘이 기초에 전달되는 힘의 전달율을 다루었으며 그들의 주파수 특성이 서로 같음도 보였다. 그에 따라 상기 전달율들을 최소화하는 방진의 원리에 대하여도 이해의 폭을 넓힐 수 있었다.

7절에서는 고무와 같은 점탄성 재료에서 두드러지게 나타나는 구조 감쇠를 갖는 계의 주파수 응답 특성을 살펴보았으며 그 과정 중에 손실 계수나 등가 점성 감쇠율의 개념도 파악하였다. 8절에서는 푸리에 급수를 이용하면 일반적인 주기함수를 무한개의 사인형 함수의 합으로 표현할 수 있으며, 그에 따라 단일 사인형 함수 형태의 입력에 대한 응답을 중첩함으로써 최종적인 계의 시간 및 주파수 응답을 구할 수 있음을 설명하였다. 또한 그 경우에는 가진 및 응답의 주파수가 공히 복수개로서 기본 주파수의 정수배이며 이산적임을 주파수 스펙트럼을 통하여 확인하였다.

마지막으로 9절에서는 메틀랩 프로그래밍에 의하여 점성 감쇠를 갖는 전형적인 1-자유도 계의 주파수 응답함수, 변위 전달율, 그리고 구조 감쇠를 갖는 계의 주파수 응답 함수 등을 간편하고 정확하게 계산하고 그 결과를 도시할 수 있음을 보이기 위하여, 해당 프로그램을 공개하였다.

연습문제

4.1 다음과 같이 주어진 계의 정상상태 응답을 미정계수법으로 구하라.

(a) $m\ddot{x}+c\dot{x}+kx=F\sin(wt+\alpha)$, (b) $m\ddot{x}+c\dot{x}+kx=F\cos(wt+\beta)$.

4.2 50 kg의 기계가 스프링과 댐퍼에 의하여 지지되어 있고 강성과 감쇠 계수가 각각 100 N/cm, 2 N/(cm/s)이며 가진력 $20\cos 35t$ N이 질량에 가해진다고 할 때, 다음과 같은 초기 조건하에서의 변위 응답 $x(t)$를 구하라. (a) $x(0)=\dot{x}(0)=0$, (b) $x(0)=1$ cm, $\dot{x}(0)=0$, (c) $x(0)=0$, $\dot{x}(0)=10$ cm/s, (d) $x(0)=1$ cm, $\dot{x}(0)=10$ cm/s.

4.3 다음 진술 중 맞는 것은 T, 틀린 것은 F로 답하라. (a) 점성 감쇠에 의한 사이클 당 에너지 손실은 진동의 주파수가 높을수록 그리고 진폭이 클수록 증가한다, (b) 기계의 진동에 의하여 기초에 전달되는 힘은 그 주파수가 기계 진동의 주파수와 일치하지만 그 크기는 기계 진동의 주파수와는 무관하게 일정하다.

4.4 다음과 같이 주어진 계의 정상 상태 응답을 복소 주파수 응답 함수를 이용하여 구하라.

(a) $m\ddot{x}+c\dot{x}+kx=F\sin(wt+\alpha)$, (b) $m\ddot{x}+c\dot{x}+kx=F\cos(wt+\beta)$.

4.5 어떤 질량-스프링-댐퍼 계의 질량, 강성계수, 감쇠계수가 각각 4 kg, 20 N/cm, 0.2 N/(cm/s)이고 가진력 $0.75\cos\omega t$ N이 질량에 직접 가해지고 있다. 고유 진동수가 w_n이고, 가진 주파수 $w=6w_n$일 때 정상 상태 응답의 진폭과 지연 위상각을 구하라.

4.6 그림과 같은 계의 운동 방정식과 정상 상태 응답을 구하라.

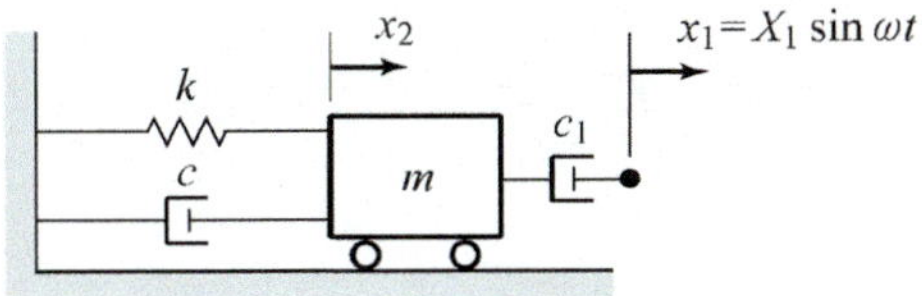

그림 P4.6

4.7 그림과 같은 계의 운동 방정식과 정상 상태 응답을 구하라.

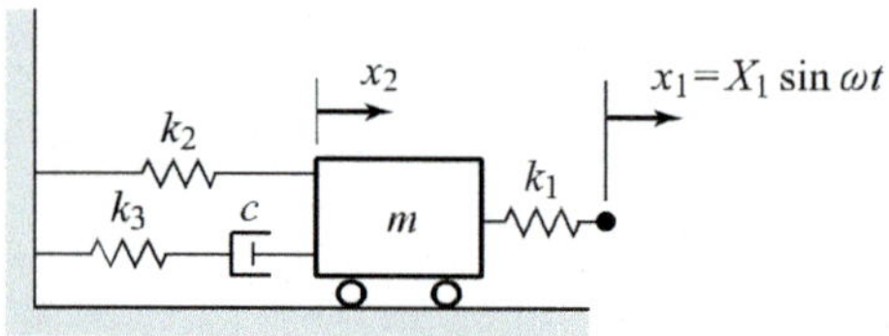

그림 P4.7

4.8 변위가 $x = 4\sin(4\pi t + \frac{\pi}{2})$로 나타나는 조화 진동의 진동수[Hz]는?

4.9 어떤 단순 조화 진동에서 진동수가 100 rad/s이고 최대 속도가 150 cm/s이라면 변위의 진폭은 몇 cm인가?

4.10 $x_1 = 4\sin\omega t$, $x_2 = 3\cos\omega t$인 두개의 파가 정현파(sine wave)로 합성될 때, 진폭 A와 초기 위상각 ϕ는?

4.11 고유 진동수가 ω_n, 점성 감쇠율이 ζ인 질량–스프링–댐퍼 계의 입력 변위와 출력 변위 사이의 주파수 응답 함수는?

4.12 공진에 관한 설명 중 틀린 것은?

① 계의 고유 주파수 또는 그 근처에서 가진될 때 발생한다.

② 공명과 동일한 개념이다.

③ 차수에 관계없이 모든 동적 계에 존재한다.

④ 공진의 크기는 감쇠율 만의 함수이다.

4.13 진동수의 비를 $r = w/w_n$라 할 때, 다음 보기 중 질량–스프링 계의 변위 전달율은?

① $\frac{1}{r}$　② $\frac{1}{|1-r^2|}$　③ $\frac{r}{\sqrt{1-r^2}}$　④ $\frac{1}{\sqrt{1-r^2}}$

4.14 조화 진동의 변위가 $x = Ae^{iwt}$일 때, 가속도의 진폭 및 초기 위상각은?

4.15 질량이 없는 탄성 축에 질량 m인 원판이 달린 회전축 계가 있다. 원판의 편심거리를 e, 축의 강성을 k라고 할 때 그 축계의 위험 속도는?

4.16 조화 운동의 변위가 $x = 4\sin(0.25t + \frac{\pi}{3})$ cm로 나타날 때, 시간 $t=2$초일 때의 운동의 속도는?

4.17 문제 3.42의 2-자유도 계 전체가 다음 그림과 같이 일정한 각속도 Ω로 회전할 때 (a) 운동 방정식, (b) 초기 위치 $(x,\ y) = (r_0, 0)$, 초기 속도 $(\dot{x},\ \dot{y}) = (v_0, 0)$이고 $\Omega = 0$, $0.5w_n$, w_n, $2w_n$일 때 각각의 자유 응답의 궤적, (c) 초기 위치 $(x,\ y) = (r_0, 0)$, 초기 속도 $(\dot{x},\ \dot{y}) = (v_0\cos\theta, v_0\sin\theta)$이고 Ω가 (b)의 경우와 같을 때 각각의 자유 응답의 궤적을 구하고, (d) 운동의 안정성을 판별하라. 단, $k_1 = k_2 = k$이고 $w_n = \sqrt{k/m}$이며 xy는 계와 함께 회전하는 좌표계, XY는 고정 좌표계를 나타낸다.

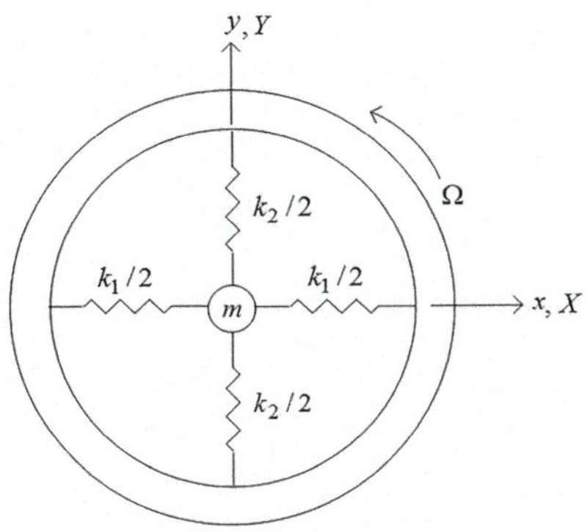

그림 P4.17

4.18 문제 4.17를 다시 풀이하라. 단, 여기서는 $k_1 \neq k_2$라고 가정한다.

4.19 다음의 진술이 맞으면 T, 틀리면 F로 답하라. (a) 진동 계는 자유 응답 시에 고유 주파수로 진동하나, 정상 상태 강제 응답 시에는 가진 주파수로 진동한다, (b) 기계적 임피던스는 입력 힘과 출력 변위의 비로서 주파수에 관계없이 일정한 값이다.

4.20 $\ddot{x} + 8x = 5\sin 2t$로 표현되는 비감쇠 계의 정상 상태 진폭의 크기를 구하라.

4.21 비감쇠 스프링을 사용하여 무게 300 kg의 기관을 지지한다고 할 때, 기관의 회전수 2,000 rpm에서 기초부에 전해지는 힘의 전달율을 1/10으로 유지하기 위한 스프링 상수 k는 몇 kg/cm이어야 하나?

4.22 $\ddot{x}+2\zeta w_n\dot{x}+w_n^2x=w_n^2A\cos w_nt$로 표현되는 저감쇠 진동계의 공진 응답에 대하여 (a) x의 시간 응답, (b) x의 정상상태 진폭을 구하라. 단, 초기 변위와 속도는 모두 0이다.

4.23 질량-스프링-댐퍼 계의 질량과 강성 계수가 각각 20 kg, 40 N/cm이며 가진력 $20\sin(10t-30°)$ N이 직접 질량에 가해지고, 초기 조건이 $x(0)=\dot{x}(0)=0$일 때 다음의 경우 계의 시간 응답을 구하라. (a) 비감쇠, (b) 점성 감쇠 계수 = 2 N/(cm/s).

4.24 다음 보기 중 푸리에 급수에 관한 설명으로 옳지 않은 것은? ① 무한 급수이다 ② 이산 주파수 스펙트럼의 크기에 관한 정보를 제공한다 ③ 모든 형태의 시간 함수를 표현할 수 있다 ④ 사인과 코사인 함수 사이의 직교성에 근거한다.

4.25 다음 그림과 같은 주기 함수 형태의 가진력이 $\ddot{x}+4x=F(t)$인 계의 질량에 직접 작용할 때, 가진 입력의 기본 주파수를 구하고 공진의 발생 여부를 '예' 또는 '아니오'로 답하라. 여기에서 모든 물리량은 SI 표준 단위로 표현되었다.

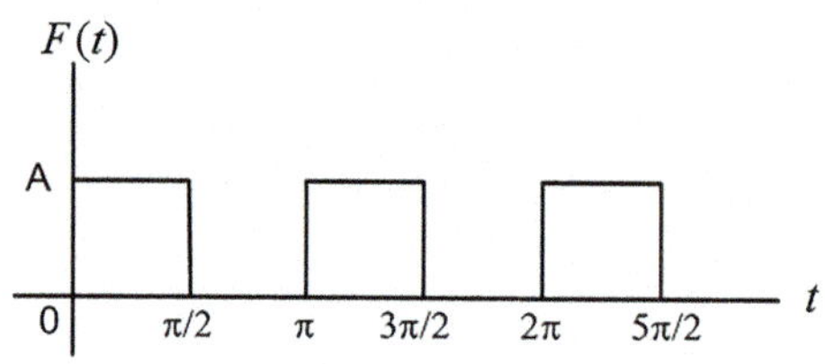

그림 P4.25

4.26 다음의 진술이 맞으면 T, 틀리면 F로 답하라. (a) 가진과 고유 주파수의 비를 $r=w/w_n$라 할 때, 비감쇠 질량-스프링 진동계의 변위 전달율은 $r\to\infty$일 때 0이 된다, (b) 질량을 무시할 수 있는 탄성 축에 질량 m인 회전자가 설치되어 있으며, 그 회전자의 편심거리를 e, 축의 강성을 k라고 할 때 축의 위험 속도는 $e\sqrt{k/m}$이다.

4.27 다음의 진술이 맞으면 T, 틀리면 F로 답하라. (a) 단일 자유도 계의 강제 진동 발생 시 질량에 직접 작용하는 가진력의 등가 변위와 출력 변위 간의 주파수 응답 함수는 감쇠비=ζ, 가진 주파수와 고유 진동수의 비율=r이라고 할 때 $1/(1-r^2+i2\zeta r)$이다, (b) 모든 함수는 푸리에 급수로 표현 가능하며, 주파수를 포함하지 않는 초항은 그 함수의 평균값에 해당한다.

4.28 $\ddot{x}+4x=3\sin t$로 표현되는 시스템 변위의 정상 상태 진폭을 구하라.

4.29 다음의 진술이 맞으면 T, 틀리면 F로 답하라. (a) 단일 자유도 진동 계의 방진 성능을 높이기 위하여는 스프링 강성을 낮추거나 질량을 증가시켜야 한다, (b) 진동 계의 주파수 응답은 항상 고유 주파수 전후로 180° 만큼 위상이 변화한다, (c) 단일 자유도 진동 계의 변위 전달율은 가진 주파수와 고유진동수의 비가 $\sqrt{2}$일 때 반드시 1이 되며, 전체 주파수 대역에서 감쇠비가 클수록 작아진다.

4.30 그림과 같이 기초가 변위 $y(t)$로 흔들리는 계에 대하여 답하라. (a) 계의 운동방정식을 구하라, (b) $r=w/w_n$, $\omega_n=\sqrt{k/m}$, $\zeta=c/(2\sqrt{mk})$라고 할 때, 변위 전달율을 r, ζ의 함수 형태로 구하라, (c) 상기 변위 전달율을 ζ=0, 0.25, 0.5, 1.0인 경우에 대하여 r축에 대하여 도시하라. (참고: 이 문제는 스카이훅 댐퍼의 원리와 관련된다.)

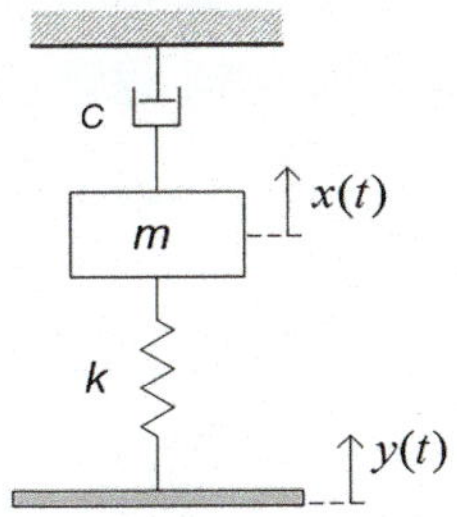

그림 P4.30

4.31 그림에서와 같이 원판 형태를 갖는 터어빈의 회전자가 양단이 베어링에 의하여 지지된 축의 중앙에 조립되어 있다. 원판의 질량과 반경은 각각 15 kg, 0.3 m이며, 원판 도심으로부터 반경 방향으로 0.12 m 떨어진 곳에 지름 0.03 m의 원형 구멍이 있으며, 축의 굽힘 강성 EI =1,600 Nm^{2}이다. 회전체가 각속도 6,000 rpm으로 회전할 때 휠의 진폭을 구하라.

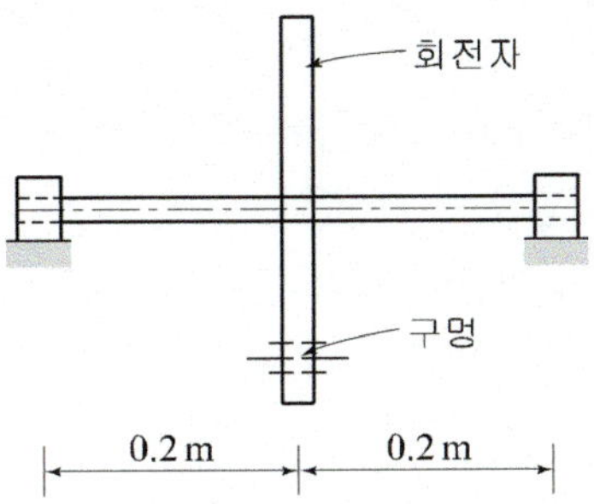

그림 P4.31

4.32 그림에서와 같이 고정점 O에 관한 외부 모멘트 M과 비틀림 점성 감쇠기 c_T가 있는 단진자에 대하여 (a) 선형 운동 방정식, (b) 비감쇠 고유진동수 = ω_n이고 $M = mglA\cos w_n t$일 때 정상 상태에서 θ의 진폭을 구하라. 단, θ는 크지 않다고 가정한다.

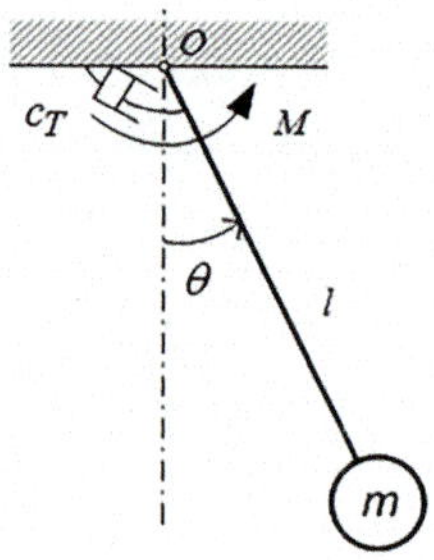

그림 P4.32

4.33 그림과 같이 지지 점이 수평 방향으로 요동하는 단진자에 대하여 (a) 운동 방정식, (b) 진폭이 작다고 가정할 때 정상 상태 강제 응답 $\theta(t)$을 구하라. 중력가속도는 g이다.

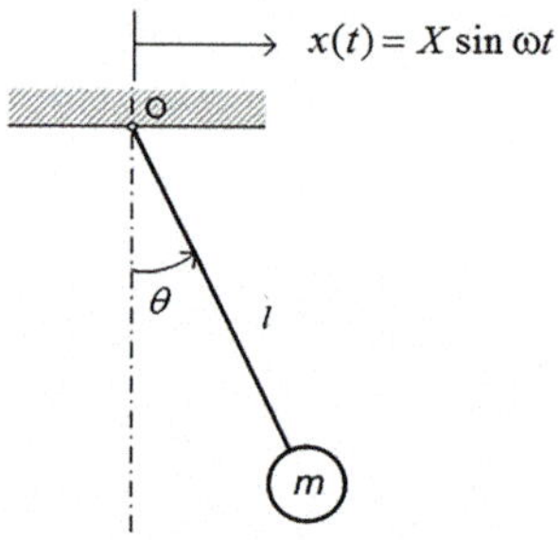

그림 P4.33

4.34 문제 4.33에서 진폭이 작고 초기 변위와 속도가 모두 0일 때 임의의 시간 $t(>0)$에서의 응답 $\theta(t)$를 구하라.

4.35 질량이 m이고 질량중심이 G점에 있는 물체가 수평방향으로 변위 $z(t)$만큼 요동하는 볼과 접촉하며 상하 및 좌우 방향으로 병진운동만을 한다고 가정할 때, 다음 질문에 답하라. (a) 운동방정식을 수직선과 접촉점이 이루는 각 θ에 관하여 유도하라 (b) θ가 충분히 작고, $z(t) = A\sin wt$일 때 정상 상태에서의 물체의 수평방향 변위 x와 z간의 변위 전달율을 구하라 (c) 상기 변위 전달율을 주파수축에 대하여 도시하라. 단, 중력가속도는 g, 마찰은 무시하며, 볼과 물체 구면의 반경은 각각 r과 R이고 P점은 현재 순간의 접촉점이다.

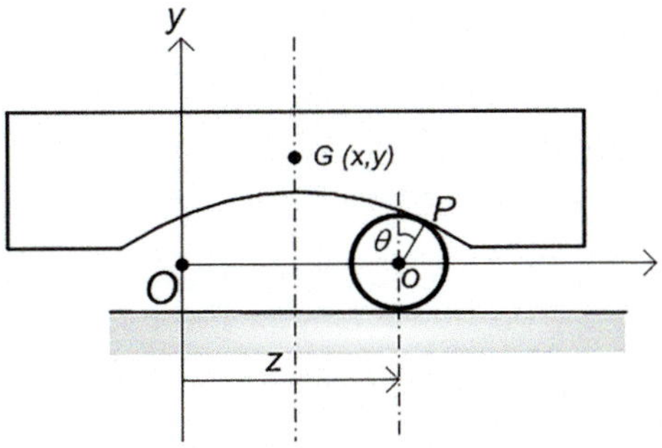

그림 P4.35

4.36 질량이 200 kg이고 스프링 상수가 150 kN/m인 4개의 스프링에 의하여 지지된 전기모터의 편심 질량과 거리는 각각 30 g, 150 mm이다. 모터는 수직 방향으로만 진동한다고 할 때 (a) 공진이 발생하는 위험속도, (b) 1200 rpm에서의 모터 진동의 진폭을 구하라.

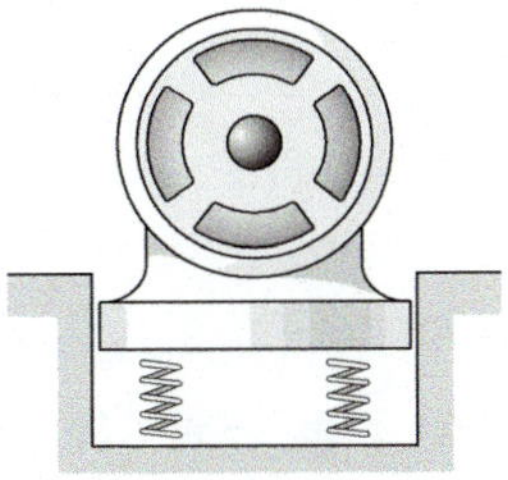

그림 P4.36

4.37 그림과 같이 바퀴가 달린 질량−스프링−감쇠계가 t=0일 때 원점을 지나 사인 함수 형태의 지면을 따라 등속도 v를 갖고 수평 방향으로 진행할 때 수직 방향에서의 (a) 계의 운동 방정식, (b) 진동 변위 $z(t)$, (c) 질량에 전달되는 동적 힘 $F(t)$을 구하라. 단, 바퀴와 지면간의 접촉은 항상 유지된다고 가정한다.

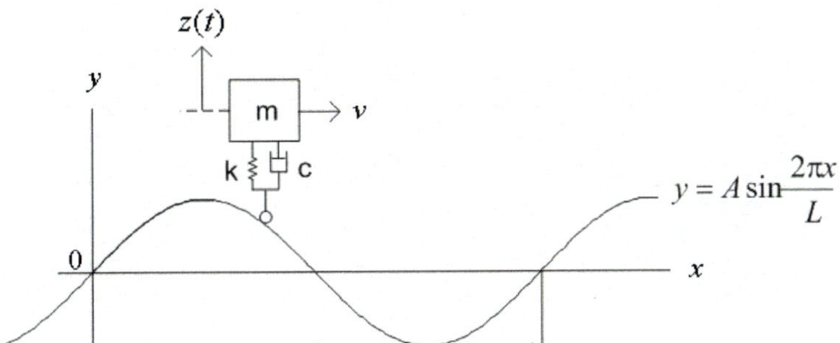

그림 P4.37

4.38 그림 a와 같이 캠−종동절이 하단에 설치된 1−자유도 계의 (a) 운동 방정식, (b) $y(t)$의 푸리에 급수 표현, (c) 변위 $x(t)$를 시간의 함수로 구하라. 종동절의 변위 $y(t)$는 그림 b와 같은 톱니 형태이다.

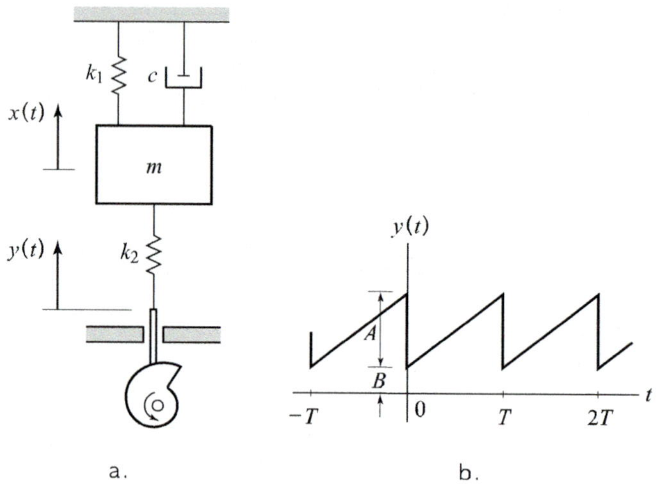

그림 P4.38

4.39 그림에서와 같이 질량 m인 차량이 높이가 $2A$인 사각파형 노면을 일정한 수평 방향 속도 v로 운행할 때, (a) 차량의 수직 진동 변위 z에 관한 운동 방정식을 구하라, (b) 계의 주파수 응답 함수를 구하라, (c) 특별히 c=0일 때, FRF의 크기와 위상 선도를 도시하라, (d) 푸리에 급수를 이용하여 y를 시간의 함수로 표현하라, (e) 차량의 정상상태 시간 응답 $z(t)$를 구하라, (f) $v = L\sqrt{k}/(6\pi\sqrt{m})$, c = 0일 때 z의 주파수 스펙트럼을 도시하라. 단, 바퀴와 지면은 항상 접촉한다고 가정한다.

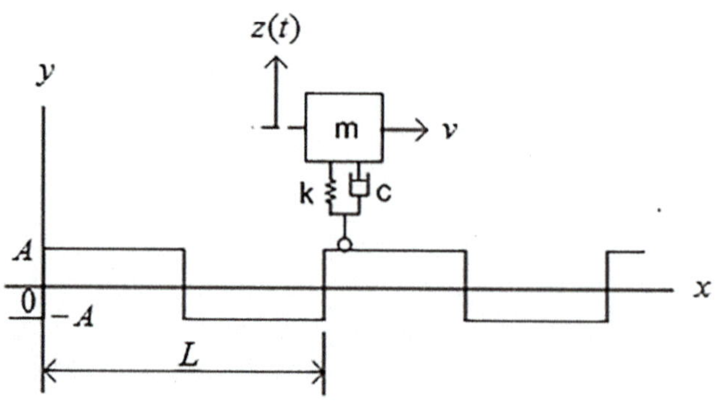

그림 P4.39

4.40 그림과 같이 질량이 m이고 두께가 얇은 강체 링이 팽팽하게 당겨진 4개의 실에 의하여 내부 중앙에 위치한 허브에 연결되어 있다. 허브가 $\theta = \theta_0 \cos wt$로 운동할 때 링의 정상 상태 회전각 ϕ를 구하라. 단, 실은 질량과 신축성이 없으며 일정한 장력 T를 받고 있고, θ_0는 크지 않다고 가정한다.

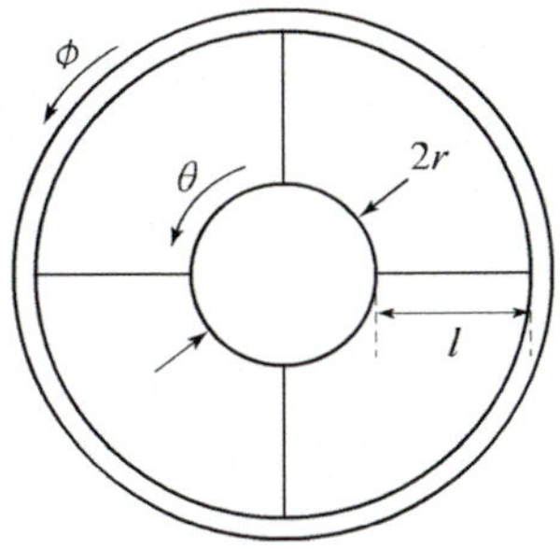

그림 P4.40

4.41 그림에서와 같이 질량 m이 강성계수가 k인 스프링에 의하여 틀안에 압착되어 있고, 그 틀은 변위 $x = a\cos wt$으로 흔들리고 있다. 만일 스프링의 초기 압축 변위가 h라면 질량이 틀과 분리되기 위한 최소한의 주파수 w는 얼마인가? 이때 중력은 무시한다.

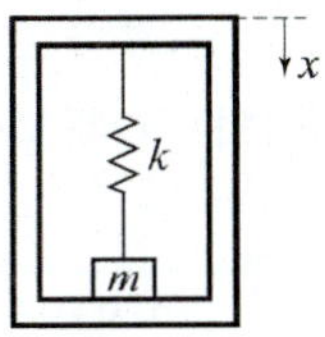

그림 P4.41

4.42 그림과 같이, 질량에 직접 힘이 가해지는 1-자유도 계에 대하여 가진력과 함께 변위의 정상 상태 시간 응답이 주어졌다면 질량이 2 kg일 때 어떤 다른 매개변수들을 구할 수 있나?

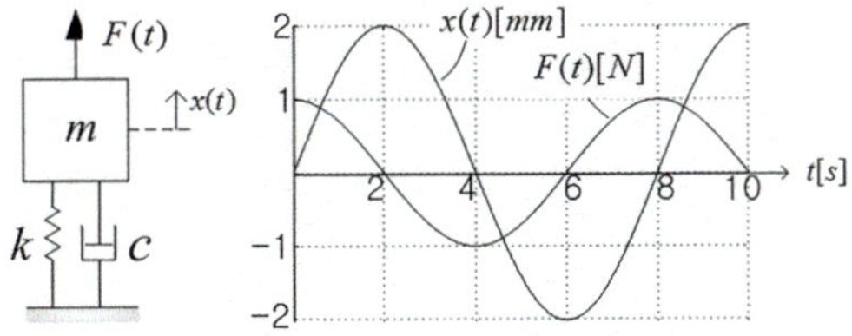

그림 P4.42

4.43 그림과 같이, 원심 분리기와 그의 x방향 진동 변위의 주파수 응답의 크기가 주어질 때 회전실 내부 시편의 질량 m_2와 스프링 상수 k를 구하라. 원심 분리기 본체만의 질량 m_1은 100 kg이며 회전실의 각속도와 반경은 각각 w와 0.1 m이다.

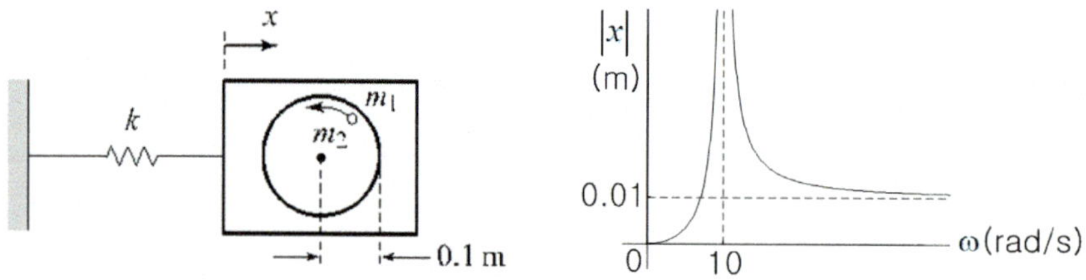

그림 P4.43

4.44 쿨롱 감쇠를 갖는 1-자유도 계가 정상 상태에서 진동할 때 주기 당 소산하는 에너지를 구하고 그로부터 등가 점성 감쇠 계수를 구하라. 단, 운동 방정식과 변위 응답 x는 각각 $m\ddot{x}+\mu_k mg\,\mathrm{sgn}(\dot{x})+kx=F(t)$, $x=X\sin wt$이라고 가정한다.

4.45 운동 방정식이 $m\ddot{x}+c\dot{x}+kx=F$인 1-자유도 계의, 다음 그림과 같은 입/출력 관계에 따라 외력 $F=c_{ext}\dot{x}+A\cos wt$일 때, 계가 (a) 불안정화 되는 조건, (b) 공진이 발생하는 조건을 각각 구하라. 여기서 c_{ext}와 A는 모두 양의 상수이다. (참고: 이 문제는 2.6절에서 소개한 **플러터**와 같은 **자려 진동**의 원리와 관계있다.)

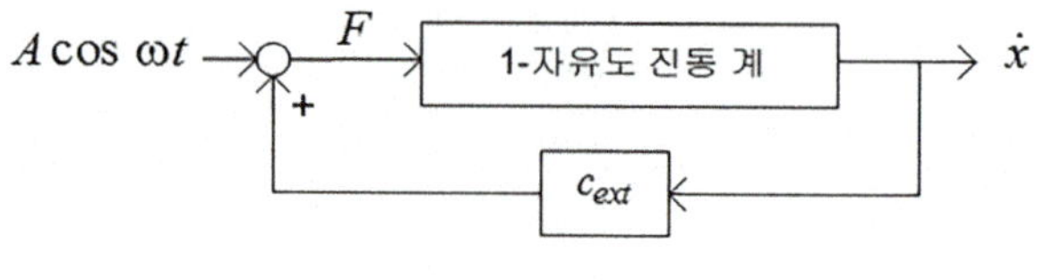

그림 P4.45

4.46 중앙에 질량 = m [kg]인 원판이 달린 길이 = l [m]인 수평 축의 위험 속도[rpm]를 (a) 축의 양단이 단순 지지일 때, (b) 축의 양단이 고정 지지일 때 각각 구하라, (c) 또한 그들의 크기를 비교하라. 축 재료의 탄성계수와 축 단면의 면적 관성 모멘트는 각각 E [N/m^2], I [m^4]이다.

05 비주기적 가진에 대한 1-자유도 계의 응답

충격은 물론이고 일시적인 가진 입력은 앞 장에서 다룬 주기 함수보다는 비주기적인 함수 형태일 가능성이 크다. 비주기 함수는 무한히 다양하며 그 중에는 아래 그림과 같이 시간 $t=0$ 이전에는 그 값이 0인 단면(one-sided) 사인 함수도 포함된다. 왜냐하면 그런 형태로 가진되는 경우, 관심 대상 시간 영역 (즉, $t \geq 0$) 중에서 초기 얼마 동안은 과도기적 효과가 불가피하여 응답의 주기성이 확보되지 않기 때문이다.

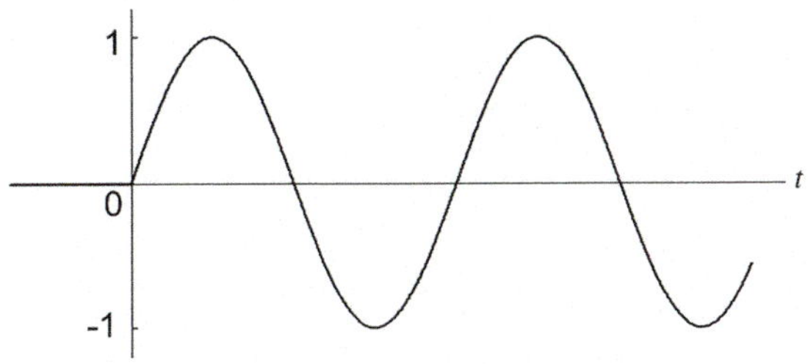

그림 5.1 단면 사인 함수

5.1 임펄스 응답

비주기적 가진 중에 먼저 단위 임펄스(impulse) 또는 충격량 함수 형태의 가진을 고려해 보자. 단위 임펄스 함수 $\delta(t-a)$는 디락 델타 (Dirac delta) 함수라고도 불리는 데, 식 (5.1) 또는 그림 5.2가 의미하듯이 임의의 시간 $t=a$인 순간에 작용하며 그 크기 F는 무한대($=1/\epsilon$)이나 지속 시간 Δt는 무한소($=\epsilon$)인 함수이다. 이에 충격량($\triangleq \int_a^{a+\Delta t} F dt \cong F\Delta t$)이 1 즉, 힘 곡선 아래의 면적이 1이다.

$$t \neq a \text{일 때 } \delta(t-a)=0, \quad \int_{-\infty}^{\infty} \delta(t-a)dt = 1 \qquad (5.1\ \text{a,b})$$

사실상 이러한 가진을 실제로 구현해 내기는 쉽지 않으나 수학적으로는 얼마든지 상상해 볼 수 있다. 이러한 가상적 함수들을 특이(singular) 함수라고 하며, 곧 이어 다룰 계단 함수, 램프 함수 등도 그 부류에 속한다.

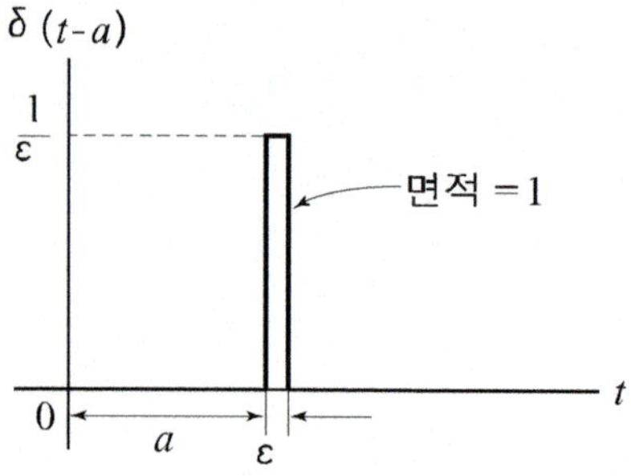

그림 5.2 단위 임펄스 함수

위와 같은 단위 임펄스 함수의 형태를 갖는 힘이 $t=0$인 순간에 초기 조건이 0인 1-자유도 계의 질량에 직접 가해질 때, 계의 변위 응답을 **임펄스 응답**이라 부른다. 이후부터는 임펄스 응답을 특별히 $g(t)$로 표기할 것이며, 이에 상기한 인과 관계를 도식적으로 표현하면 다음 그림과 같다.

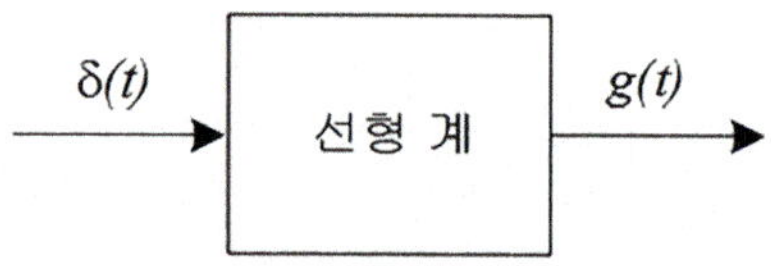

그림 5.3 단위 임펄스 함수 힘과 임펄스 응답의 관계

이제 질량-스프링-감쇠기로 이루어진 전형적인 1-자유도 선형 계의 임펄스 응답을 구해보자. 그 경우 운동 방정식과 초기 조건은 각각 다음 두 식과 같다.

$$m\ddot{g}+c\dot{g}+kg=\delta(t) \tag{5.2}$$

$$g(0)=\dot{g}(0)=0 \tag{5.3}$$

식 (5.2)의 해를 구하기 위하여 먼저, 전체 시간을 임펄스가 작용하는 구간과 그 이후의 구간으로 나누어 보자. 그중 첫 번째 구간 즉, $t=0$에서부터 ϵ까지의 해를 구하기 위하여 운동 방정식의 양변을 정적분하면 식 (5.4)를 거쳐 (5.5)에 이르게 된다.

$$m\int_0^{\epsilon}\ddot{g}\,dt+c\int_0^{\epsilon}\dot{g}\,dt+k\int_0^{\epsilon}g\,dt=\int_0^{\epsilon}\delta(t)\,dt \tag{5.4}$$

$$m\{\dot{g}(\epsilon)-\dot{g}(0)\}+c\{g(\epsilon)-g(0)\}+k\int_0^{\epsilon}g\,dt=\int_0^{\epsilon}\delta(t)\,dt \tag{5.5}$$

위 식에 초기 조건에 관한 식 (5.3)과 함께 ϵ이 워낙 짧은 시간이므로

$$g(\epsilon) \cong 0, \quad \int_0^{\epsilon} g\, dt \cong g(0)\epsilon = 0 \tag{5.6a,b}$$

을 반영하면, 다음 식을 얻을 수 있다.

$$\dot{g}(\epsilon) = 1/m \tag{5.7}$$

이는 곧 $t=\epsilon$이후부터는 응답을 초기 조건이 $g(0)=0$, $\dot{g}(0+)=1/m$인 자유 진동의 경우와 동일하게 취급할 수 있음을 의미한다. 그러므로 흔히 존재하는 저 감쇠의 경우를 고려하면, 식 (3.24)와 (3.25)에 따라 임펄스 응답과 그의 초기 진폭 및 지연 위상각을 각각 다음과 같이 구할 수 있다.

$$g(t) = Ce^{-\zeta\omega_n t}\cos(\omega_d t - \phi) \tag{5.8}$$

$$C = \frac{1}{m\omega_d}, \quad \phi = \frac{\pi}{2} \tag{5.9a,b}$$

따라서 궁극적으로 임펄스 응답은

$$g(t) = \begin{cases} \dfrac{1}{m\omega_d} e^{-\zeta\omega_n t}\sin\omega_d t & (t \geq 0\text{일 때}) \\ 0 & (t < 0\text{일 때}) \end{cases} \tag{5.10}$$

와 같고 이를 시간 축에 대하여 도시하면 그림 5.4와 같다.

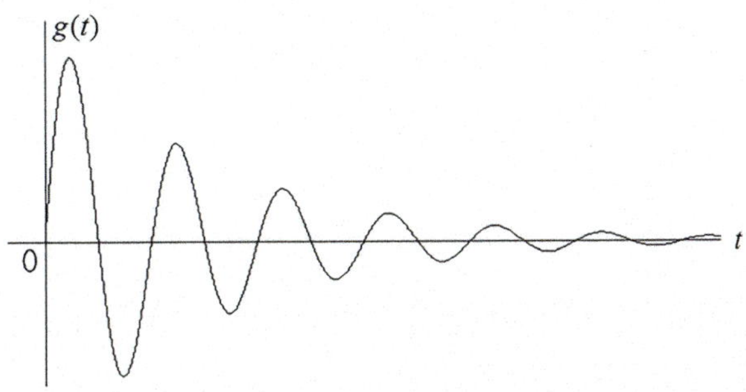

그림 5.4 질량-스프링-댐퍼 계의 임펄스 응답

위 그림에서 알 수 있는 것은 임펄스 응답 $g(t)$는 요동하며 쇠퇴하되 특히, 시간 t=0

일 때 변위의 값은 0으로 연속적이지만 속도는 0에서 $1/m$으로 점프가 발생하며 불연속적이라는 것이다. 이와 같은 속도의 불연속성은 일반적인 힘이 아닌, 지금의 상황처럼 충격에 의해서만 발생할 수 있다.

참고로, 그러한 충격 운동의 맥락에서 시간 $t=0$ 부터 ϵ까지 구간에 걸쳐 계에 운동량과 충격량의 원리[1]를 적용하면 다음 식 (5.11)을 쓸 수 있다.

$$mv(0)+\int_0^{\epsilon} Fdt = mv(\epsilon) \tag{5.11}$$

이 때 초기 속도 $v(0)$는 0이고, 질량에 작용하는 외력 F 중에는 질량의 운동에 저항하는 스프링 힘과 감쇠력도 존재하지만 그 크기가 충격력에 비하여 충분히 작으므로 $F=\delta(t)$로 보면, 시간 $t=\epsilon$에서의 속도 $v(\epsilon)$ 즉, $\dot{g}(\epsilon)$를 다음과 같이 즉각적으로도 구할 수 있다.

$$v(\epsilon)=1/m \tag{5.12}$$

5.2 계단 응답

단위 계단(step) 함수는 다음 그림과 같이 그 값이 0이다가 어느 순간 (즉, $t=a$일 때) 1로 도약한 후 그 값을 일정하게 유지하는 계단 모양의 함수로서, 식 (5.13)과 같이 정의된다.

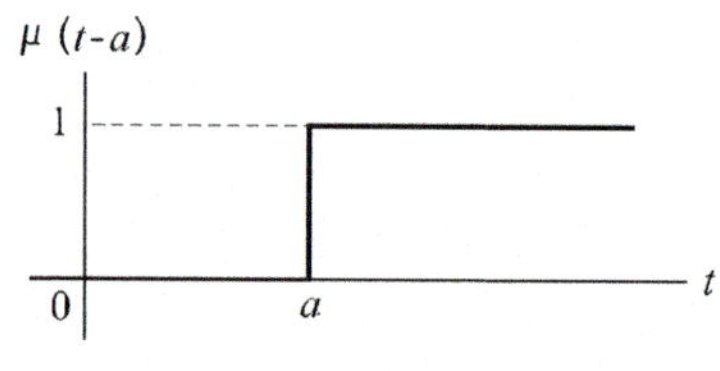

그림 5.5 단위 계단 함수

$$\mu(t-a)=\begin{cases}0 & (t<a\text{일 때})\\ 1 & (t\ge a\text{일 때})\end{cases} \tag{5.13}$$

계단 함수는 다양한 경우에 응용될 수 있다. 예로서 식 (5.10)의 임펄스 응답도 계단함수를 이용하면

$$g(t) = \left(\frac{1}{m\omega_d}e^{-\zeta\omega_n t}\sin\omega_d t\right)\mu(t) \tag{5.14}$$

와 같이 하나의 식으로 간단히 표현할 수 있다. 한편, 단위 계단함수는 단위 임펄스 함

수와 관계가 깊어 다음 식에 기술된 바와 같이 상호간에 적분 혹은 미분 관계에 있다.

$$\mu(t-a) = \int_{-\infty}^{t} \delta(\tau - a)\,d\tau \quad \text{또는} \quad \delta(t-a) = \frac{d}{dt}\mu(t-a) \tag{5.15}$$

한편, **계단 응답**이란 초기 조건이 0일 때 질량에 직접 작용하는 단위 계단형 힘 $\mu(t)$에 대한 계의 응답을 말하는 데, 여기 이후부터는 $\mathscr{s}(t)$로 표기하기로 하자. 그 응답을 구하기 위하여 임펄스 응답에 관련된 식 (5.2)를 이용할 수 있는 데, 편의상 해당 식을 (5.16)으로 다시 쓰고, 그 식의 양변을 $-\infty$에서 t까지 시간 적분하면 식 (5.17)이 된다.

$$m\ddot{g} + c\dot{g} + kg = \delta(t) \tag{5.16}$$

$$\int_{-\infty}^{t} [m\frac{d^2}{dt^2} + c\frac{d}{dt} + k]\,g(t)\,dt = \int_{-\infty}^{t} \delta(t)dt \tag{5.17}$$

시불변 계이므로 좌변에서는 미분과 적분의 순서를 바꾸고 우변에서는 적분을 수행하면

$$[m\frac{d^2}{dt^2} + c\frac{d}{dt} + k](\int_{-\infty}^{t} g(t)dt) = \mu(t) \tag{5.18}$$

을 얻을 수 있다. 이 식은 곧, 입력이 단위 계단 함수 힘일 때 출력인 계단 응답이 좌변의 괄호 속에 있는 값 즉, 임펄스 응답의 적분과 같음을 의미한다. 따라서 부록의 적분 공식 (B.16)등을 참고할 때 다음 식과 같이 계단 응답을 구할 수 있다.

$$\mathscr{s}(t) = \int_{-\infty}^{t} g(\tau)d\tau = \frac{1}{k}[1 - e^{-\zeta\omega_n t}(\cos\omega_d t + \frac{\zeta\omega_n}{\omega_d}\sin\omega_d t)]\,\mu(t) \tag{5.19}$$

그 응답을 시간에 대하여 도시하면, 다음 그림 5.6과 같이 저감쇠 계의 경우 초기에 주파수 w_d로 얼마간 요동하다가 감쇠에 의하여 요동을 멈추면서 일정한 변위 $1/k$에 수렴하는 경향임을 알 수 있다.

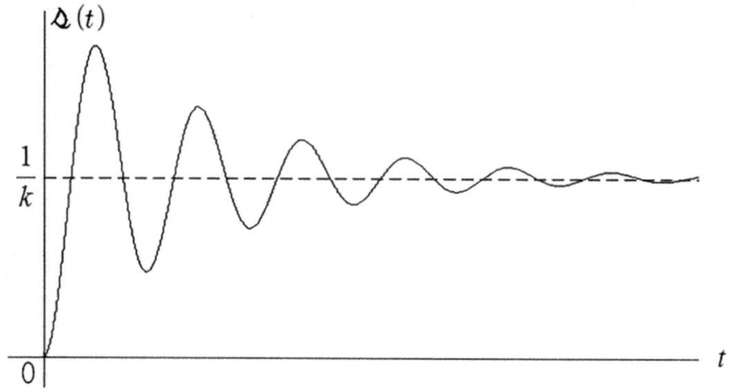

그림 5.6 질량–스프링–댐퍼 계의 계단 응답

예제 5.1 1–자유도 비감쇠 질량–스프링 계에 그림과 같은 사각 펄스 형태의 가진력이 질량에 직접 가해질 때의 응답을 구하라.

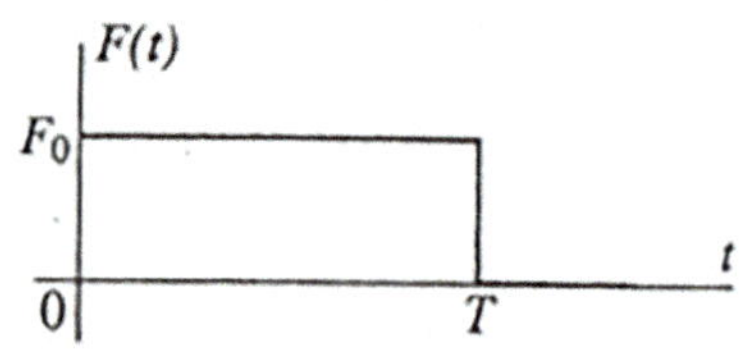

그림 5.7 사각 펄스형 가진력

주어진 상황에 해당하는 계의 운동 방정식은 식 (a)와 같다.

$$m\ddot{x}+kx = F(t) \tag{a}$$

이 문제를 해결하기 위하여 우리는 $t=T$인 순간을 기준으로 전체 시간을 두 구간으로 나눈 후, 처음 구간의 강제 응답을 먼저 구하고 그의 말기 조건을 이용하여 나머지 구간의 자유 응답을 구할 수도 있다. 그러나 이는 상당히 비효율적 방법이다. 따라서 여기서는 계가 시불변이며 선형인 점에 착안하여, 가진력을 연속 시간적인 힘의 성분으로 분해하고 각 성분에 대한 연속 시간적인 해를 구한 후 그들을 중첩하는 방식을 택하고자 한다.

가진력 $F(t)$는 단위 계단 함수를 이용하면 식 (b)와 같이 표현될 수 있다.

$$F(t) = F_0\mu(t) - F_0\mu(t-T) \tag{b}$$

이제, 식 (b)의 우변의 첫 번째 항에 대한 응답 $x_1(t)$와 그를 시간 축에서 평행 이동한 두 번째 항에 대한 응답 $x_2(t)$을 각각 구한 후 그들을 중첩한다. 그 경우 식 (5.19)를 참고하면 최종적으로 응답을 다음 식과 같이 구할 수 있으며, 그를 도시한 것이 그림 5.8이다.

$$x(t) = x_1(t) - x_2(t) = \frac{F_0}{k}[(1-\cos\omega_n t)\mu(t) - \{1-\cos\omega_n(t-T)\}\mu(t-T)] \quad \text{(c)}$$

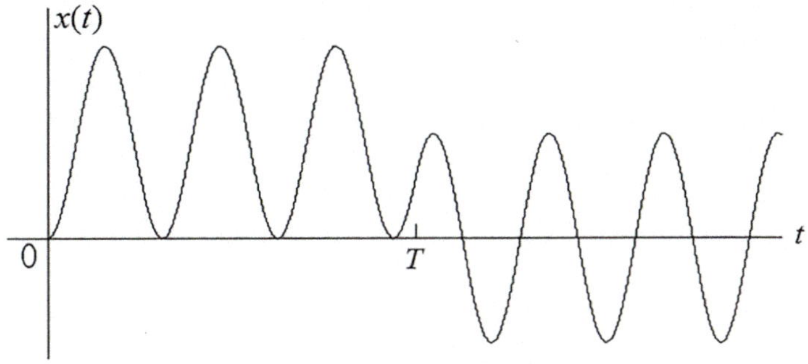

그림 5.8 질량-스프링 계의 사각 펄스에 대한 응답

5.3 램프 응답

단위 램프(ramp) 함수의 형상은 다음 그림과 같으며 식 (5.20)으로 표현될 수 있다. 따라서 단위 계단 함수와는 식 (5.21)에서와 같이 상호 적분 혹은 미분의 관계에 있다. 즉, 단위 계단 함수를 적분하면 단위 램프 함수가 되며 그 역도 성립한다.

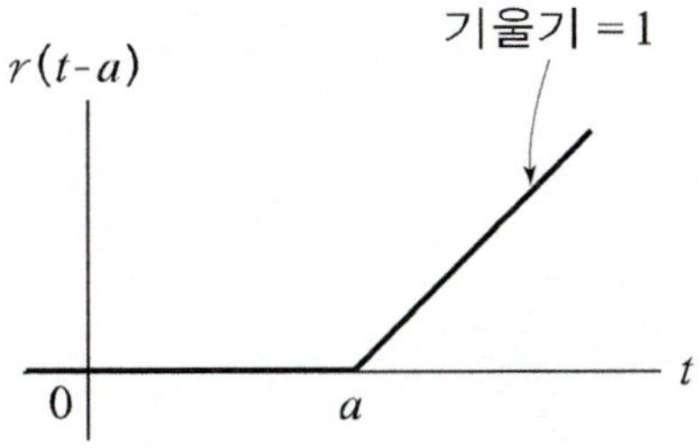

그림 5.9 단위 램프 함수

$$r(t-a) = (t-a)\mu(t-a) \tag{5.20}$$

$$r(t-a) = \int_{-\infty}^{t} \mu(\tau - a)d\tau \quad \text{또는} \quad \mu(t-a) = \frac{d}{dt}r(t-a) \tag{5.21}$$

한편, **램프 응답**은 계의 초기 조건이 0일 때 질량에 작용하는 단위 램프 힘에 대한 계의 변위 응답을 말하며 여기서는 $\mathfrak{r}(t)$로 표기한다. 램프 응답은, 계단 응답이 임펄스 응답의 적분 값에 해당하듯이, 다음 식에 나타낸 바와 같이 계단 응답의 적분 값이다.

$$\mathscr{r}(t) = \int_{-\infty}^{t} \mathscr{s}(t)\, dt \tag{5.22}$$

따라서 비감쇠 계의 경우 램프 응답은, 식 (5.19)를 참고할 때 계단 응답이 다음 식 (5.23)으로 표현되므로, (5.24)와 같이 구해진다. 그러한 램프 응답을 도시하면 다음 그림에서와 같이, 초기 값과 기울기가 0인 상태로 원점에서 출발하여 시간에 따라 증가하되 기울기가 $1/k$인 직선의 주변에서 주파수 w_n을 갖고 지속적으로 요동하는 양상이다.

$$\mathscr{s}(t) = \frac{1}{k}(1 - \cos\omega_n t)\mu(t) \tag{5.23}$$

$$\mathscr{r}(t) = \frac{1}{k\omega_n}(\omega_n t - \sin\omega_n t)\mu(t) \tag{5.24}$$

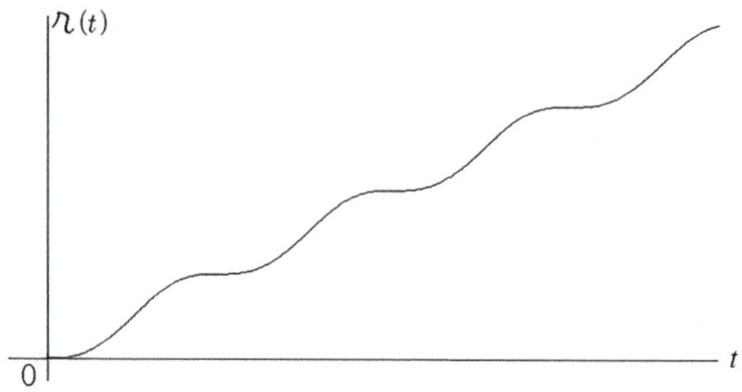

그림 5.10 질량-스프링 계의 램프 응답

예제 5.2 가진력이 다음 그림과 같은 경우, 비감쇠 1-자유도 계의 응답을 구하라.

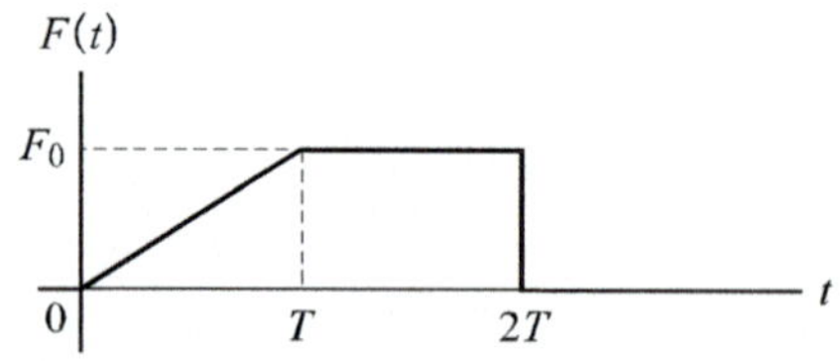

그림 5.11 사다리꼴 펄스형 가진력

가진력은 다음 식과 같이 연속 시간 함수인 램프와 계단 함수의 조합으로 표현될 수 있다.

$$F(t) = F_0\left\{\frac{1}{T}r(t) - \frac{1}{T}r(t-T) - \mu(t-2T)\right\} \tag{a}$$

그러므로 각항에 대한 응답을 개별적으로 구한 뒤 최종적으로 중첩하면 시스템의 응답을

$$x(t) = F_0\left\{ \frac{1}{T}\mathscr{r}(t) - \frac{1}{T}\mathscr{r}(t-T) - \mathscr{s}(t-2T) \right\} \tag{b}$$

와 같이 구할 수 있다. 여기서 $\mathscr{s}(t)$와 $\mathscr{r}(t)$는 각각 식 (5.23), (5.24)에 드러낸 계단 응답과 램프 응답이다.

5.4 임의의 가진에 대한 응답

주기성이 없는 임의의 가진에 대한 응답까지도 계산 가능한 방법에는 크게 **컨벌루션(convolution) 적분**, **라플라스 변환**(Laplace transformation) 그리고 수치 해석적 방법이 있다. 다음 절에 소개할 라플라스 변환 방법도 최종 단계에서는 결국 **보렐(Borel)의 정리**[11]에 따라 컨벌루션 적분을 수행하게 되므로 첫 번째와 두 번째는 상호 연관성이 있다. 한편 수치 해석적 방법은 그 둘과 사뭇 다르면서도 매우 유용하여 폭넓게 사용되므로 뒤의 5.7절 매틀랩 활용편에서 좀 더 알아보기로 하고, 여기서는 컨벌루션 적분에만 국한하여 살펴보자.

다음 그림에서와 같이 임의의 가진력을 미소 시간 간격으로 분할하여 보면 그 각각이 자기 면적에 해당하는 크기를 갖는 하나의 임펄스이며, 전체는 그들의 열(train)로 간주될 수 있다. 예를 들어 시간이 τ일 때는 크기가 $F(\tau)\Delta\tau$ 인 임펄스 즉, 충격량이 작용하며 따라서 그에 대한 시간 t일 때의 응답을 $\Delta x(t)$라고 표기할 때 그 응답은 다음 식과 같이 얻어진다.

$$\Delta x(t) = F(\tau)\Delta\tau\ g(t-\tau) \tag{5.25}$$

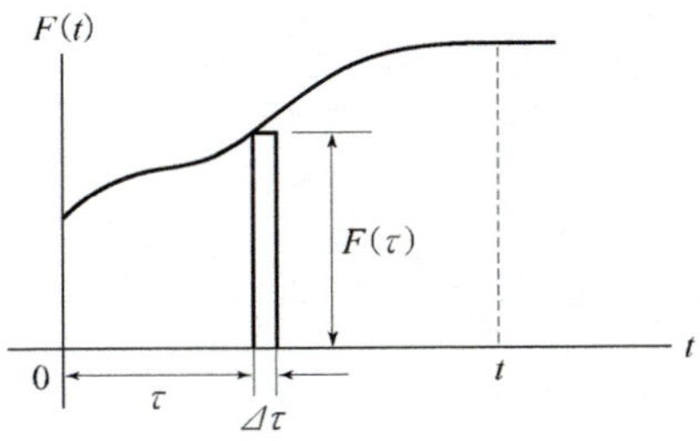

그림 5.12 임의적 가진력

시불변 선형계의 경우, 시간 t일 때의 최종적인 계의 응답은 그러한 개별 응답들의 합이

므로 'Δ'를 'd'로 바꾸고 식 (5.25)의 양변을 적분하면 해당 가진력에 의한 초기 변위가 0이므로

$$x(t) = \int_0^t F(\tau)g(t-\tau)d\tau \quad \text{또는} \quad \int_0^t F(t-\tau)g(\tau)d\tau \tag{5.26}$$

을 얻을 수 있다. 이때 우변에 나타난 형태의 적분을 컨벌루션 적분 또는 두하멜(Duhamel) 적분이라고 부른다. 따라서 비록 임의의 가진이라고 해도 그의 함수식을 알 수 있다면 계의 응답을 해석적으로 구할 수 있다. 참고로, 컨벌루션 적분 시에 두 피적분 함수의 인수(argument)인 τ와 $t-\tau$는 상호 교환적이며 이러한 사실은 변수의 치환에 의하여 쉽게 증명될 수 있다. 한편, 초기 조건에 의한 가진도 존재하는 경우에는 자유 응답 성분을 상기 식의 결과에 추가하여야 할 것이다.

예제 5.3 **가진력 $F(t) = F_0 \sin\omega t\, \mu(t)$이 질량에 직접 인가될 때 초기 조건이 0인 질량-스프링 계의 응답을 구하라.**

가진력의 함수가 주어졌으므로 다음과 같은 컨벌루션 적분에 의거하여 응답을 구할 수 있다.

$$x(t) = \int_0^t F(\tau)\, g(t-\tau)d\tau \tag{a}$$

위 식에 가진력과 함께 비감쇠 시의 임펄스 응답의 식

$$g(t) = \frac{1}{m\omega_d} e^{-\zeta\omega_n t} \sin\omega_d t\, \mu(t)\big|_{\zeta=0} = \frac{1}{m\omega_n} \sin\omega_n t\, \mu(t) \tag{b}$$

을 대입하여 계산하면 일련의 과정을 거쳐 식 (c)와 같은 결과를 얻을 수 있다.

$$\begin{aligned} x(t) &= \int_0^t F_0 \sin w\tau \mu(\tau) \frac{1}{mw_n} \sin w_n(t-\tau)\, \mu(t-\tau)d\tau \\ &= \int_0^t \frac{F_0}{mw_n} \sin w\tau \sin w_n(t-\tau)d\tau \\ &= \frac{F_0}{k[1-(\omega/\omega_n)^2]} (\sin\omega t - \frac{\omega}{\omega_n} \sin\omega_n t) \end{aligned} \tag{c}$$

한편, 상기 응답은 $t > 0$일 때만 존재하므로 최종적으로는 계의 응답을 다음 식과 같이 표현하는 것이 바람직하다.

$$x(t) = \frac{F_0}{k[1-(\omega/\omega_n)^2]} (\sin\omega t - \frac{\omega}{\omega_n} \sin\omega_n t)\, \mu(t) \tag{d}$$

5.5* 라플라스 변환에 의한 응답 계산

다분히 수학적인 방법이긴 하지만, 앞에서 다룬 비주기 가진에 대한 응답을 구하고자 할 때 **라플라스 변환**을 이용할 수도 있으며 그 경우 응답을 구하는 과정은 좀 더 조직적이다. 먼저, 라플라스 변환의 정의는 다음 식 (5.27)과 같으며 그에 따른 주요 시간 함수들의 변환식(transform)은 부록 D의 표와 같다.

$$F(s) = \mathcal{L}\,[f(t)] = \int_0^\infty f(t)e^{-st}dt \tag{5.27}$$

이러한 식들을 구하기 위하여 라플라스 변환은 이상(improper) 적분이긴 하지만, 피적분 시간 함수에 대응하여 적분 가능한 라플라스 변수 s의 영역이 항상 존재한다고 간주한다. 예를 들어, 시간 함수 $f(t)$가 단위 계단 함수인 경우에는 s의 실수부가 양수라고 전제한다. 이는 결국 라플라스 변환이 푸리에 변환과 유사하지만 시간 함수의 주파수 특성을 엄밀히 표현하지는 못하는 이유이기도 하다. 한편 라플라스 역변환은 다음 식과 같이 복소수인 s-평면상의 선적분으로 정의되나 그 계산이 복잡하므로 실제로는 변환식의 쌍을 이용한다.

$$f(t) = \frac{1}{2\pi i}\int_{\sigma - i\infty}^{\sigma + i\infty} F(s)e^{st}ds \tag{5.28}$$

이제 1-자유도 계의 **임펄스 응답**을 라플라스 변환에 의하여 구해보자. 상기 표 중 8번 항의 성질에 따라, 식 (5.2)의 양변을 초기 조건을 반영하여 라플라스 변환하면 대수 식 (5.29)와 그로부터 유도된 식 (5.30)을 얻을 수 있다.

$$m s^2 G(s) + c s G(s) + k G(s) = 1 \tag{5.29}$$

$$G(s) = 1/(m s^2 + c s + k) = (1/m)/(s^2 + 2\zeta w_n s + w_n^2) \tag{5.30}$$

위 변환식 $G(s)$는, 분모를 완전 제곱 식으로 표현하면

$$G(s) = \frac{1}{mw_d}\frac{w_d}{(s+\zeta w_n)^2 + w_d^2} \tag{5.31}$$

와 같아지며 그를 상기 표의 3, 4번 항을 이용하여 역변환하면 임펄스 응답의 시간함수를 다음 식과 같이 얻을 수 있다.

$$g(t) = \mathcal{L}^{-1}[G(s)] = \frac{1}{mw_d} e^{-\zeta w_n t} \sin w_d t \, \mu(t) \tag{5.32}$$

여기서 단위 계단 함수 $\mu(t)$가 우변에 곱해진 것은 양의 시간 구간(즉, $t > 0$)에서만 임펄스 응답이 나타남을 명시하기 위함이다.

한편, 저감쇠 1-자유도 계의 **계단 응답**은 초기 조건을 반영하여 다음 식을 라플라스 변환함으로써 구할 수 있다.

$$m\ddot{x} + c\dot{x} + kx = \mu(t) \tag{5.33}$$

그 경우 식 (5.34)를 거쳐 (5.35)에서와 같이 변환식 $X(s)$을 얻고 그를 식 (5.36)과 같이 부분 분수로 전개한 다음, 상기 표의 1, 4~6번 항을 적용하여 역변환하면 최종적으로 식 (5.37)과 같은 계단 응답이 얻어 진다.

$$ms^2X(s) + csX(s) + kX(s) = \frac{1}{s} \tag{5.34}$$

$$X(s) = 1/\{s(ms^2 + cs + k)\} = (1/m)/\{s(s^2 + 2\zeta w_n s + w_n^2)\} \tag{5.35}$$

$$X(s) = \frac{1}{k}\left\{\frac{1}{s} - \frac{s + \zeta w_n}{(s + \zeta w_n)^2 + w_d^2} - \frac{\zeta w_n}{(s + \zeta w_n)^2 + w_d^2}\right\} \tag{5.36}$$

$$x(t) = \mathscr{s}(t) = \frac{1}{k}[1 - e^{-\zeta\omega_n t}(\cos\omega_d t + \frac{\zeta\omega_n}{\omega_d}\sin\omega_d t)]\,\mu(t) \tag{5.37}$$

또한, 저감쇠 1-자유도 계의 **램프 응답** 역시 마찬가지 방법으로 식 (5.38)~(5.41)의 과정을 거쳐 (5.42)와 같이 구해질 수 있다. 특별히 식 (5.42)에 $\zeta = 0$을 대입하면 5.3절에서 유도한 비감쇠 계의 램프 응답에 관한 식 (5.24)와 정확히 일치함도 확인할 수 있다.

$$m\ddot{x} + c\dot{x} + kx = r(t) \tag{5.38}$$

$$ms^2X(s) + csX(s) + kX(s) = \frac{1}{s^2} \tag{5.39}$$

$$X(s) = 1/\{s^2(ms^2 + cs + k)\} = (1/m)/\{s^2(s^2 + 2\zeta w_n s + w_n^2)\} \tag{5.40}$$

$$X(s) = \frac{1}{m}\left\{-\frac{2\zeta/w_n^3}{s} + \frac{1/w_n^2}{s^2} + \frac{2\zeta(s + \zeta w_n)/w_n^3}{(s + \zeta w_n)^2 + w_d^2} + \frac{(2\zeta^2 - 1)/w_n^2}{(s + \zeta w_n)^2 + w_d^2}\right\} \tag{5.41}$$

$$x(t) = \eta(t) = \frac{1}{k}\left\{-\frac{2\zeta}{w_n}+t+e^{-\zeta\omega_n t}\left(\frac{2\zeta}{w_n}\cos\omega_d t + \frac{2\zeta^2-1}{\omega_d}\sin\omega_d t\right)\right\}\mu(t) \quad (5.42)$$

마지막으로, 임의의 가진력에 대한 1-자유도계의 응답을 라플라스 변환에 의하여 구하는 방법은 다음과 같다. 초기 조건이 0일 때 운동 방정식 (5.43)을 라플라스 변환하면 식 (5.44), (5.45)를 거쳐 (5.46)을 얻을 수 있다.

$$m\ddot{x}+c\dot{x}+kx = F(t) \quad (5.43)$$

$$ms^2X(s)+csX(s)+kX(s) = F(s) \quad (5.44)$$

$$X(s) = F(s)/(ms^2+cs+k) = (F(s)/m)/(s^2+2\zeta w_n s+w_n^2) \quad (5.45)$$

$$X(s) = F(s)G(s) \quad (5.46)$$

여기서 $G(s)$는 식 (5.30) 또는 (5.47)과 같은, 출력 변위와 입력 힘의 라플라스 변환의 비율로서 통상 **전달 함수**(transfer function)라고 불린다. 전달함수는 그 식의 s 대신에 iw를 대입하면 4장에서 다룬 무차원 주파수 응답 함수 $G(iw)$에 비례하는 값이 되며, 식 (5.32)가 의미하듯이 임펄스 응답의 라플라스 변환식과는 동일하다.

$$G(s) = \frac{1/m}{s^2+2\zeta w_n s+w_n^2} = \mathcal{L}\,[g(t)] \quad (5.47)$$

따라서, **보렐(Borel)의 정리**라고도 불리는, 상기 표내 10번 항의 성질에 따라 응답은 다음 식에서와 같이 가진력 $F(t)$와 임펄스 응답 $g(t)$의 컨벌루션 적분으로 구해진다.

$$x(t) = \int_0^t F(\tau)g(t-\tau)d\tau \;\triangleq\; F(t) * g(t) \quad (5.48)$$

5.6 진동 측정 장치

진동을 측정할 때 우리는 변위, 속도, 혹은 가속도를 그 대상으로 할 수 있으며, 그에 따라 진동계(vibrometer)를 각각 지진계, 속도계, 그리고 가속도계로 구분할 수 있다. 또한 진동계는 감지 방식에 따라서도 크게 접촉식과 비접촉식으로 분류된다. 그 중 접촉식은 진동하는 물체에 센서를 부착시키는 것으로 항공기나 선박의 관성 측정 장치(inertial measurement unit)가 그 부류에 속하며, 레이저 신호의 도플러 효과 등을 이용하여 진동체와는 거리적으로 떨어진 지점에서 측정하는 방식은 비접촉식에 해당한다. 여기서는 그 중 접촉식 센서에 대하여 알아보자.

접촉식 센서는 공통적으로 그림 5.13에 보인 바와 같이 케이스 내부에 검증(proof) 질량을 가지고 있으며 스프링은 물론이고 감쇠 효과를 갖는 요소도 포함될 수 있다. 검증 질량과 진동체 즉, 센서 케이스의 변위를 각각 $x(t)$, $y(t)$라고 할 때 계의 운동 방정식은 다음 식 (5.49)와 같이 구해진다.

$$m\ddot{x} + c(\dot{x} - \dot{y}) + k(x - y) = 0 \tag{5.49}$$

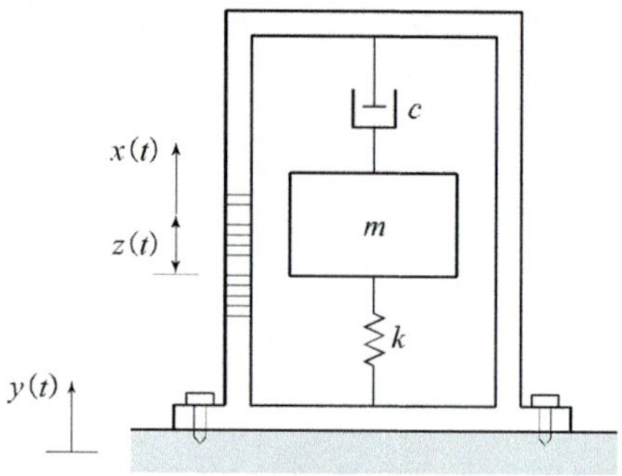

그림 5.13 접촉식 진동 센서

한편, 질량과 케이스 간의 상대변위를

$$z(t) = x(t) - y(t) \tag{5.50}$$

와 같이 정의하면 운동 방정식은 다음 식과 같이 재정리되어 센서의 입력 $y(t)$와 출력 $z(t)$의 관계를 잘 보여준다.

$$m\ddot{z} + c\dot{z} + kz = -m\ddot{y} \quad \text{또는} \quad \ddot{z} + 2\zeta w_n\dot{z} + w_n^2 z = -\ddot{y} \tag{5.51}$$

따라서, 만일 물체가

$$y = Y_0 \cos\omega t \tag{5.52}$$

와 같은 단순 조화 진동 중이라면 다음 식과 같은 출력을 예측할 수 있다.

$$z = Y_0\left(\frac{\omega}{\omega_n}\right)^2 |G(i\omega)| \cos(\omega t - \phi) = Z_0 \cos(\omega t - \phi) \tag{5.53}$$

여기서 $G(iw)$는 종래의 단일 자유도 질량-스프링-댐퍼 계의 FRF이다. 그러므로 출력의 진폭을 위 식에서와 같이 Z_0라고 표기할 때, 센서의 출력 대 입력의 진폭의 비는 식 (5.54)와 같다.

$$\frac{Z_0}{Y_0} = r^2 \,|\, G(i\omega) \,| \tag{5.54}$$

한편, 그를 주파수 축에 대하여 도시하면 그림 4.7 혹은 그의 중간 이하 부분만을 확대한 그림 5.14와 같은 데 그로부터 저주파 영역에서는 그 진폭의 비가 점선과 같은 포물선 r^2 즉, $(w/w_n)^2$에 수렴하며 고주파 영역에서는 1에 수렴함을 알 수 있다. 이는 곧 상기 구조의 센서가 고유 진동수의 크기에 따라 가속도계 혹은 지진계로서 사용될 수 있음을 의미한다.

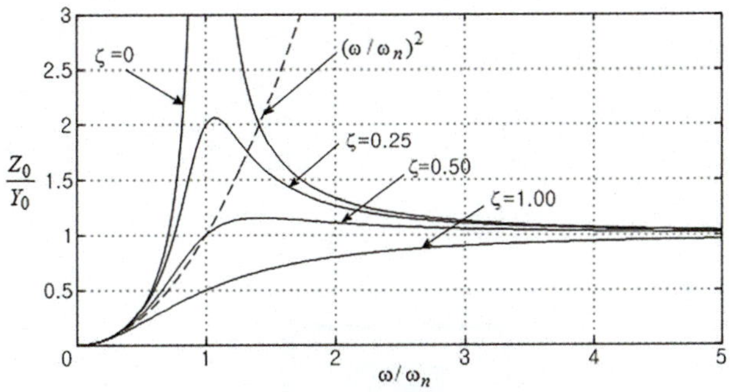

그림 5.14 가속도계의 상세한 주파수 응답 함수의 크기

그러한 맥락에서 가속도계의 특징에 대하여 부연 설명하면, 측정 가능 주파수 범위에 해당하는 상기 포물선의 영역을 크게 확보하기 위하여 가급적 높은 고유 진동수를 가져야 한다. 이에 작은 질량과 강한 스프링으로 구성되며 그 경우 다음 식이 성립되어 결국 출력이 입력 가속도의 진폭에 비례하게 된다. 감쇠율 측면에서는 $|\,G(iw)\,|$에 관한 그림 4.2의 저주파 영역을 확대한 그림 5.15에서 알 수 있듯이 $\zeta \cong 0.7$일 때 측정 주파수 범위 측면에서 가장 양호하다.

$$Z_0 \cong Y_0 (\frac{\omega}{\omega_n})^2 \tag{5.55}$$

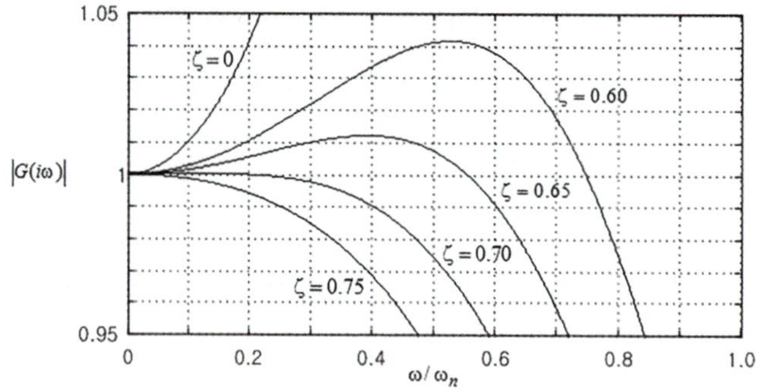

그림 5.15 가속도계의 측정 주파수 범위와 감쇠율의 관계

참고로, 그림 5.16은 실제 가속도계의 내부 구조를 설명하고 있다. 이 모델은 소형이며 압축형 압전식으로서 검증 질량과 압전 세라믹 변환기(transducer)로 구성되어 있고 측정 주파수의 범위는 0.5Hz~10 kHz이다. 예압에 의하여 압축되어 있는 압전체가 스프링의 역할을 하며 동시에 증폭기를 통하여 상대 변위 $z(t)$에 비례하는 전압을 출력한다. 한편, 최근 들어 멤스(micro–electric mechanical system) 형 가속도계도 많이 사용되고 있는데, 비교적 가격은 저렴하나 상대적으로 정밀도가 낮은 경향이 있다.

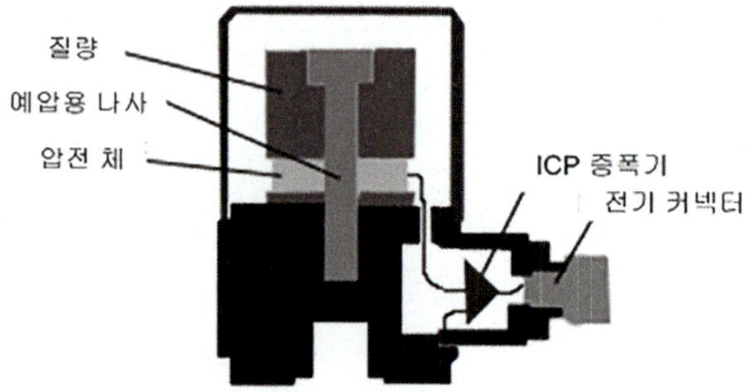

그림 5.16 압축형 압전식 가속도계의 구조 (출처: PCB사)

지진계의 경우는 그림 5.14의 고주파 영역을 최대한 확보하기 위하여 낮은 고유진동수를 가져야 한다. 이를 위하여 큰 검증 질량과 약한 스프링으로 구성되므로, 고주파 영역 (즉, $\omega > w_n$)에서의 진동에 검증 질량은 거의 움직이지 않으며, 식 (5.56)이 성립하여 결국 그 출력이 입력 변위에 비례한다. 또한, 그림 5.14의 고주파 부분을 확대한 다음 그림으로부터, $\zeta \cong 0.7$이고 $\omega/\omega_n > 5$이면 측정 오차가 거의 없을 것임을 알 수 있다.

$$Z_0 / Y_0 \cong 1 \tag{5.56}$$

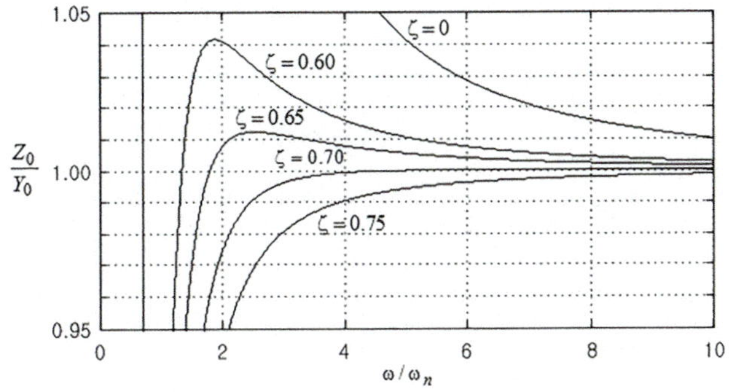

그림 5.17 지진계의 상세한 주파수 응답 함수의 크기

한편, 상기 구조를 갖는 장치의 출력 속도의 진폭과 입력 속도의 진폭의 비는 각각 식 (5.52)와 (5.53)의 시간 미분으로부터

$$\frac{\dot{z}(t)\text{의 진폭}}{\dot{y}(t)\text{의 진폭}} = \frac{Z_0}{Y_0} \tag{5.57}$$

임을 알 수 있다. 그러므로 그 값은 지진계에서와 마찬가지로 고주파 영역 ($w/w_n \gg 1$일 때)에서는 1에 수렴한다. 따라서 내부에 상대 속도 $\dot{z}(t)$을 감지하여 전기 신호로 출력할 수 있는 변환기를 채용한다면 해당 장치는 진동 속도를 측정할 수 있는 속도계가 된다.

진동 측정 센서는 성능 측면에서 논할 때 단일 주파수뿐만이 아니라 다중 주파수의 진동까지도 신호의 왜곡없이 감지할 수 있어야 한다. 일례로서 식 (5.58)과 같이 두 개의 주파수 성분을 갖는 진동을 상상해 보자.

$$y(t) = Y_1 \cos \omega_1 t + Y_2 \cos \omega_2 t \tag{5.58}$$

그 경우 진동체의 가속도는 식 (5.59)와 같고 이에 대한 가속도계 출력은 식 (5.53)에 의거하면 식 (5.60)과 같다.

$$\ddot{y}(t) = -Y_1 \omega_1^2 \cos \omega_1 t - Y_2 \omega_2^2 \cos \omega_2 t \tag{5.59}$$

$$z(t) = Y_1 (\frac{\omega_1}{\omega_n})^2 \cos(\omega_1 t - \phi_1) + Y_2 (\frac{\omega_2}{\omega_n})^2 \cos(\omega_2 t - \phi_2) \tag{5.60}$$

이 때 일반적으로는 $\phi_1 / w_1 \neq \phi_2 / w_2$이기에 두 주파수 성분의 지연시간이 서로 달라져 센서 출력 신호 $z(t)$가 실제 가속도 $\ddot{y}(t)$의 파형을 왜곡하는 현상이 발생할 수 있다. 그러나 만일 $\zeta = 0$이라면 위상 $\phi_1 = \phi_2 = 0$이므로 두 성분 모두 시간 지연이 없어 왜곡은 발생하지 않는다. 또한 $\zeta = 0.7$인 경우에도 기계 진동 신호들이 대부분 가속도계의 저주파 영역에 속하므로 그림 4.3에서 보듯이 $i = 1, 2$일 때 $\phi_i = c\,\omega_i$ 즉, 위상 지연이 주파수에 직선적으로 비례하여 다음 식이 성립하게 된다.

$$z(t) = Y_1\left(\frac{\omega_1}{\omega_n}\right)^2 \cos\omega_1(t-c) + Y_2\left(\frac{\omega_2}{\omega_n}\right)^2 \cos\omega_2(t-c) \tag{5.61}$$

따라서 두 성분이 동일 시간 c만큼씩 지연되면서 신호의 왜곡이 발생하지 않음을 예측할 수 있다.

예제 5.4 **고유 진동수 $w_n = 10^4$ rad/s이고 감쇠율 $\zeta = 0.7$인 가속도계로 2개의 주파수 성분을 갖는 주기적 진동 즉, $y = 10\cos 2t + \cos 20t$ mm을 감지할 때 신호 왜곡의 발생 여부를 확인하라.**

가속도와 가속도계의 출력 신호를 각각 식 (5.58), (5.60)에 근거하여 그림 5.18에 도시하였다. 그로부터 변위 신호에 비하여 가속도 신호는 고 주파수 성분의 비중이 크게 확대되며, $\zeta=0.7$일 때 거의 $\zeta=0$일 때의 신호와 겹쳐 측정 신호의 왜곡이 없음을 알 수 있다. 이는 사실상 본 예제의 경우 지연시간 $c \cong 0$이기 때문이다.

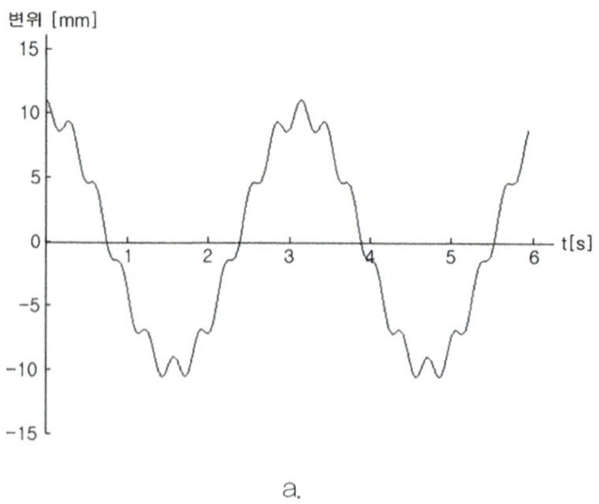

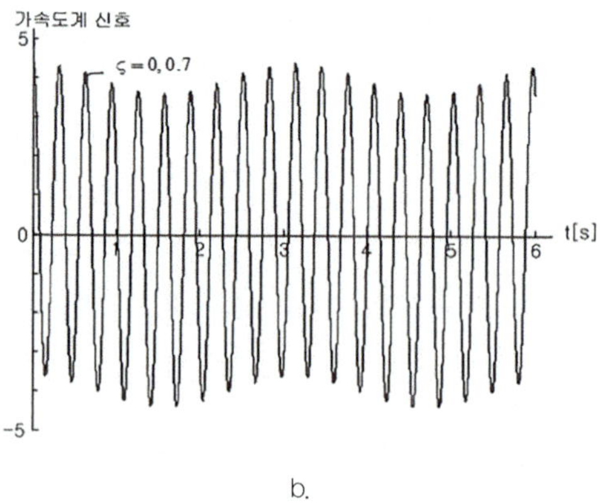

그림 5.18 a. 샘플 진동 변위, b. 가속도계 신호

우리는 사실상 지금까지 주기적 진동을 측정하는 경우만을 고려하였다. 그러나 진동 센서는 일반적인 비주기적 진동까지도 감지할 수 있다. 그 이유는 식 (5.51)을 다시 보면 알 수 있듯이, 비주기적인 진동의 경우 우변의 입력 항은 비주기적인 가진이 되며 이에 그 응답인 센서의 출력도 비주기적인 신호의 형태로 나타나기 때문이다. 다만, 센서의 종류에 따라 그 출력은 달라질 수 있다. 이를 직관적으로 설명하자면, 지진계의 경우에는 질량이 커서 상기 식 좌변의 항 중 관성력이 가장 우세하여 결국 $\ddot{z} \cong -\ddot{y}$ 즉 $z \cong -y$가 성립하고, 반대로 가속도계의 경우에는 스프링 힘이 가장 우세하여 $kz \cong -m\ddot{y}$ 즉 $z \cong -\ddot{y}/w_n^2$가 성립하기에 각각 변위와 가속도를 계측할 수 있는 것이다.

5.7 메틀랩 활용

여기에서는 운동 방정식 (5.62)가 의미하듯이 전형적인 1-자유도계의 질량에 직접 힘이 작용하는 경우로, 가진력이 그림 5.11과 같은 사다리꼴의 비주기 함수일 때 계의 응답을 수치 해석적으로 계산하고 도시하는 한 세트의 메틀랩 프로그램을 공개한다.

$$m\ddot{x} + c\dot{x} + kx = F(t) \tag{5.62}$$

이 세트는 주 프로그램과 부 프로그램으로 구성되어 있으며, 계의 운동 방정식을 풀기 위하여 대표적 수치 해석 알고리즘인 **룽게쿠타**(Runge Kutta)[13] 방법에 기초한 'ODE23'라는 명령어를 사용하고 있다. 또한, 그 명령어의 사용 문법에 맞도록 식 (5.63)과 같이 **상태 변수**를 정의하고 운동 방정식을 식 (5.64)와 같은 1차 연립 미분 방정식 형태인 **상태 방정식**으로 변환하여 부 프로그램 내에 코딩하였다.

$$y_1 = x, \;\; y_2 = \dot{x} \tag{5.63 a,b}$$

$$\dot{y}_1 = y_2, \;\; \dot{y}_2 = -\frac{c}{m}y_2 - \frac{k}{m}y_1 + \frac{F}{m} \tag{5.64 a,b}$$

계의 매개변수가 $m = 1$, $c = 10$, $k = 10^3$이고 가진력 관련 상수인 $F_0 = 2$, $T = 1$일 때, 프로그램의 실행 결과는 다음 그림 5.19와 같으며 이를 그림 5.11과 비교하면 부분적으로 과도상태가 존재하지만 계의 출력 변위가 가진력의 형상과 매우 흡사함을 알 수 있다.

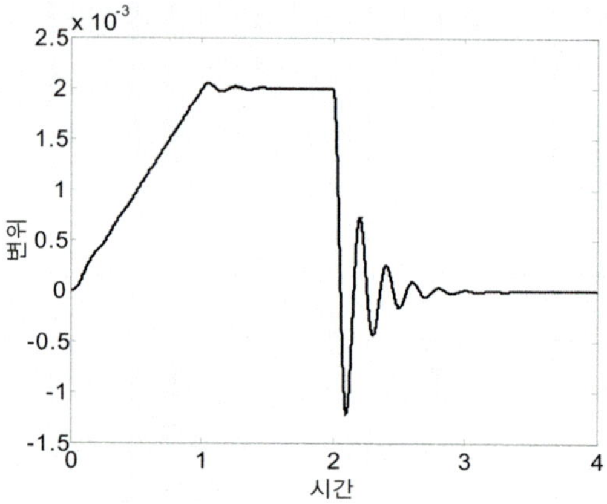

그림 5.19 변위 응답

프로그램 5.1 : 사다리꼴 가진력에 대한 저감쇠 1-자유도 계의 변위 응답 계산

```
% 계의 응답을 계산하고 도시하기 위한 주 프로그램

clear
clf
tspan=[0: 0.01: 4]; % 모사 시간의 범위
y0=[0; 0];          % 계의 초기 조건
[t,y]=ode23 ('sys1', tspan, y0);

figure;
plot(t, y(:,1))     % 변위 도시

xlabel('시간'); ylabel('변위');
title('Response to an aperoidic force')
% end

% 1-자유도 저감쇠 계의 운동 방정식을 계산하는 부 프로그램

function yd = sys1(t,y)
m=1; c=10; k=1000; % 계의 매개변수
F0=2; T=1;         % 가진력 관련 상수

if t<=T, F=F0/T*t;
elseif t<=2*T, F=F0;
else F=0;
end

yd=zeros(2,1);
yd(1)=y(2);
yd(2)=-c/m*y(2)-k/m*y(1)+F/m;
```

5.8 요약

이 장에서는 1-자유도 계의 응답 중 비주기적 가진에 의한 강제 진동을 다루었다. 이를 위하여 1~3절을 통하여 먼저 임펄스, 계단, 램프 등 특이 함수 형태의 입력에 대한 응답을 구하는 방법에 대하여 알아보았으며, 4절에서는 임펄스 응답 함수를 바탕으로 컨벌루션 적분에 의하여 임의의 가진에 대한 응답까지도 구하는 방법을 학습하였다.

한편, 5절에서는 라플라스 변환에 의하여 보다 수학적으로 계의 응답을 구하는 방법을 소개하여 전술한 방법과의 장/단점을 비교할 수 있게 하였다. 그 다음 6절에서는 접촉식 진동 측정 장치의 종류, 동작 원리 및 특징에 관한 내용을 자세히 살펴보았다. 마지막 7절에서는, 임의의 가진에 대한 응답을 수치 해석적으로 계산할 수 있는 메틀랩 프로그램의 예와 그 실행 결과를 공개하였다.

연습문제

5.1 다음 보기 중 접촉식 가속도계의 특징으로 옳지 않은 것은?

① 일반적으로 낮은 고유 진동수를 갖는다.

② 센서 케이스의 가속도에 비례하는 출력을 낸다.

③ 감쇠율이 약 0.7일 때 유용성이 크다.

④ 일반적으로 소형이다.

5.2 그림과 같은 상자가 초기 높이 h에서 자유 낙하하는 동안과 착지 이후의 (a) 내부 질량의 운동 방정식, (b) 응답 $x(t)$를 각각 구하라. 단, 계는 저감쇠, $x(t)$는 상자 바닥으로부터 높이가 d인 스프링의 변형전 위치를 기준으로 하는 질량의 변위, $|x| < d$, 상자의 질량은 무시하며 상자와 지면은 완전 소성 충돌하고, 중력 가속도는 g이다.

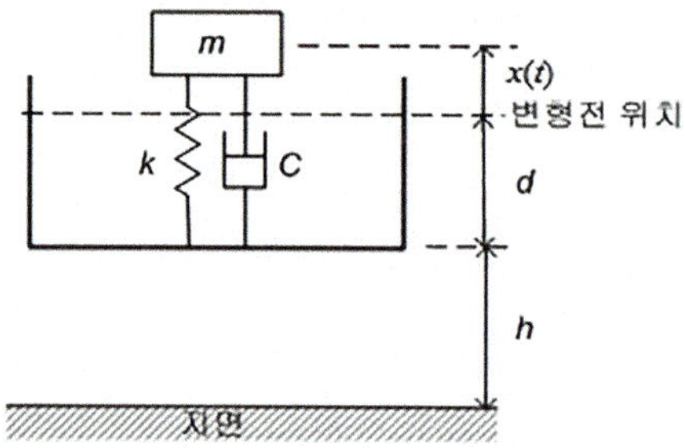

그림 P5.2

5.3 운동 방정식이 $\ddot{x}+4x=F(t)$인 계에 단위 임펄스 함수 형태의 힘이 가해질 때 응답 즉, 임펄스 응답의 진폭을 구하라.

5.4 그림과 같은 사각 펄스 $F(t)$를 단위 계단함수를 이용하여 표현하라.

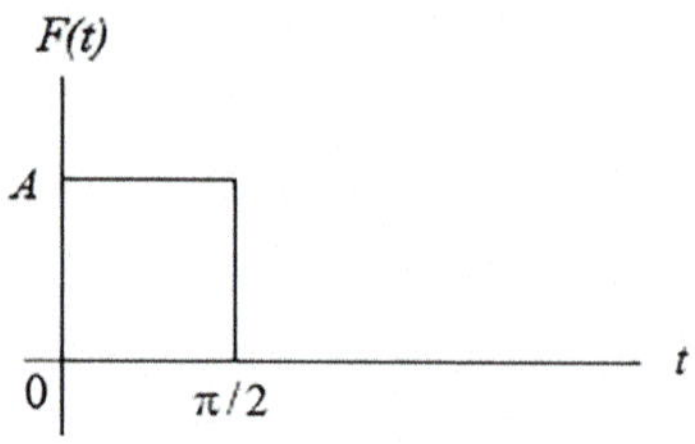

그림 P5.4

5.5 문제 5.4의 $F(t)$가 $\ddot{x}+4x=F(t)$인 계의 질량에 가진력으로 작용할 때, 계의 시간 응답을 구하라. 단, 계의 초기 조건은 0이다.

5.6 다음의 진술이 맞으면 T, 틀리면 F로 답하라. (a) 접촉식 가속도계는 일반적으로 높은 고유 진동수를 갖는다, (b) 계단 응답이란 초기조건 = 0인 상태에서 입력된 단위 계단함수 형태의 힘에 대한 계의 응답으로서, 램프 응답을 적분한 것과 같다, (c) 컨벌루션 적분을 이용하여 응답을 구하려면 먼저 계의 임펄스 응답을 알아야 한다.

5.7 문제 1.5의 단진자의 경우, $x(t)$의 가속도 패턴이 그림과 같은 사각 펄스일 때의 시간 응답 $\theta(t)$를 구하라. 단, $\theta(t)$의 크기는 충분히 작으며 초기 변위와 속도는 모두 0이다.

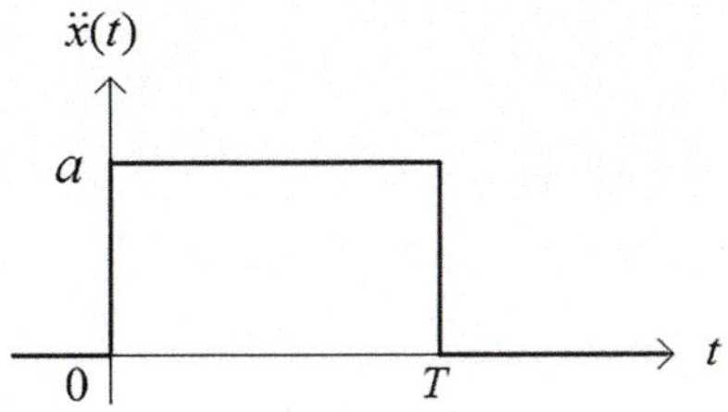

그림 P5.7

5.8 그림에서와 같이 질량 m인 차량이 높이가 H인 사각형 턱을 포함한 지형을 일정한 수평 방향 속도 v로 주행할 때, 다음 질문에 답하라. (a) 정적 평형 상태를 기준으로 하는 질량의 수직 변위 z에 관한 운동 방정식을 구하라, (b) 계의 주파수 응답 함수 (FRF)를 구하고, 그 크기와 위상 선도를 주파수 축에 도시하라, (c) 차량의 초기 위치가 원점이라고 할 때, 시간 응답 z(t)를 구하라. 단, 바퀴와 지면은 항상 접촉한다고 가정한다.

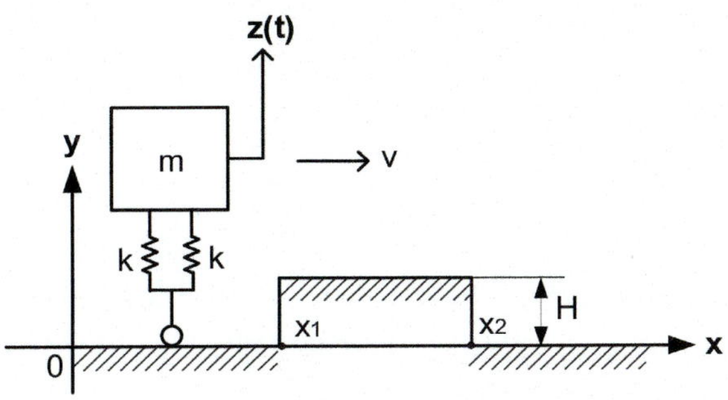

그림 P5.8

5.9 계의 운동 방정식이 $m\ddot{x}+c\dot{x}+kx=kf(t)$이고, 등가 변위 $f(t)$가 기울기 = A/T인 램프 함수일 때의 응답 $x(t)$를 컨벌루션 적분으로 구하라.

5.10 1−자유도 질량−스프링 계에서 갑자기 계단 형상으로 질량에 가해진 하중에 의하여 발생되는 최대 변위는 정적 하중에 의한 변위의 몇 배인가?

5.11 운동 방정식이 $\ddot{x}+x=F(t)$인 계와 관련하여 (a) 힘 $F(t)$의 단위 계단함수에 의한 표현, (b) $F(t)$에 의한 시간 응답 $x(t)$, (c) 시간 $t=1.5\,T_0$일 때의 변위를 구하라. 초기 조건은 0이다.

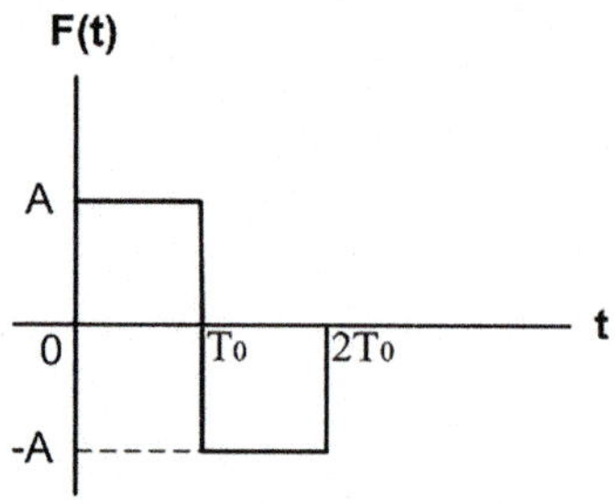

그림 P5.11

5.12 운동 방정식이 $m\ddot{x}+c\dot{x}+kx=kf(t)$이고, 등가 변위 $f(t)$가 삼각 펄스일 때 응답 $x(t)$를 구하라.

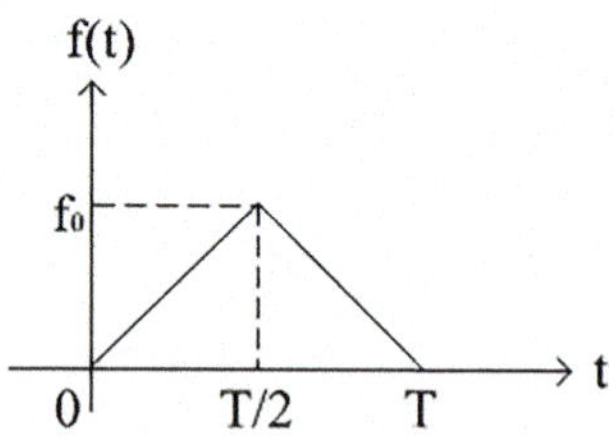

그림 P5.12

5.13 감쇠가 없는 가속도계의 경우, 측정 오차가 0.5% 이하가 되려면 최대 측정 주파수는 고유진동수의 몇 % 이내이어야 하는가? 단, 가속도계의 FRF를 $G(iw)$라고 할 때 크기 측정 오차는 $|1-|G(iw)||$로 정의한다.

5.14 검증 질량, 스프링 상수, 감쇠율이 각각 10 g, 3.95×10^7 N/m, 0.2인 가속도계로 주파수가 13,700 rad/s인 조화 진동을 측정할 때 발생하는 크기 측정 오차와 위상 오차를 구하라. 단, 가속도계의 FRF를 $G(iw)$ 그리고 그의 위상을 $-\phi$라고 할 때, 크기 측정 오차와 위상 오차는 각각 $|1-|G(iw)||$와 ϕ로 정의한다.

5.15 비감쇠이고 질량과 스프링 상수가 각각 0.25 kg, 250 N/m인 지진계가 있다. 측정 오차를 15%이하로 유지하려면 이 지진계가 측정할 수 있는 최소 진동 주파수는 얼마인가? 단, 지진계의 FRF를 $G(iw)$, 무차원 주파수 $r = w/w_n$이라고 할 때 측정 오차는 $|1-r^2|G(iw)||$로 정의한다.

5.16 고유 진동수가 w_n인 1-자유도 질량-스프링 계의 기초가 단위 계단 함수로 변위를 일으킬 때, 계의 변위 응답을 구하라.

5.17 질량과 스프링 상수가 각각 100 kg, $2500\pi^2$ N/m인 1-자유도 계의 질량에 직접 작용하는 힘이 그림에서와 같이 0.4초 간격의 단위 임펄스의 열일 때 계의 변위 응답 $x(t)$를 구하라.

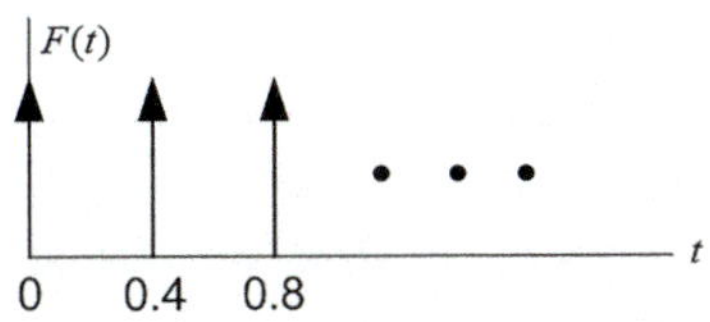

그림 P5.17

5.18 질량이 m인 물체가 로프 끝에 달린 채 수면 위 높이 h인 지점에서 자유 낙하할 때 물체가 경험하는 (a) 최대 변위, (b) 최대 외력의 크기를 구하고, (c) 그 물체가 수면에 닿지 않기 위한 로프의 자유 길이 l의 최대치를 구하라. 단, 로프의 스프링 상수는 k, 중력 가속도는 g, $mg/k \ll l < h$이다.

5.19 차에 분쇄 구역을 설치함으로써 시속 60 km로 달리던 차가 충돌하여 정지할 때까지 소요되는 시간을 종전의 0.07초에서 0.28초로 늘릴 수 있었다. 그렇다면 그 때 운전자가 느끼는 평균 감속도는 과거에 비해 얼마나 감소하겠는가?

5.20 그림과 같이 질량이 m인 물체가 높이 h에서 자유 낙하하여 접시위에 떨어지고 그 접시 아래에는 스프링 상수가 k인 지지대가 붙어 있다면 그 물체가 운동 중 갖게 될 최대 가속도를 구하라. 중력 가속도는 g이다.

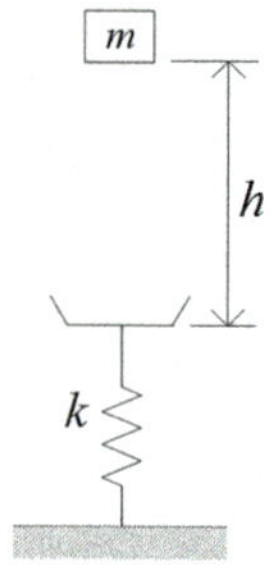

그림 P5.20

5.21 계란을 탄성 지지대가 붙어 있는 용기에 떨어뜨릴 때 깨지지 않는 최대 높이가 2 m라고 하자. 만일 그 높이를 두 배로 증가시키고자 한다면, 용기 아래 탄성 지지대의 스프링 상수를 기존 값의 몇 배로 변경해야 할까?

5.22 물체의 질량을 감소시키면 탄성 표면위에 낙하시켰을 때 겪게 되는 최대 가속도는 어떻게 달라지는가?

5.23 그림과 같이 지속 시간이 $T/2$이고 크기가 F_0인 사각 펄스가 1-자유도 비감쇠 계의 질량 m에 직접 힘으로 작용할 때 변위의 최대치와 정적 변형의 비 즉, $x_{\max}/(F_0/k)$을 T/T_n의 함수로 구하여 T/T_n 축에 대하여 도시하라. x는 계의 변위, k는 스프링 상수, T_n은 고유 주기이다. (참고: 이와 같이 도시되는 선도를 **응답 스펙트럼**(response spectrum 또는 shock spectrum)[17]이라고 한다.) (메틀랩 사용 권장)

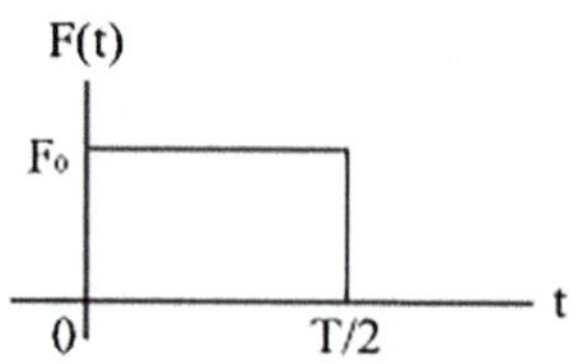

그림 P5.23

5.24 그림과 같은 형태의 힘이 1-자유도 비감쇠 계의 질량에 직접 작용할 때, 문제 5.23에서와 같이 무차원 변위의 응답 스펙트럼을 도시하라. (메틀랩 사용 권장)

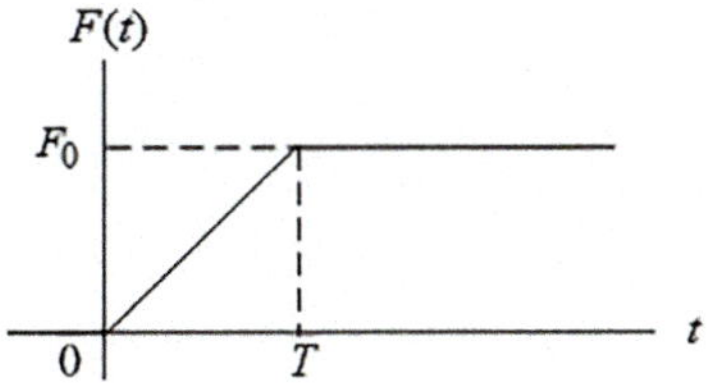

그림 P5.24

06 다자유도 계

지금까지는 1-자유도 계에 국한하여 다양한 진동 특성들을 다루었으나, 본 장에서는 그 대상을 확장하여 운동 자유도 수가 2 이상인 다자유도 계에 관하여 살펴봄으로써 실제 진동 현상에 대한 이해와 분석력이 한층 더 강화될 것으로 기대한다.

6.1 계의 형태

공간 내에서 하나의 강체가 가질 수 있는 운동 자유도 수는 최대 6개이므로 어떤 계에 포함된 강체의 개수가 m이라면 운동에 관한 구속 조건이 없을 때 그 계의 자유도 수는 총 $6m$ 개까지 가능하다. 따라서 일반적으로 계의 운동 자유도 수는 1~$6m$이지만 그 사이의 어떤 특정 값을 n이라고 해 보자. 이러한 n-자유도 계의 운동은 아래 그림에서와 같이 변위 x_1부터 x_n까지의 좌표축으로 구성되어 전체적 진동 형상을 표현할 수 있는 소위 **형태(configuration) 공간** 내에서 하나의 궤적을 그리게 된다. 그러므로 시간 t에서의 계의 형태 벡터 $\boldsymbol{x}(t)$는 다음 식 (6.1)과 같이 그 순간의 좌표 성분을 요소로 갖는 nx1 열(column) 행렬로도 표현될 수 있다. 이후부터 열 행렬은 굵은 글씨체의 소문자, 그리고 사각 행렬은 대문자로 표현하기로 한다.

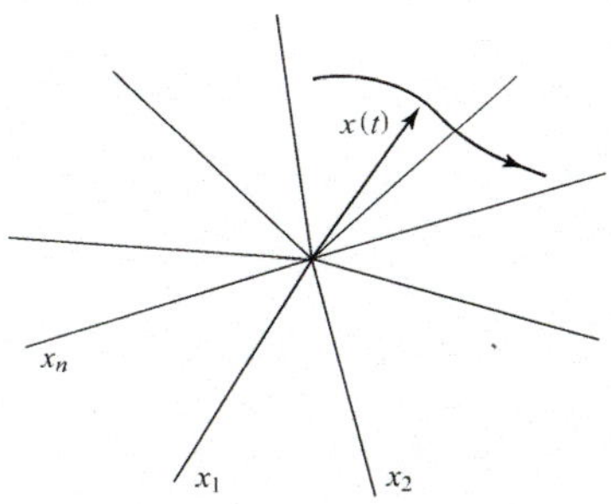

그림 6.1 형태 공간 내에서의 운동의 표현

$$\boldsymbol{x}(t) = [x_1(t), x_2(t), \cdots, x_n(t)]^T \tag{6.1}$$

만일 계를 구성하는 각 질점의 자유도가 1이고 그러한 질점의 개수가 n이라면 $x_i(t)$는

i-번째 질점 m_i의 변위가 될 것이다. 예를 들어 줄의 상하 진동을 그림 6.2에서와 같이 n-자유도의 모델로 이산화 하는 경우가 그에 해당한다. 모델 내 각 질점들은 시간이 경과함에 따라, 제각기 요동을 할 수 있지만 특별히 과도 상태 이후 주기성이 확보된다면 계의 거동은 상기 형태 공간 내에서 하나의 폐곡선을 그리게 된다(n=3인 경우 그림 6.3 참조).

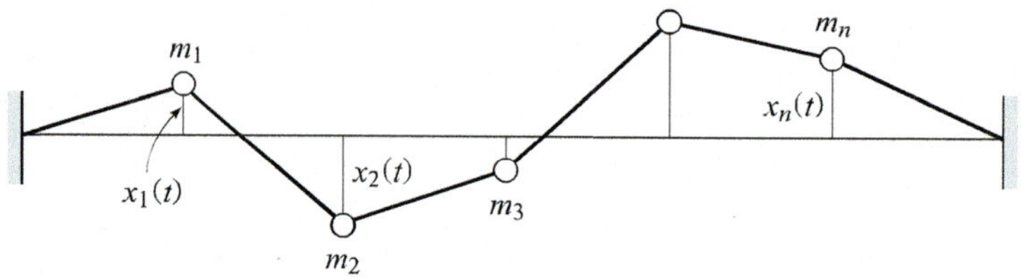

그림 6.2 임의의 순간에 n-자유도 계가 갖는 변위 패턴

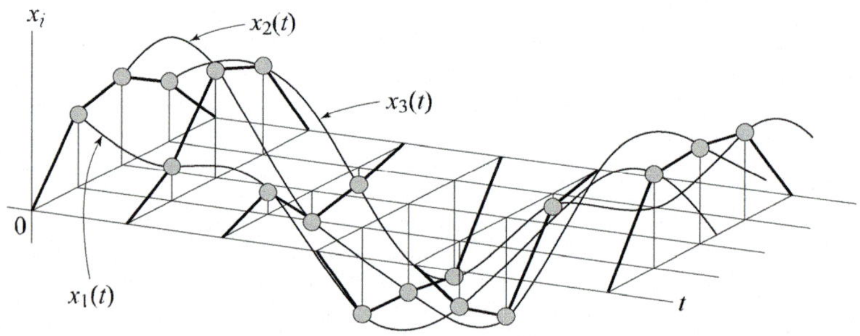

그림 6.3 변위 패턴의 시간 경과에 따른 추이

6.2 다자유도 계의 운동 방정식

이 절에서는 n=2인 다자유도 계의 운동 방정식을 유도해 보자. 먼저, 다음 그림 6.4의 a에서와 같이 팽팽하게 당겨진 줄의 진동을 분석하기 위하여 줄의 질량을 두개의 질점으로 이산화 한 경우를 고려한다.

이 때 변위 x_1과 x_2는 줄의 변형 이전 상태를 기준으로 한 수직 방향 진동 변위이며 그 크기가 줄의 길이에 비하여 충분히 작다면, 줄의 장력 T는 시간이나 위치에 관계없이 일정하다고 가정할 수 있다. 이에 동 그림의 b에 도시된 자유 물체도를 참조하고 수직 방향으로 각 질점에 대하여 뉴톤 법칙을 적용하면 다음 식을 얻을 수 있다.

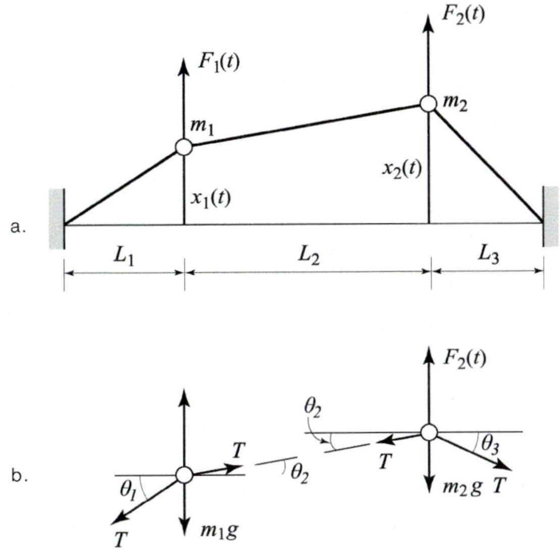

그림 6.4 a. 줄 위의 두 개의 질량, b. 자유 물체도

$$F_1 - T\sin\theta_1 + T\sin\theta_2 - m_1 g = m_1\ddot{x}_1,\ F_2 - T\sin\theta_2 - T\sin\theta_3 - m_2 g = m_2\ddot{x}_2 \qquad (6.2\text{ a,b})$$

한편, 주어진 가정에 따라 기하학적으로

$$\sin\theta_1 = \frac{x_1}{\sqrt{L_1^2 + x_1^2}} \cong \frac{x_1}{L_1},\ \sin\theta_2 = \frac{x_2 - x_1}{\sqrt{L_2^2 + (x_2 - x_1)^2}} \cong \frac{x_2 - x_1}{L_2},$$

$$\sin\theta_3 = \frac{x_2}{\sqrt{L_3^2 + x_2^2}} \cong \frac{x_2}{L_3} \qquad (6.3\text{ a,b,c})$$

이 성립하므로 위 식 (6.2)는

$$m_1\ddot{x}_1 + \left(\frac{T}{L_1} + \frac{T}{L_2}\right)x_1 - \frac{T}{L_2}x_2 = F_1 - m_1 g \qquad (6.4\text{ a})$$

$$m_2\ddot{x}_2 - \frac{T}{L_2}x_1 + \left(\frac{T}{L_2} + \frac{T}{L_3}\right)x_2 = F_2 - m_2 g \qquad (6.4\text{ b})$$

와 같은 2개의 선형 연립 미분 방정식으로 귀결된다.

만일 변위 x_1과 x_2에는 중력에 의한 정적 변위가 섞여 있으므로 순수한 동적 변위에만 관심이 있다면, 정적 변위를 구하여 그들을 공제할 필요가 있다. 이에 먼저 중력에 의한 정적 평형 상태를 고려하면 그 때 변위는 일정할 것이므로 식 (6.4)에서 외력 F_i 뿐만 아니라 2차 미분항은 사라진다. 이에 정적 변위를 특별히 $x_{ei}(i=1,2)$라고 표기하면 다음과 같은 대수 방정식을 얻는다.

$$\begin{cases} \left(\dfrac{T}{L_1}+\dfrac{T}{L_2}\right)x_{e1}-\dfrac{T}{L_2}x_{e2}=-m_1g \\ -\dfrac{T}{L_2}x_{e1}+\left(\dfrac{T}{L_2}+\dfrac{T}{L_3}\right)x_{e2}=-m_2g \end{cases} \tag{6.5 a,b}$$

또한 동적 변위를 $\widetilde{x_i}$로 표기하는 경우, 전체 변위는

$$x_1 \equiv x_{e1}+\widetilde{x_1}, \quad x_2 \equiv x_{e2}+\widetilde{x_2} \tag{6.6 a,b}$$

와 같이 표현될 수 있다. 이를 운동방정식 (6.4)에 대입하고 연산하면 x_{ei}의 미분값은 0이고 그들 사이에 식 (6.5)의 관계가 성립하므로 순수 진동 변위 만에 관한 운동 방정식은 다음과 같이 얻어진다.

$$\begin{cases} m_1\ddot{\widetilde{x_1}}+\left(\dfrac{T}{L_1}+\dfrac{T}{L_2}\right)\widetilde{x_1}-\dfrac{T}{L_2}\widetilde{x_2}=F_1 \\ m_2\ddot{\widetilde{x_2}}-\dfrac{T}{L_2}\widetilde{x_1}+\left(\dfrac{T}{L_2}+\dfrac{T}{L_3}\right)\widetilde{x_2}=F_2 \end{cases} \tag{6.7 a,b}$$

위 식을 1-자유도 계의 경우와 비교해 볼 때, 장력 T가 스프링의 역할을 하며 이에 장력이 클수록 그리고 길이가 짧을수록 강성 계수가 증가할 것임을 알 수 있다. 이는 곧 현악기에서 길이가 고정된 경우라면 줄을 팽팽히 감을수록 튕길 때 더 높은 소리가 나는 이유이다.

다음으로 그림 6.5와 같은 2-자유도 계에 대하여 살펴보자. 먼저 운동 방정식을 유도하기 위하여 동 그림의 b와 같은 자유 물체도를 그리고, 뉴톤 법칙을 각 질량에 적용하면 식 (6.8)과 더 나아가 그를 정리한 식 (6.9)를 얻을 수 있다.

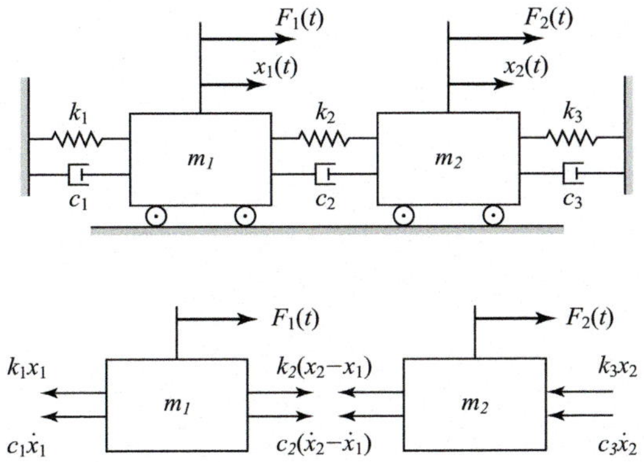

그림 6.5 a. 수평 방향으로 진동하는 2-자유도 감쇠 계, b. 자유 물체도

$$F_1 - k_1x_1 - c_1\dot{x}_1 - k_2(x_1 - x_2) - c_2(\dot{x}_1 - \dot{x}_2) = m_1\ddot{x}_1 \tag{6.8 a}$$

$$F_2 - k_3x_2 - c_3\dot{x}_2 - k_2(x_2 - x_1) - c_2(\dot{x}_2 - \dot{x}_1) = m_2\ddot{x}_2 \tag{6.8 b}$$

$$\begin{cases} m_1\ddot{x}_1 + (c_1 + c_2)\dot{x}_1 - c_2\dot{x}_2 + (k_1 + k_2)x_1 - k_2x_2 = F_1 \\ m_2\ddot{x}_2 - c_2\dot{x}_1 + (c_2 + c_3)\dot{x}_2 - k_2x_1 + (k_2 + k_3)x_2 = F_2 \end{cases} \tag{6.9 a,b}$$

위 식을 다시 행렬을 이용한 방정식으로 표시하면

$$M\ddot{\boldsymbol{x}} + C\dot{\boldsymbol{x}} + K\boldsymbol{x} = \boldsymbol{F} \tag{6.10}$$

와 같은 형태가 되며, 이때의 계수 M, C, K를 각각 계의 **질량, 감쇠, 강성 행렬**이라 부른다. 예를 들어, 식 (6.7)의 경우 그들 계수 행렬은 식 (6.11)과 같으며 식 (6.9)의 경우에는 (6.12)와 같다.

$$M = \begin{bmatrix} m_1 & 0 \\ 0 & m_2 \end{bmatrix},\ C = \begin{bmatrix} 0 & 0 \\ 0 & 0 \end{bmatrix},\ K = \begin{bmatrix} \left(\dfrac{T}{L_1} + \dfrac{T}{L_2}\right) & -\dfrac{T}{L_2} \\ -\dfrac{T}{L_2} & \left(\dfrac{T}{L_2} + \dfrac{T}{L_3}\right) \end{bmatrix} \tag{6.11 a,b,c}$$

$$M = \begin{bmatrix} m_1 & 0 \\ 0 & m_2 \end{bmatrix},\ C = \begin{bmatrix} c_1 + c_2 & -c_2 \\ -c_2 & c_2 + c_3 \end{bmatrix},\ K = \begin{bmatrix} k_1 + k_2 & -k_2 \\ -k_2 & k_2 + k_3 \end{bmatrix} \tag{6.12 a,b,c}$$

또한, 그로부터 다음 식에 나타낸 바와 같이 그 행렬들이 항상 대칭 행렬이라는 사실도 확인 가능하다.

$$M = M^T,\ K = K^T,\ C = C^T \qquad (6.13\ \text{a,b,c})$$

6.3 비감쇠 계의 고유해

이 절에서는 전형적으로 다음 식과 같이 표현되는 비감쇠 계의 자유 진동을 다룬다.

$$M\ddot{\boldsymbol{x}} + K\boldsymbol{x} = 0 \qquad (6.14)$$

그러한 계의 응답 즉, 상기 미분방정식의 제차 해를 구하는 방법은 사실상 1-자유도 계의 경우와 대동소이하다. 즉, 다음 식 (6.15)를 (6.14)에 대입하되 다만, 해 $\boldsymbol{x}$가 벡터이므로 우변의 $\boldsymbol{u}$도 벡터가 되어야 한다는 사실만 다를 뿐이다.

$$\boldsymbol{x}(t) = \boldsymbol{u}\, e^{st} \qquad (6.15)$$

이는 물리적 관점에서 볼 때, 각 운동 자유도가 서로 크기나 방향은 다를 수 있으나 동일한 시간 함수로 거동한다고 간주하는 소위 동기 운동을 가정한 것이다.

한편, 비감쇠 1-자유도 계의 자유 진동에서 보았듯이 n-자유도 계의 경우도 역시 고유 주파수로 조화 운동을 할 것이므로 상기 시간 함수 e^{st}는 결국 사인형 함수로 귀결된다. 이에 해를

$$\boldsymbol{x}(t) = \boldsymbol{u}\cos(\omega_n t - \phi) \qquad (6.16)$$

와 같이 가정하여 운동 방정식에 대입하고 시간 함수가 항상 0인 경우를 배제하면 식 (6.17)을 얻을 수 있는데, 이런 식을 특별히 (일반화) (대수) **고유치 문제**(eigenvalue problem)라고 부른다.

$$K\boldsymbol{u} = \lambda M\boldsymbol{u} \quad \text{또는} \quad (K - \lambda M)\boldsymbol{u} = 0 \qquad (6.17)$$

여기에 관련된 $\lambda\,(=\omega_n^2)$는 **고유치**, $\boldsymbol{u}$ 는 **고유 벡터**라고 부르는 데 특별히 후자는 **고유 진동 모드**의 형상을 나타내므로 **모드 벡터**라고도 부른다.

위 식 (6.17)에서 고유 벡터 역시 항상 0인 경우는 배제한다는 점을 반영하면 $(K - \lambda M)$ 행렬이 특이(singular) 행렬이어야 하므로 다음 식, 소위 **특성**(혹은 **주파수**) **방정식**을 얻을 수 있다.

$$\left|K - \omega_n^2 M\right| = 0 \qquad (6.18)$$

위와 같은 특성 방정식은 결국 ω_n^2에 관한 n차 대수 방정식이므로 그로부터 n개의 고유 진동수 $w_{ni}(i=1,2,...,n)$을 구할 수 있고, 순차적으로 그 중 i–번째 값을 고유치 문제에 대입하여 그로부터 i–번째 고유 벡터 $\boldsymbol{u}_i$를 구할 수 있다. 단, 이 때 고유 벡터의 경우 그 구성 요소의 상대적 크기는 알 수 있지만 절대 크기는 알 수 없다. 이는 $(K-\lambda M)$이 특이 행렬이어서 선형적으로 독립된 행의 개수가 n보다 적기 때문이다. 따라서 고유 벡터의 크기를 표현될 때에는 어떤 방식이든 **정규화** 과정이 수반된다.

궁극적으로, 응답은 계가 선형이므로 다음 식에서와 같이 전술한 고유 진동수와 고유 벡터의 쌍들을 모두 중첩하여 구하게 된다. 이 때 각 모드의 가중치 C_i와 초기 위상 ϕ_i는 명백히 초기 조건에 의존한다.

$$\boldsymbol{x} = \sum_{i=1}^{n} C_i \boldsymbol{u}_i \cos(\omega_{ni} t - \phi_i) \tag{6.19}$$

예제 6.1 **그림 6.4와 같은 2–자유도 줄 모델의 고유 진동 모드를 구하라.** $m_1 = m$, $m_2 = 2m$, $L_1 = L_2 = L$, $L_3 = L/2$**이다.**

계의 순수 진동에 관한 운동 방정식이 이미 식 (6.10)과 (6.11)에 유도되어 있으므로, 가진력을 제거하고 주어진 매개변수 조건을 반영하면 운동 방정식은 다음과 같다.

$$M\ddot{\boldsymbol{x}} + K\boldsymbol{x} = \mathbf{0} \tag{a}$$

여기서

$$M = m\begin{bmatrix} 1 & 0 \\ 0 & 2 \end{bmatrix}, \quad K = \frac{T}{L}\begin{bmatrix} 2 & -1 \\ -1 & 3 \end{bmatrix} \tag{b}$$

이다. 해당 고유치 문제와 특성 방정식은 각각 식 (6.17), (6.18)과 같으므로 먼저 특성 방정식을 전개하면 편의상 $\lambda = w_n^2 mL/T$라고 할 때 다음과 같다.

$$\begin{vmatrix} 2-\lambda & -1 \\ -1 & 3-2\lambda \end{vmatrix} = 0 \quad \text{또는} \quad (2\lambda-5)(\lambda-1) = 0 \tag{c}$$

그러므로 식 (d)와 같이 두 개의 고유치가 구해지고, 그로 부터 물리적으로 유의미한 양수만 취하면 식 (e)와 같이 1, 2차 고유 진동수도 구해진다.

$$\lambda = 1, \frac{5}{2} \tag{d}$$

$$\omega_{n1} = \sqrt{\frac{T}{mL}}, \quad \omega_{n2} = \sqrt{\frac{5T}{2mL}} = 1.581139\sqrt{\frac{T}{mL}} \tag{e}$$

한편, 고유치 문제 식 (6.17)을 이 예제에 맞추어 명시하면

$$\begin{bmatrix} 2-\lambda_i & -1 \\ -1 & 3-2\lambda_i \end{bmatrix} \begin{Bmatrix} u_{1i} \\ u_{2i} \end{Bmatrix} = 0 \tag{f}$$

와 같다. 따라서 $\lambda_1 = 1$을 식 (f)에 대입하면 다음과 같은 1개의 독립된 식만을 얻는다.

$$u_{11} - u_{21} = 0 \tag{g}$$

마찬가지로 $\lambda_2 = 5/2$인 경우에도 다음과 같은 1개의 식만을 얻게 된다.

$$u_{12} + 2u_{22} = 0 \tag{h}$$

따라서 첫 번째 요소를 1로 만드는 정규화를 시행하면 1, 2차 모드 벡터는 다음과 같이 구해진다.

$$\boldsymbol{u}_1 = \begin{Bmatrix} 1 \\ 1 \end{Bmatrix}, \quad \boldsymbol{u}_2 = \begin{Bmatrix} 1 \\ -0.5 \end{Bmatrix} \tag{i}$$

다음 그림은 상기 고유 진동 모드를 가시화한 것이다. 그 중 1차 모드는 두 질점이 같은 크기, 같은 방향으로 진동하지만 2차 모드에서는 두 질점의 운동의 크기가 다르고 방향도 반대이다. 이에 따라 두 질점 사이에도 양단의 지지점처럼 정지 점이 존재하게 되며 이런 점을 절점(node)이라고 한다. 이와 같은 절점의 수가 많을수록 구속 즉, 강성이 증가하므로 고유 진동수도 상승하게 된다.

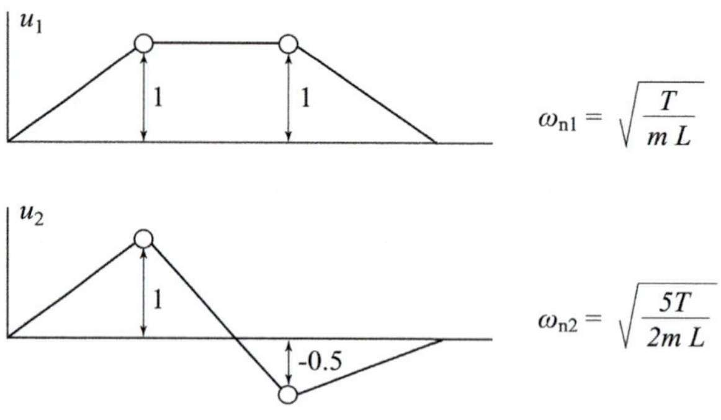

그림 6.6 2-자유도 줄 모델의 진동 모드 형상

참고로, 실제 현의 진동을 이산화하지 않고 엄밀하게 연속체로 분석하면 1, 2차 고유 진동수 사이에 $\omega_{n2} = 2\omega_{n1}$인 관계가 성립한다[12]. 이와 같이 고유 주파수의 비가 정수이면 그들이 합성될 때 주기 함수가 될 뿐만 아니라 악기 소리처럼 듣기 좋은 어울림 화음이 발생하게 된다. 한편, 일련의 연습 문제 1.9, 6.12, 6.54의 결

과를 비교해 보면 같은 조건에서 자유도 수를 증가시킬수록 줄의 고유 진동수와 그의 비가 엄밀 해에 수렴함을 알 수 있다.

예제 6.2 **식 (2.48)을 참고하여 다음 그림과 같은 자동차 모델의 고유 진동 모드를 구하라.** $m = 1{,}500\ \text{kg}$, $I_C = 2{,}000\ \text{kgm}^2$, $k_1 = 36{,}000\ \text{kg/m}$, $k_2 = 40{,}000\ \text{kg/m}$, $a = 1.3\ \text{m}$, $b = 1.7\ \text{m}$이다.

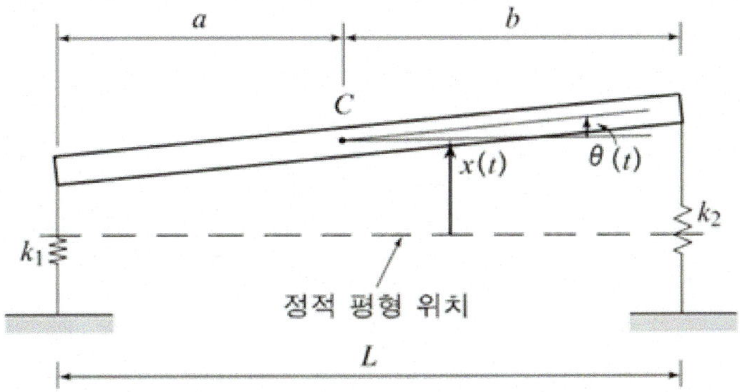

그림 6.7 단순화된 자동차 모델

식 (2.48)을 이 예제에 맞추어 행렬 방정식으로 재표현하면 식 (a)와 같고 여기에 주어진 매개변수를 반영하면 식 (b)를 얻을 수 있다.

$$\begin{bmatrix} m_b & 0 \\ 0 & I_c \end{bmatrix}\begin{Bmatrix} \ddot{x} \\ \ddot{\theta} \end{Bmatrix} + \begin{bmatrix} k_1+k_2 & -k_1a+k_2b \\ -k_1a+k_2b & k_1a^2+k_2b^2 \end{bmatrix}\begin{Bmatrix} x \\ \theta \end{Bmatrix} = \begin{Bmatrix} 0 \\ 0 \end{Bmatrix} \tag{a}$$

$$\begin{bmatrix} 1{,}500 & 0 \\ 0 & 2{,}000 \end{bmatrix}\begin{Bmatrix} \ddot{x} \\ \ddot{\theta} \end{Bmatrix} + \begin{bmatrix} 76{,}000 & 21{,}200 \\ 21{,}200 & 176{,}440 \end{bmatrix}\begin{Bmatrix} x \\ \theta \end{Bmatrix} = \begin{Bmatrix} 0 \\ 0 \end{Bmatrix} \tag{b}$$

따라서 식 (6.16)과 같이 해를 가정하는 경우, 고유치 문제와 특성 방정식은 각각 식 (c), (d)로 귀결된다.

$$\left[\begin{bmatrix} 76{,}000 & 21{,}200 \\ 21{,}200 & 176{,}440 \end{bmatrix} - w_n^2\begin{bmatrix} 1{,}500 & 0 \\ 0 & 2{,}000 \end{bmatrix}\right]\begin{Bmatrix} u_1 \\ u_2 \end{Bmatrix} = \begin{Bmatrix} 0 \\ 0 \end{Bmatrix} \tag{c}$$

$$w_n^4 - 138.89w_n^2 + 4320 = 0 \tag{d}$$

이에 위 식 (d)로부터 양수 근만 취하면 다음과 같이 1, 2차 고유 진동수가 구해진다.

$$\omega_{n1} = 6.86\ \text{rad/s}\ ,\ \omega_{n2} = 9.58\ \text{rad/s} \tag{e}$$

또한 식 (c) 로부터 $w_n = w_{n1}$일 때 방정식 (f)을 얻고, $w_n = w_{n2}$일 때 또 다른 방정식 (g)를 얻을 수 있으므로 첫 번째 요소를 1로 정하는 정규화를 시행하면 1, 2차 모드 벡터는 식 (h)와 같이 구해진다.

$$0.26\,u_{11} + u_{21} = 0 \tag{f}$$

$$2.91\,u_{12} - u_{22} = 0 \tag{g}$$

$$\boldsymbol{u}_1 = \begin{Bmatrix} 1 \\ -0.26 \end{Bmatrix},\quad \boldsymbol{u}_2 = \begin{Bmatrix} 1 \\ 2.91 \end{Bmatrix} \tag{h}$$

그들 모드 벡터를 가시화하면 다음 그림과 같으며, 특히 2차 모드의 경우 변위가 정적 평형 위치에 계속 머무르는 절점이 하나 존재하는 것도 알 수 있다. 이 때 $\boldsymbol{u}_2$ 벡터의 경우에는 정규화 과정에서 두번째 요소가 너무 커져 사실상 비현실적이므로 적절히 축소하여 도시하였음을 참고하기 바란다.

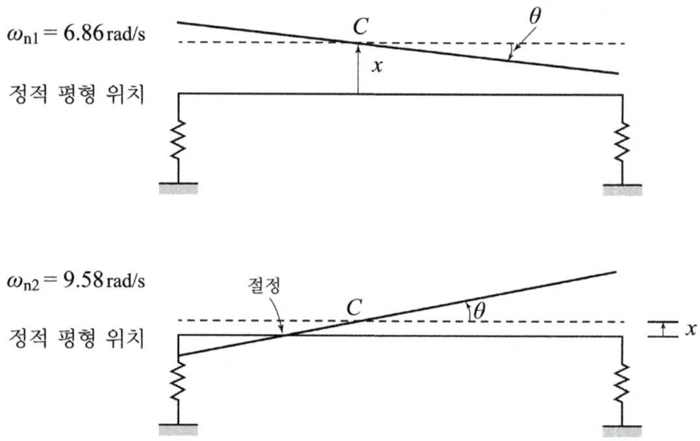

그림 6.8 2-자유도 자동차 모델의 진동 모드 형상

6.4 비감쇠 계의 자유 응답

이 절에서는 예를 들어 2-자유도 비감쇠 계의 초기 가진에 의한 응답 즉, 자유 응답에 대하여 알아보자. 만일, 초기 변위와 속도에 관한 조건이

$$\boldsymbol{x}(0) = \begin{Bmatrix} x_{10} \\ x_{20} \end{Bmatrix},\quad \dot{\boldsymbol{x}}(0) = \begin{Bmatrix} v_{10} \\ v_{20} \end{Bmatrix} \tag{6.20 a,b}$$

와 같이 주어진다면 식 (6.19)에 의거하여 (6.21)과 같은 응답을 갖게 될 것이다.

$$\boldsymbol{x}(t) = C_1 \boldsymbol{u}_1 \cos(\omega_{n1} t - \phi_1) + C_2 \boldsymbol{u}_2 \cos(\omega_{n2} t - \phi_2) \tag{6.21}$$

여기서 4개의 미지수 C_1, C_2, ϕ_1, ϕ_2는, 상기 초기 조건을 위 식 (6.21)과 그의 시간 미분에 해당하는 속도 식에 반영할 때 얻어지는 다음과 같은 4원 연립 방정식으로부터 결정된다.

$$x_{10} = C_1 u_{11} \cos\phi_1 + C_2 u_{12} \cos\phi_2 \tag{6.22 a}$$

$$x_{20} = C_1 u_{21} \cos\phi_1 + C_2 u_{22} \cos\phi_2 \tag{6.22 b}$$

$$v_{10} = C_1 u_{11} w_{n1} \sin\phi_1 + C_2 u_{12} w_{n2} \sin\phi_2 \tag{6.22 c}$$

$$v_{20} = C_1 u_{21} w_{n1} \sin\phi_1 + C_2 u_{22} w_{n2} \sin\phi_2 \tag{6.22 d}$$

이에 먼저 식 (6.22a)와 (6.22b)로부터 가중치에 관하여

$$C_1 = \frac{x_{10} u_{22} - x_{20} u_{12}}{|U| \cos\phi_1}, \quad C_2 = \frac{x_{20} u_{11} - x_{10} u_{21}}{|U| \cos\phi_2} \tag{6.23 a,b}$$

을 얻는다. 여기서 $|U|$는 다음과 같이 모드 벡터들로 구성되는 모드 행렬(modal matrix) U의 행렬식(determinant)를 나타낸다.

$$U = [\boldsymbol{u_1} \;\; \boldsymbol{u_2}] = \begin{bmatrix} u_{11} & u_{12} \\ u_{21} & u_{22} \end{bmatrix} \tag{6.24}$$

식 (6.23)을 다시 식 (6.22c)와 (6.22d)에 대입하여 연산하면

$$\tan\phi_1 = \frac{v_{10} u_{22} - v_{20} u_{12}}{(x_{10} u_{22} - x_{20} u_{12})\omega_{n1}}, \quad \tan\phi_2 = \frac{v_{20} u_{11} - v_{10} u_{21}}{(x_{20} u_{11} - x_{10} u_{21})\omega_{n2}} \tag{6.25 a,b}$$

와 같이 초기 위상각도 구할 수 있다. 그러므로 식 (6.23)과 (6.25)를 반영하면 초기 가진에 대한 응답은 마침내 다음 식과 같아진다.

$$\begin{aligned} \boldsymbol{x}(t) = \frac{1}{|U|}\Big[& \left\{ (u_{22}x_{10} - u_{12}x_{20})\cos\omega_{n1}t + \frac{u_{22}v_{10} - u_{12}v_{20}}{\omega_{n1}} \sin\omega_{n1}t \right\} \boldsymbol{u_1} \\ & + \left\{ (u_{11}x_{20} - u_{21}x_{10})\cos\omega_{n2}t + \frac{u_{11}v_{20} - u_{21}v_{10}}{\omega_{n2}} \sin\omega_{n2}t \right\} \boldsymbol{u_2} \Big] \end{aligned} \tag{6.26}$$

지금까지의 과정으로 미루어 볼 때, 계의 자유도 수가 증가할수록 연립 방정식의 개수가 증가되므로 이러한 방식은 매우 계산이 복잡하고 비효율적이라는 것을 알 수 있다. 따라서 6.6절에서는 그 대안을 찾아보기로 하자.

6.5* 감쇠 계의 고유해 및 자유 응답

이 절에서는 다음 식과 같이 표현되는 감쇠 계의 고유해를 구하는 방법과 그 해의 특징, 그리고 그들로 표현되는 자유 응답에 대하여 알아본다.

$$M\ddot{\boldsymbol{x}}+C\dot{\boldsymbol{x}}+K\boldsymbol{x}=0 \tag{6.27}$$

먼저 위 식의 해는 제차해로서, 상계수 미분방정식의 경우에 늘 그렇듯이 그 해를

$$\boldsymbol{x}(t)=\boldsymbol{u}\,e^{st} \tag{6.28}$$

와 같은 지수함수 형태로 가정할 수 있으며 이를 운동 방정식 (6.27)에 대입하면

$$(Ms^2+Cs+K)\boldsymbol{u}=0 \tag{6.29}$$

를 얻을 수 있다. 단, 이 때 고유 벡터 $\boldsymbol{u}$와 고유치 s는 일반적인 수 즉, 복소수이다.

위 식 (6.29)에서 고유 벡터 역시 항상 0인 경우는 진동의 관점에서 볼 때 배제하여야 하므로 (Ms^2+Cs+K)이 특이 행렬이어야 한다. 따라서 다음 식과 같은 **특성 방정식**을 얻을 수 있다.

$$\left|Ms^2+Cs+K\right|=0 \tag{6.30}$$

계의 자유도 수가 n일 때 위 특성 방정식은 결국 s에 관한 $2n$차 대수 방정식이 되므로, 그 식의 근을 해석적으로 구하는 것은 용이하지 않다. 다만 식의 계수가 실수이므로 근에 해당하는 고유치 s는 일반적으로 n개의 복소수와 그의 공액 복소수가 될 것임을 알 수 있다. 이에 식 (6.29)로부터 그 각각에 해당하는 고유 벡터 $\boldsymbol{u}$도 n개의 복소 벡터와 그의 공액 복수 벡터가 될 것임을 알 수 있다. 이와 같이 두 개씩 쌍을 이루는 총 n개의 고유해 중 i-번째 쌍을 다음 식 (6.31)과 같이 나타낼 때, 그들을 식 (6.28)에 대입하고 중첩하여 얻게 되는 식 (6.32)는 결국 i-번째 진동 모드의 응답에 해당한다.

$$s=\sigma\pm iw,\quad \boldsymbol{u}=\boldsymbol{u}_R\pm i\boldsymbol{u}_I \tag{6.31 a,b}$$

$$\boldsymbol{x}(t)=A\,(\boldsymbol{u}_R+i\boldsymbol{u}_I)\,e^{(\sigma+iw)t}+B\,(\boldsymbol{u}_R-i\boldsymbol{u}_I)\,e^{(\sigma-iw)t} \tag{6.32}$$

진동 응답은 궁극적으로 실수가 되어야 하므로 위 식에서 가중치 A와 B 역시 상호 공액 복소수의 관계이어야 하며, 이에 그 중 A를

$$A = \alpha + i\beta \tag{6.33}$$

와 같이 가정하면 식 (6.32)는 일련의 연산 과정을 거쳐

$$\boldsymbol{x}(t) = Ce^{\sigma t}\{\boldsymbol{u}_R \cos(wt-\phi) - \boldsymbol{u}_I \sin(wt-\phi)\} \tag{6.34}$$

로 재정리될 수 있다. 여기에서 C와 ϕ는 미지의 실수이다. 결국, 최종적인 계의 자유 응답은 위와 같은 진동 모드 총 n개의 선형 결합이므로 다음 식으로 표현된다.

$$\boldsymbol{x_h}(t) = \sum_{i=1}^{n} C_i e^{\sigma_i t}\{\boldsymbol{u}_{Ri} \cos(w_i t-\phi_i) - \boldsymbol{u}_{Ii} \sin(w_i t-\phi_i)\} \tag{6.35}$$

상기 식을 비감쇠계의 자유 응답 식 (6.19)과 비교해 볼 때, 고유치의 실수부인 σ_i와 허수부인 w_i는 각각 i-번째 모드의 쇠퇴율과 감쇠 고유진동수에 해당하고, 고유 벡터의 실수부 $\boldsymbol{u}_{Ri}$와 허수부 $\boldsymbol{u}_{Ii}$는 감쇠 시의 고유 벡터와 위상 이동에 관계됨을 알 수 있다.

이제, 고유치를 구하기 위하여 식 (6.30)과 같은 특성 방정식을 직접 풀기 보다는 보다 편리한 수치해석 도구인 메틀랩을 활용하는 방안을 검토해 보자. 그런데 메틀랩은 식 (6.17)과 같이 행렬 두개를 갖거나 아니면 행렬 한 개를 갖는 표준형 고유치 문제의 해만을 구할 수 있기 때문에, 식 (6.29)는 현 상태로서는 부적합하며 이에 적절한 변환이 필요하다. 그런 맥락에서 **상태 변수**를 $\boldsymbol{y}(=[\boldsymbol{x}^T \ \dot{\boldsymbol{x}}^T]^T)$로 정의하면 n개의 연립 2차 미분 방정식인 운동 방정식 (6.27)을

$$A = \begin{bmatrix} 0 & -K \\ -K & -C \end{bmatrix},\ B = \begin{bmatrix} -K & 0 \\ 0 & M \end{bmatrix} \tag{6.36 a,b}$$

라고 할 때

$$B\dot{\boldsymbol{y}} = A\boldsymbol{y} \tag{6.36 c}$$

와 같은 $2n$개의 연립 1차 미분 방정식인 **상태 방정식**으로 다시 쓸 수 있다.

한편, 같은 상태 변수를 사용하더라도 하나의 행렬만을 갖는 상태 방정식을 원하는 경우에는

$$E = \begin{bmatrix} 0 & I \\ -M^{-1}K & -M^{-1}C \end{bmatrix},\ I = \text{항등 행렬} \tag{6.37 a,b}$$

일 때

$$\dot{\boldsymbol{y}} = E\boldsymbol{y} \tag{6.37 c}$$

로의 변환도 가능하다.

일단 여기서는 전자의 경우에 국한하며, 그 때의 해는 종래와 마찬가지로

$$\boldsymbol{y}(t) = \boldsymbol{v}\, e^{st} \tag{6.38}$$

와 같이 지수 함수로 가정할 수 있기에 이를 상태 방정식 (6.36)에 대입하면 다음과 같이 익숙한 형태의 식을 얻게 된다.

$$A\boldsymbol{v} = sB\boldsymbol{v} \text{ 또는 } (A - sB)\boldsymbol{v} = 0 \tag{6.39}$$

위 고유치 문제의 해 역시 일반적으로 복소수와 복소 벡터이며, 상기 상태변수의 정의에 따라 고유 벡터의 요소 중 상부 절반은 변위 그리고 나머지 절반은 속도의 모드 형상과 관련된다. 이제 지금까지 살펴본 내용에 대한 이해를 돕기 위하여 두 가지 예제를 풀어 보자.

예제 6.3 다음과 같은 식으로 표현되는 2-자유도 계에서 감쇠를 무시할 때와 고려할 때의 고유해를 각각 구하라. 또한 그 두 경우의 자유 응답을 비교하라.

$M\ddot{\boldsymbol{x}} + C\dot{\boldsymbol{x}} + K\boldsymbol{x} = \boldsymbol{0}$ 여기서 $M = \begin{bmatrix} 1 & 0 \\ 0 & 2 \end{bmatrix}$, $C = \begin{bmatrix} 0.5 & -0.1 \\ -0.1 & 0.5 \end{bmatrix}$, $K = \begin{bmatrix} 40 & -10 \\ -10 & 30 \end{bmatrix}$, $\boldsymbol{x} = \begin{Bmatrix} x_1 \\ x_2 \end{Bmatrix}$

먼저 감쇠를 무시한 경우, 식 (6.17)에 따라 메틀랩에서 [v,d]=eig(K,M)라는 명령어를 실행하면 다음 결과를 얻는다.

$$v = \begin{bmatrix} -0.2546 & -0.9671 \\ -0.6838 & 0.1800 \end{bmatrix}, \quad d = \begin{bmatrix} 13.1386 & 0 \\ 0 & 41.8614 \end{bmatrix}$$

따라서 고유 진동수는 $\sqrt{13.1386} = 3.6247$, $\sqrt{41.8614} = 6.4700$이며 그 각각에 해당하는 고유 벡터는 행렬 v의 첫 번째 그리고 두 번째 열과 같으며 이들을 정규화 한 경우 각각 $[1 \;\; 2.6861]^T$, $[1 \;\; -0.1861]^T$이다.

한편, 감쇠를 고려한 경우 행렬 $A = \begin{bmatrix} 0 & -K \\ -K & -C \end{bmatrix}$, $B = \begin{bmatrix} -K & 0 \\ 0 & M \end{bmatrix}$와 식 (6.39)에 따라 메틀랩 명령어 [V,D]=eig(A,B)를 실행하면 그 결과는 다음과 같다.

$$V=\begin{bmatrix} -0.0062-0.1544i & -0.0062+0.1544i & -0.0033-0.1027i & -0.0033+0.1027i \\ 0.0012+0.0287i & 0.0012-0.0287i & -0.0088-0.2757i & -0.0088+0.2757i \\ 1.0000-0.0000i & 1.0000+0.0000i & 0.3723+0.0000i & 0.3723-0.0000i \\ -0.1861+0.0000i & -0.1861-0.0000i & 1.0000-0.0000i & 1.0000+0.0000i \end{bmatrix},$$

$$D=\begin{bmatrix} -0.2593+6.4648i & 0 & 0 & 0 \\ 0 & -0.2593-6.4648i & 0 & 0 \\ 0 & 0 & -0.1157+3.6229i & 0 \\ 0 & 0 & 0 & -0.1157-3.6229i \end{bmatrix}$$

따라서 1, 2차 모드의 고유 진동수는 각각 3.6229, 6.4648이며 그들 모드의 쇠퇴율은 각각 0.1157, 0.2593이다. 또한 1, 2차 모드의 변위를 기준으로 한 고유벡터는 실수부만 보았을 때 $[-3.2782\mathrm{e}{-3}\ \ -8.8056\mathrm{e}{-3}]^T$, $[-6.1944\mathrm{e}{-3}\ \ 1.1530\mathrm{e}{-3}]^T$로서 정규화시에 각각 $[1\ \ 2.6861]^T$, $[1\ \ -0.1861]^T$ 이다. 그러므로 감쇠에 의하여 고유 진동수가 약간 작아졌으며 고유 벡터는 거의 변하지 않았고 다만 위상이 비교적 크게 변화한 것을 알 수 있다.

한편, 감쇠를 무시한 경우와 그렇지 않은 경우 해당 고유해에 따라 각각 식 (6.21)과 (6.35)에 의거하여 자유 응답의 식을 정리하면 전자의 경우 식 (a), 후자의 경우는 (b) 또는 (c)와 같다. 각 식에 포함된 미지수 4개는 초기 조건으로부터 결정되며, 초기 조건이 동일하더라도 두 경우의 그 미지수들은 서로 다른 값이다.

$$\begin{Bmatrix} x_1 \\ x_2 \end{Bmatrix} = C_1\begin{Bmatrix} -0.2546 \\ -0.6838 \end{Bmatrix}\cos(3.6247t-\phi_1) + C_2\begin{Bmatrix} -0.9671 \\ 0.1800 \end{Bmatrix}\cos(6.4700t-\phi_2) \tag{a}$$

$$\begin{aligned}\begin{Bmatrix} x_1 \\ x_2 \end{Bmatrix} &= C_1 e^{-0.1157t}\left[\begin{Bmatrix} -0.0033 \\ -0.0088 \end{Bmatrix}\cos(3.6229t-\phi_1) + \begin{Bmatrix} -0.1027 \\ -0.2757 \end{Bmatrix}\sin(3.6229t-\phi_1)\right] \\ &+ C_2 e^{-0.2593t}\left[\begin{Bmatrix} -0.0062 \\ 0.0012 \end{Bmatrix}\cos(6.4648t-\phi_2) + \begin{Bmatrix} -0.1544 \\ 0.0287 \end{Bmatrix}\sin(6.4648t-\phi_2)\right]\end{aligned} \tag{b}$$

$$\begin{aligned}\begin{Bmatrix} x_1 \\ x_2 \end{Bmatrix} &= C_1 e^{-0.1157t}\begin{Bmatrix} 1.0271\times 10^{-1}\cos(3.6229t-\phi_1-1.6027) \\ 2.7588\times 10^{-1}\cos(3.6229t-\phi_1-1.6027) \end{Bmatrix} \\ &+ C_2 e^{-0.2593t}\begin{Bmatrix} 1.5456\times 10^{-1}\cos(6.4648t-\phi_2-1.6109) \\ 2.8770\times 10^{-2}\cos(6.4648t-\phi_2+1.5307) \end{Bmatrix}\end{aligned} \tag{c}$$

예제 6.4 그림과 같이 두 개의 날과 자루로 구성된 소리굽쇠를 이산화한 3-자유도 계에 대하여 운동 방정식을 구하고, 자루에 연결된 감쇠기의 계수 c_3를 무시할 때와 고려할 때의 고유해를 각각 구하여 비교하라. 또한 그 감쇠로 인하여 고무망치로 소리굽쇠의 왼쪽 날을 타격했을 때 가장 오래 지속될 진동 모드의 주파수와 형상을 도시하라. $m=1$ kg, $m_3=2m$, $k=106$ N/m, $k_3=5k$, $c_3=2\sqrt{k_3 m_3}$ 이다.

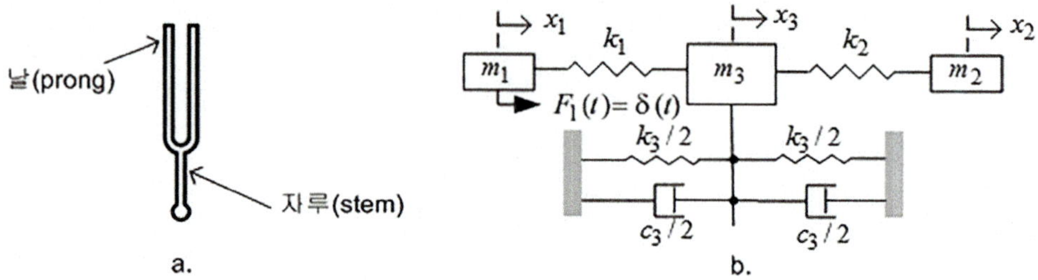

그림 6.9 a. 소리굽쇠, b. 소리굽쇠의 3-자유도 모델

뉴톤 법칙을 각 질량에 대하여 적용하여 운동 방정식을 얻은 후 행렬 방정식 형태로 정리하면 다음과 같다.

$$M\ddot{\boldsymbol{x}} + C\dot{\boldsymbol{x}} + K\boldsymbol{x} = \boldsymbol{F} \tag{a}$$

여기서

$$M = \begin{bmatrix} m_1 & 0 & 0 \\ 0 & m_2 & 0 \\ 0 & 0 & m_3 \end{bmatrix},\ C = \begin{bmatrix} 0 & 0 & 0 \\ 0 & 0 & 0 \\ 0 & 0 & c_3 \end{bmatrix},\ K = \begin{bmatrix} k_1 & 0 & -k_1 \\ 0 & k_2 & -k_2 \\ -k_1 & -k_2 & k_1+k_2+k_3 \end{bmatrix},\ \boldsymbol{x} = \begin{Bmatrix} x_1 \\ x_2 \\ x_3 \end{Bmatrix},\ \boldsymbol{F} = \begin{Bmatrix} F_1 \\ 0 \\ 0 \end{Bmatrix} \tag{b}$$

이다. 먼저 감쇠를 무시한 경우, 메틀랩에서 [v,d]=eig(K,M)라는 명령어를 사용하면 다음과 같은 고유 벡터와 고유치를 얻을 수 있다.

$$v = \begin{bmatrix} 0.6672 & 0.7071 & -0.2341 \\ 0.6672 & -0.7071 & -0.2341 \\ 0.2341 & 0.0000 & 0.6672 \end{bmatrix},\quad d = 10^6 \begin{bmatrix} 0.6492 & 0 & 0 \\ 0 & 1.0000 & 0 \\ 0 & 0 & 3.8508 \end{bmatrix}$$

따라서 1, 2, 3차 고유 진동수는 각각 d 행렬 대각 요소의 제곱근인 0.8067e+3, 1.0000e+3, 1.9623e+3 [rad/s]이며, 그에 해당하는 고유 벡터는 각각 v 행렬의 1, 2, 3번째 열이다. 그 중 1차 모드는 두 날과 자루가 모두 같은 방향, 2차 모드는 자루는 거의 정지하되 두 날이 서로 반대 방향, 3차 모드는 자루와는 반대지만 두 날이 같은 방향으로 진동하는 형태라는 것을 알 수 있다.

한편, 자루에 설치된 감쇠를 고려하는 경우, 행렬 $A = \begin{bmatrix} 0 & -K \\ -K & -C \end{bmatrix}$, $B = \begin{bmatrix} -K & 0 \\ 0 & M \end{bmatrix}$를 구축하고 명령어 [V,D]=eig(A,B)를 실행하면 다음과 같은 고유 벡터와 고유 진동수가 얻어진다.

$V=$

```
 0.0000 + 0.0001i   0.0000 - 0.0001i  -0.0000 - 0.0010i  -0.0000 + 0.0010i  -0.0004 + 0.0007i  -0.0004 - 0.0007i
 0.0000 + 0.0001i   0.0000 - 0.0001i  -0.0000 + 0.0010i  -0.0000 - 0.0010i  -0.0004 + 0.0007i  -0.0004 - 0.0007i
 0.0004 + 0.0003i   0.0004 - 0.0003i  -0.0000 + 0.0000i  -0.0000 - 0.0000i   0.0001 + 0.0002i   0.0001 - 0.0002i
-0.1491 - 0.2114i  -0.1491 + 0.2114i   1.0000 - 0.0000i   1.0000 + 0.0000i  -0.5810 - 0.4190i  -0.5810 + 0.4190i
-0.1491 - 0.2114i  -0.1491 + 0.2114i  -1.0000 - 0.0000i  -1.0000 + 0.0000i  -0.5810 - 0.4190i  -0.5810 + 0.4190i
-0.9080 - 0.0920i  -0.9080 + 0.0920i  -0.0000 - 0.0000i  -0.0000 + 0.0000i  -0.1976 + 0.0464i  -0.1976 - 0.0464i
```

$D=10^3\times$

```
-1.4636 + 0.9099i          0                  0                  0                  0                  0
        0          -1.4636 - 0.9099i          0                  0                  0                  0
        0                  0           0.0000 + 1.0000i          0                  0                  0
        0                  0                  0           0.0000 - 1.0000i          0                  0
        0                  0                  0                  0          -0.1176 + 0.9099i          0
        0                  0                  0                  0                  0          -0.1176 - 0.9099i
```

위 결과로부터 감쇠에 의하여 상기 1, 3차 진동 모드의 쇠퇴율은 각각 0.1176e+3, 1.4636e+3 [1/s]으로 대폭 증가하였으나, 2차 모드의 쇠퇴율은 4.9624e−11 [1/s]로 거의 증가되지 않았음을 알 수 있다. 그 이유는 비감쇠 시의 진동 모드를 살펴볼 때, 2차 모드만이 자루의 진폭이 상대적으로 작아서 감쇠의 영향이 그 만큼 미미하기 때문이다. 따라서 고유진동수가 1.0000e+3 [rad/s]인 2차 모드가 가장 오래 지속될 것이며 그때 진동은 두 날이 서로 거울 대칭으로 마주보며 외팔보처럼 떠는 형태이다. 이러한 사실은 다음 그림과 같이 메틀랩을 이용하여 구한 계의 임펄스 응답으로부터도 확인 가능하다.

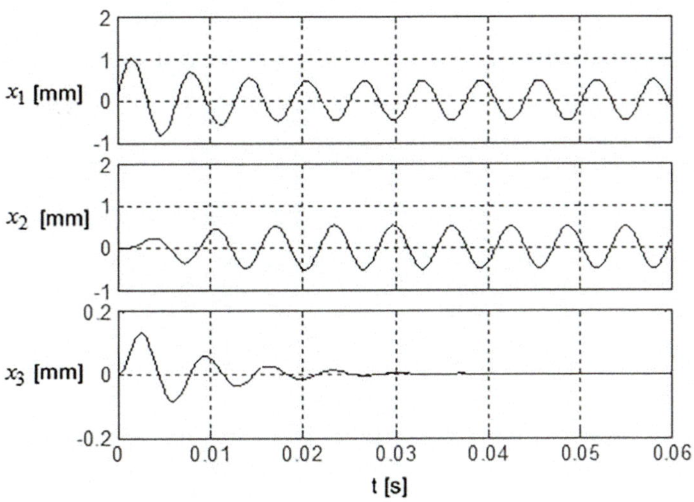

그림 6.10 3-자유도 소리굽쇠 모델의 임펄스 응답

6.6 좌표 변환

운동을 표현하기 위하여 사용할 수 있는 좌표계는 결코 유일하지 않다. 또한 사용 좌표계에 따라 계의 운동 방정식의 형태는 달라질 수 있다. 예를 들어 그림 6.11에 제시된 모델의 경우 현재 적용된 형태 좌표계 $\boldsymbol{x}\,(=[x_1\;\;x_2]^T)$의 관점에서는 다음 식과 같은 운동방정식을 갖는다.

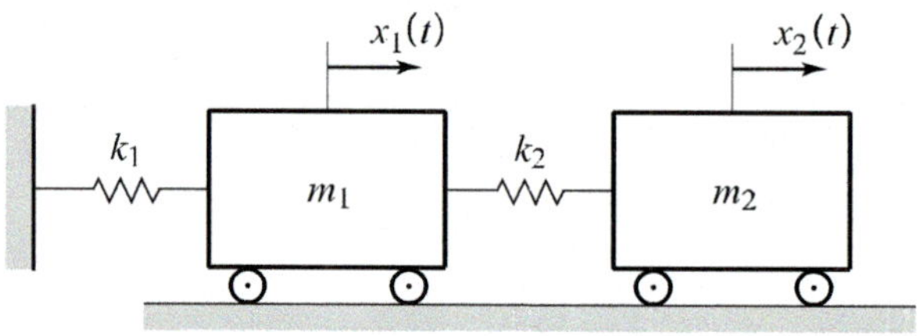

그림 6.11 비감쇠 2-자유도 계

$$M\ddot{\boldsymbol{x}} + K\boldsymbol{x} = \boldsymbol{0} \tag{6.40}$$

여기에 관련된 계수 행렬들은

$$M=\begin{bmatrix} m_1 & 0 \\ 0 & m_2 \end{bmatrix},\;\; K=\begin{bmatrix} k_1+k_2 & -k_2 \\ -k_2 & k_2 \end{bmatrix} \tag{6.41 a,b}$$

와 같다. 이 때 강성 행렬 K는 비대각이며, 이로 인하여 두 자유도간에 연성(coupling)이 발생하는 데 이러한 종류를 탄성적 또는 **정적 연성**이라 부른다.

한편, 다음 식 (6.42)와 같은 선형 식에 의하여 기존 좌표를 $\boldsymbol{z}$로 변환한다면, 다시 말해서 그 식을 식 (6.40)에 대입하고 계수 행렬의 대칭성 확보를 위하여 T^T를 앞에서 곱해준다면 식 (6.43)과 새로운 형태의 운동방정식을 얻게 된다.

$$\boldsymbol{x} = T\boldsymbol{z},\;\; T=\begin{bmatrix} 1 & 0 \\ 1 & 1 \end{bmatrix} \tag{6.42 a,b}$$

$$M'\ddot{\boldsymbol{z}} + K'\boldsymbol{z} = \boldsymbol{0} \tag{6.43}$$

여기서

$$M' = T^TMT = \begin{bmatrix} m_1+m_2 & m_2 \\ m_2 & m_2 \end{bmatrix},\;\; K' = T^TKT = \begin{bmatrix} k_1 & 0 \\ 0 & k_2 \end{bmatrix} \tag{6.44 a,b}$$

이다. 이 경우에는 질량 행렬 M'이 비대각 행렬이 되어 연성의 형태가 소위 관성적 또는 **동적 연성**이 된다.

따라서 좌표계에 따라 연성의 형태가 변화할 수 있다는 것과, 이에 좌표 선정을 적절히 하면 모든 연성이 해제될 수도 있다는 것도 알 수 있다. 사실상 위 과정 중 좌표 변환 행렬이 다음과 같이 모드 행렬이었다면 계가 비연성화 되며, 그러한 좌표 $\boldsymbol{z}$는 유일하게 존재하는 데 이를 **고유(natural)** 또는 **주(principal) 좌표**라고 부른다.

$$T = U \tag{6.45}$$

6.7 고유 모드의 직교성

진동의 고유 모드는 질량과 강성 행렬에 대하여 상호 직교한다. 이는 형태면에서 약간의 차이가 있지만 일반 단위 벡터의 직교성과 유사한 개념이며 이 절에서는 그 사실을 증명하고자 한다. 예를 들어 예제 6.1에서 다룬 2-자유도 현의 진동을 다시 검토하면 고유 벡터 사이에 다음 식 (6.46)이 성립함을 계산을 통하여 확인할 수 있다. 또한 질량 행렬의 대칭성에 의하여 식 (6.47)도 부수적으로 성립한다.

$$\boldsymbol{u}_2^T M \boldsymbol{u}_1 = 0 \tag{6.46}$$

$$\boldsymbol{u}_1^T M \boldsymbol{u}_2 = 0 \tag{6.47}$$

그러므로 모드 벡터 $\boldsymbol{u}_i$를 M에 대하여 정규화한 경우 즉, $i = 1, 2$일 때 $\boldsymbol{u}_i^T M \boldsymbol{u}_i = 1$인 경우, 모드 행렬을 포함하는 다음의 식을 쓸 수 있다.

$$U^T M U = I \tag{6.48}$$

마찬가지로, 식 (6.49)도 성립함을 알 수 있으므로 $\boldsymbol{u}_i$를 M에 대하여 정규화한 경우 고유치 문제 식 (6.17)을 참고하면 식 (6.50)도 쓸 수 있다.

$$\boldsymbol{u}_2^T K \boldsymbol{u}_1 = 0, \ \boldsymbol{u}_1^T K \boldsymbol{u}_2 = 0 \tag{6.49 a,b}$$

$$U^T K U = \Lambda \tag{6.50}$$

여기서 Λ는 고유치 w_{n1}^2과 w_{n2}^2을 각각 1, 2번째 요소로 하는 대각 행렬을 나타낸다. 이상의 식 (6.46), (6.47), (6.49)가 바로 진동 고유 모드의 **직교성**을 나타낸다.

이러한 직교성은 다음 식에 나타낸 바와 같이, 마치 2차원 단위 벡터 두개의 조합으로 평면 내 모든 벡터를 표현할 수 있듯이, 임의의 2-자유도 진동 형태 벡터도 두 개의 모드 벡터의 조합에 의하여 표현 즉, 전개가 가능함을 의미한다.

$$\boldsymbol{x}(t) = q_1(t)\boldsymbol{u}_1 + q_2(t)\boldsymbol{u}_2 \tag{6.51}$$

여기서 계수 $q_1(t)$와 $q_2(t)$는 일반적으로는 **모드 좌표**라고 불리며, 특별히 자유 진동 시에는 앞 절에서 다룬 고유 또는 주 좌표와 동일하다. 또한 더 나아가 고유 벡터가 질량 행렬에 대하여 정규화 된 경우에는 **정규(normal) 좌표**라고도 불리는 시간 함수이다.

운동 방정식 (6.40)에 위 식의 행렬 형태인

$$\boldsymbol{x}(t) = [\boldsymbol{u}_1 \ \ \boldsymbol{u}_2]\begin{Bmatrix} q_1(t) \\ q_2(t) \end{Bmatrix} = U\boldsymbol{q}(t) \tag{6.52}$$

를 대입하면 식 (6.53)을 얻는데, 여기에 다시 양변에 U^T를 앞에서 곱해주면 식 (6.54)를 얻을 수 있다.

$$MU\ddot{\boldsymbol{q}} + KU\boldsymbol{q} = 0 \tag{6.53}$$

$$\begin{cases} \ddot{q}_1(t) + \omega_{n1}^2 q_1(t) = 0 \\ \ddot{q}_2(t) + \omega_{n2}^2 q_2(t) = 0 \end{cases} \tag{6.54 a,b}$$

위와 같이 모드 좌표에 관한 방정식을 **모드 방정식**이라 부른다.

상기 모드 방정식 (6.54)는 두 개의 상호 독립적인 1-자유도 계의 운동 방정식에 해당하므로 그의 해를 간단히

$$q_1(t) = C_1\cos(\omega_{n1}t - \phi_1),\ \ q_2(t) = C_2\cos(\omega_{n2}t - \phi_2) \tag{6.55 a,b}$$

와 같이 얻을 수 있다. 이들을 식 (6.51)에 대입하면 최종 응답은

$$\boldsymbol{x}(t) = C_1\cos(\omega_{n1}t - \phi_1)\boldsymbol{u}_1 + C_2\cos(\omega_{n2}t - \phi_2)\boldsymbol{u}_2 \tag{6.56}$$

로 나타난다. 여기서 C_1, C_2, ϕ_1, ϕ_2는 초기 조건에 의존하는 미지수들이다.

이에 형태 좌표에 관한 초기 조건 식 (6.20)과 모드 좌표의 초기 조건과의 관계를 파악할 필요가 있다. 정규좌표 사용 시 식 (6.52)의 양변에 U^TM을 앞에서 곱해주면

식 (6.57)을 얻을 수 있는데, 그 식과 함께 그의 시간 미분 식에 대하여 시간 $t=0$인 순간을 고려해주면 식 (6.58)과 같은 관계를 도출할 수 있다.

$$U^T M\boldsymbol{x}(t) = \boldsymbol{q}(t) \tag{6.57}$$

$$U^T M\boldsymbol{x}(0) = \boldsymbol{q}(0), \quad U^T M\dot{\boldsymbol{x}}(0) = \dot{\boldsymbol{q}}(0) \tag{6.58 a,b}$$

위 식 (6.58)을 전개하면 결국 다음과 같은 4개의 스칼라 식이 된다.

$$u_{11}(m_{11}x_{10} + m_{12}x_{20}) + u_{21}(m_{21}x_{10} + m_{22}x_{20}) = C_1 \cos\phi_1 \tag{6.59 a}$$

$$u_{12}(m_{11}x_{10} + m_{12}x_{20}) + u_{22}(m_{21}x_{10} + m_{22}x_{20}) = C_2 \cos\phi_2 \tag{6.59 b}$$

$$u_{11}(m_{11}v_{10} + m_{12}v_{20}) + u_{21}(m_{21}v_{10} + m_{22}v_{20}) = C_1 w_{n1} \sin\phi_1 \tag{6.59 c}$$

$$u_{12}(m_{11}v_{10} + m_{12}v_{20}) + u_{22}(m_{21}v_{10} + m_{22}v_{20}) = C_2 w_{n2} \sin\phi_2 \tag{6.59 d}$$

일견 복잡해 보이나 이들은 식 (6.22)와는 달리 2쌍의 2원 연립 방정식이기에 풀이가 훨씬 용이하다. 즉, 두 식 (6.59a)와 (6.59c)로부터 ϕ_1과 C_1을 그리고 나머지 두 식으로부터 ϕ_2과 C_2을 구할 수 있으며, 그 결과는 i=1, 2일 때 다음 식과 같다.

$$\tan\phi_i = \frac{u_{1i}(m_{11}v_{10} + m_{12}v_{20}) + u_{2i}(m_{21}v_{10} + m_{22}v_{20})}{\{u_{1i}(m_{11}x_{10} + m_{12}x_{20}) + u_{2i}(m_{21}x_{10} + m_{22}x_{20})\}w_{ni}} \tag{6.60 a}$$

$$C_i = \sqrt{\begin{aligned}&\{u_{1i}(m_{11}x_{10} + m_{12}x_{20}) + u_{2i}(m_{21}x_{10} + m_{22}x_{20})\}^2 \\ &+ [\{u_{1i}(m_{11}v_{10} + m_{12}v_{20}) + u_{2i}(m_{21}v_{10} + m_{22}v_{20})\}/w_{ni}]^2\end{aligned}} \tag{6.60 b}$$

따라서 모드 좌표를 사용하는 경우 계의 자유도가 아무리 증가하여도 서로 독립적인 1-자유도 식의 개수만 늘어날 뿐 계산 과정 자체가 복잡하게 되지는 않는 장점이 있다. 또한 모드 좌표를 사용하면 각 모드의 가중치 C_i의 파악도 용이하여 모델의 차수 축소 시에도 유용하다.

예제 6.5 모드 좌표를 이용하여 예제 6.1에서 분석한 줄의 초기 가진 응답을 구하라. 계의 초기 조건은 $\boldsymbol{x}(0)=[1.2\ \ 0]^T$, $\dot{\boldsymbol{x}}(0)=[0\ \ 0]^T$ 이다.

먼저 지금까지 해당 계에 대하여 파악한 사항들을 정리해보면, 식 (a)~(d)와 같은 계의 운동방정식, 매개변수, 고유 진동수, 고유 벡터 등이다.

$$M\ddot{\boldsymbol{x}}+K\boldsymbol{x}=\boldsymbol{0} \tag{a}$$

$$M=m\begin{bmatrix}1&0\\0&2\end{bmatrix},\ K=\frac{T}{L}\begin{bmatrix}2&-1\\-1&3\end{bmatrix} \tag{b}$$

$$\omega_{n1}=\sqrt{\frac{T}{mL}}\ ,\ \omega_{n2}=\sqrt{\frac{5T}{2mL}} \tag{c}$$

$$\boldsymbol{u}_1=\begin{Bmatrix}1\\1\end{Bmatrix},\quad \boldsymbol{u}_2=\begin{Bmatrix}1\\-0.5\end{Bmatrix} \tag{d}$$

식 (d)와 같이 고유 벡터가 M에 대하여 정규화 되지 않은 경우 식 (6.48)과 (6.50)이 현 상태 그대로 성립되지는 않지만 결과로서 얻어지는 모드 방정식은 동일하다. 이에 식 (6.54)를 적용하면 이 예제의 경우 다음과 같은 모드 방정식을 얻을 수 있다.

$$\begin{cases}\ddot{q}_1(t)+\dfrac{T}{mL}q_1(t)=0\\ \ddot{q}_2(t)+\dfrac{5T}{2mL}q_2(t)=0\end{cases} \tag{e}$$

반면에 고유 벡터가 M에 대하여 정규화 되지 않았기에 초기 조건 관련 식 (6.58)도 현 상태 그대로는 적용될 수 없다. 대신에 식 (6.52)의 양변에 U^TM을 앞에서 곱하면

$$U^TM\boldsymbol{x}(t)=U^TMU\boldsymbol{q}(t) \tag{f}$$

을 얻고, 그와 그의 시간 미분 식에 초기 조건을 반영하면 다음 식이 성립한다.

$$U^TM\boldsymbol{x}(0)=U^TMU\boldsymbol{q}(0),\ U^TM\dot{\boldsymbol{x}}(0)=U^TMU\dot{\boldsymbol{q}}(0) \tag{g}$$

$\boldsymbol{q}(t)$가 식 (6.55)와 같으므로 위 식에 고유 벡터와 초기 조건까지 반영하면

$$1.2=3C_1\cos\phi_1,\ \ 1.2=1.5C_2\cos\phi_2,\ \ 0=3C_1w_{n1}\sin\phi_1,\ \ 0=1.5C_2w_{n2}\sin\phi_2 \tag{h}$$

이 얻어진다. 이에, 위 식 (h)중 1, 3번째 식으로부터 C_1과 ϕ_1, 나머지 두 식으로부터 C_2, ϕ_2를 구하면

$$C_1=0.4,\ \ C_2=0.8,\ \ \phi_1=\phi_2=0 \tag{i}$$

와 같다. 따라서

$$q_1(t) = 0.4\cos\sqrt{\frac{T}{mL}}\,t,\;\; q_2(t) = 0.8\cos\sqrt{\frac{5T}{2mL}}\,t \tag{j}$$

와 같이 모드 좌표가 구해지며, 최종적으로 이들을 모드 벡터와 함께 식 (6.51)에 대입하면 다음과 같은 조화 진동 형태의 현의 응답을 구할 수 있다.

$$\boldsymbol{x}(t) = 0.4\cos\left(\sqrt{\frac{T}{mL}}\,t\right)\begin{Bmatrix}1\\1\end{Bmatrix} + 0.8\cos\left(1.58\sqrt{\frac{T}{mL}}\,t\right)\begin{Bmatrix}1\\-0.5\end{Bmatrix} \tag{k}$$

참고로, 만일 식 (f)~(h)의 과정이 번거롭다면, 식 (6.52)와 그의 시간 미분 식을 이용하여 먼저 $q_1(0)$, $q_2(0)$, $\dot{q}_1(0)$, $\dot{q}_2(0)$를 구하고 그로부터 식 (i)와 같이 미지수들을 결정할 수도 있다.

6.8 맥놀이

진폭이 같고 주파수가 근사한 조화 운동 또는 신호 두개가 중첩되면 그들이 상호 간섭을 일으켜 그 진폭이 0에서 2배까지 주기적으로 변화하게 되는 데 이러한 현상을 **맥놀이**(beat)라 부른다. 만일 두 운동의 진폭이 각각 A와 B인 경우, 간섭에 의한 최대 및 최소 진폭은 각각 $A+B$, $|A-B|$가 된다.

예를 들어 그림 6.12와 같이 두개의 동일한 규격의 단진자가 약한 스프링으로 연결된 시스템의 경우를 살펴보자. 먼저 동 그림의 b와 같은 자유 물체도에 근거하여 예제 1.4와 같은 방법으로 운동 방정식을 유도하면 다음 식과 같다. 이 때 선형 해석을 위하여 운동각이 그다지 크지 않다고 가정하였다.

$$\begin{bmatrix} mL^2 & 0 \\ 0 & mL^2 \end{bmatrix}\begin{Bmatrix}\ddot{\theta}_1\\ \ddot{\theta}_2\end{Bmatrix} + \begin{bmatrix} mgL+ka^2 & -ka^2 \\ -ka^2 & mgL+ka^2 \end{bmatrix}\begin{Bmatrix}\theta_1\\ \theta_2\end{Bmatrix} = \begin{Bmatrix}0\\0\end{Bmatrix} \tag{6.61}$$

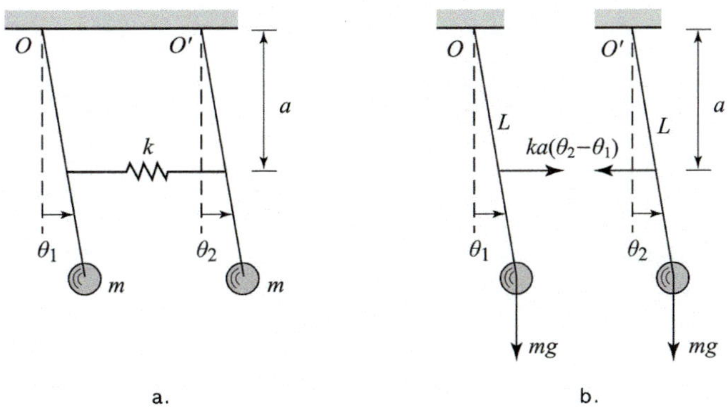

그림 6.12 a. 두 단진자 계, b. 자유 물체도

그런 다음, 전술한 방법대로 위 식의 고유 해석을 수행하면 고유 진동수와 고유 벡터를 각각 다음 두 식과 같이 얻을 수 있고 각 모드의 형상은 그림 6.13과 같다.

$$\omega_{n1} = \sqrt{\frac{g}{L}},\ \omega_{n2} = \sqrt{\frac{g}{L} + 2\frac{ka^2}{mL^2}} \tag{6.62 a,b}$$

$$\boldsymbol{u}_1 = [1\ \ 1]^T,\ \boldsymbol{u}_2 = [1\ \ -1]^T \tag{6.63 a,b}$$

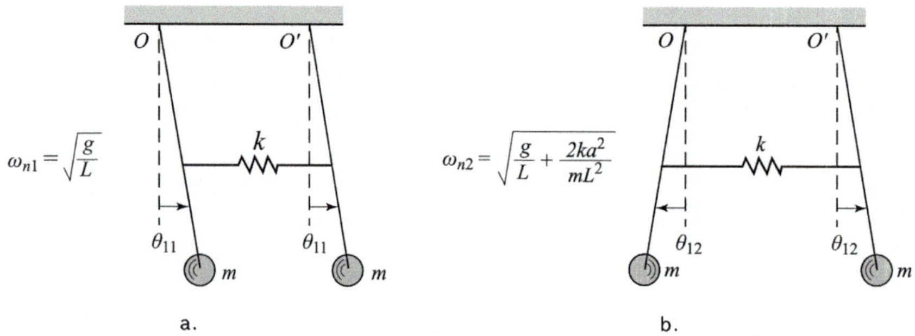

그림 6.13 두 단진자 계의 고유 모드

따라서 초기 가진에 의한 자유 응답은 일반적인 경우, 1, 2차 두 모드가 중첩되어

$$\begin{cases} \theta_1(t) = C_1\cos(\omega_{n1}t - \phi_1) + C_2\cos(\omega_{n2}t - \phi_2) \\ \theta_2(t) = C_1\cos(\omega_{n1}t - \phi_1) - C_2\cos(\omega_{n2}t - \phi_2) \end{cases} \tag{6.64 a,b}$$

와 같이 표현될 것이다. 이에 두 개의 모드가 모두 가진되도록 초기 조건을

$$\theta_1(0) = \theta_0,\ \theta_2(0) = 0,\ \dot{\theta}_1(0) = \dot{\theta}_2(0) = 0 \tag{6.65 a,b,c}$$

와 같이 주는 경우, 미지수 $C_1 = C_2 = 1/2$, $\phi_1 = \phi_2 = 0$이 되어 식 (6.66)과 같이 두 모드가 똑같은 비중을 갖으면서 진자들의 운동이 발생한다.

$$\begin{cases} \theta_1(t) = \frac{1}{2}\theta_0\cos w_{n1}t + \frac{1}{2}\theta_0\cos w_{n2}t = \theta_0\cos\frac{\omega_{n2}-\omega_{n1}}{2}t\ \cos\frac{\omega_{n2}+\omega_{n1}}{2}t \\ \theta_2(t) = \frac{1}{2}\theta_0\cos w_{n1}t - \frac{1}{2}\theta_0\cos w_{n2}t = \theta_0\sin\frac{\omega_{n2}-\omega_{n1}}{2}t\ \sin\frac{\omega_{n2}+\omega_{n1}}{2}t \end{cases} \tag{6.66 a,b}$$

참고로 위 식에서는 진폭이 같은 삼각 함수의 합을 곱으로 바꾸기 위하여 부록의 공식 (B.8), (B.9)가 사용되었다. 그런데 만일 k가 충분히 작아 $0 < k \ll mLg/a^2$라면 2차 고유 진동수 w_{n2}는

$$\omega_{n2} \cong \sqrt{\frac{g}{L}}\left(1+\frac{ka^2}{mLg}\right) \cong \omega_{n1} \tag{6.67}$$

과 같이 1차 고유 진동수와 근사한 값이 된다. 이 식의 도출 과정 중에는 다음과 같이 x가 충분히 작을 때 성립되는 멱(power) 급수 관련 식이 적용되었다(부록 식 (C.5) 참조).

$$(1+x)^r \cong 1+rx \tag{6.68}$$

따라서 맥놀이 주파수 w_B와 평균 주파수 w_{ave}를 각각

$$\omega_B = \omega_{n2} - \omega_{n1}, \ \omega_{ave} = (w_{n1} + w_{n2})/2 \tag{6.69 a,b}$$

와 같이 정의할 때, 상기 식 (6.66)을

$$\begin{cases} \theta_1(t) = \theta_0 \cos\dfrac{w_B}{2}t \ \cos\omega_{ave}t \cong \theta_0 \cos\dfrac{w_B}{2}t \ \cos\omega_{n1}t \\ \\ \theta_2(t) = \theta_0 \sin\dfrac{w_B}{2}t \ \sin\omega_{ave}t \cong \theta_0 \sin\dfrac{w_B}{2}t \ \sin\omega_{n1}t \end{cases} \tag{6.70 a,b}$$

와 같이 다시 쓸 수 있다. $w_B \ll w_{ave} \cong w_{n1}$이므로 위 식 중 $\cos w_{n1}t$와 $\sin w_{n1}t$는 각 진자의 요동을 묘사하는 시간 함수라고 볼 때 그들의 계수는 상대적으로 매우 낮은 주파수로 변화하는 진폭에 해당된다. 구체적으로 그들 응답을 시간 축에 대하여 도시해 보면, 그림 6.14와 같이 진폭이 최소치 0와 최대치 θ_0와 사이에서 느리게 그리고 반복적으로 변화하는 독특한 파형을 보인다.

더불어, 진폭의 주기가 T일 때 맥놀이의 주기는 $T/2$ 즉, $2\pi/w_B$임을 알 수 있다. 한편, 이러한 맥놀이 현상에 의하여 왼쪽 진자의 진폭이 점차 감소하였다가 다시 증가하는 동안 오른쪽 진자의 진폭은 반대로 점차 증가하였다가 감소한다. 이러한 현상은 맥놀이의 주기로 반복되는 데, 이는 두 진자가 스프링을 통하여 서로를 교대로 가진하되 그 주파수가 공진 주파수와 같아서 계에 주어진 초기의 역학적 에너지가 두 진자 사이에서 완벽하게 이동 즉, 전달됨을 의미한다.

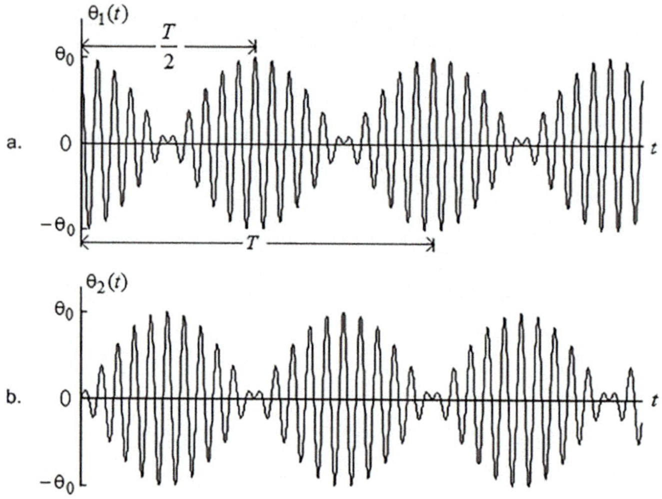

그림 6.14 맥놀이 현상을 보여주는 두 단진자 계의 응답

또 다른 맥놀이의 예로는, 동음으로 조율된 두 현악기 줄 간의 공진 발생과 그 때의 소리, 종 방향 진동과 비틀림 진동 모드의 고유 진동수가 거의 같아서 추를 당겼다 놓으면 그림 6.15과 같이 그 두 모드가 교대로 나타나는 윌버포스(Wilberforce) 진자의 거동, 소리굽쇠 한 쌍의 음향 간섭 이후의 소리 (사진 6.1 참조), 쌍동이 엔진 프로펠러 비행기의 엔진 소음, 성덕대왕 신종과 종 하부 바닥에 음각된 울림통 사이의 미세한 고유 진동수 차이에 의한 여음 (사진 6.2 참조) 등이 있다.

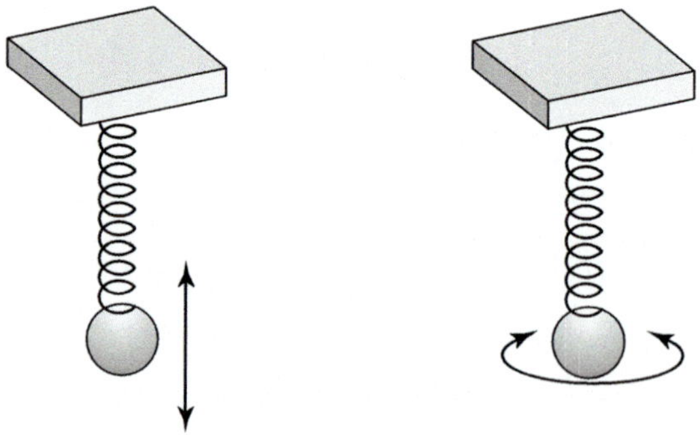

그림 6.15 윌버포스 진자

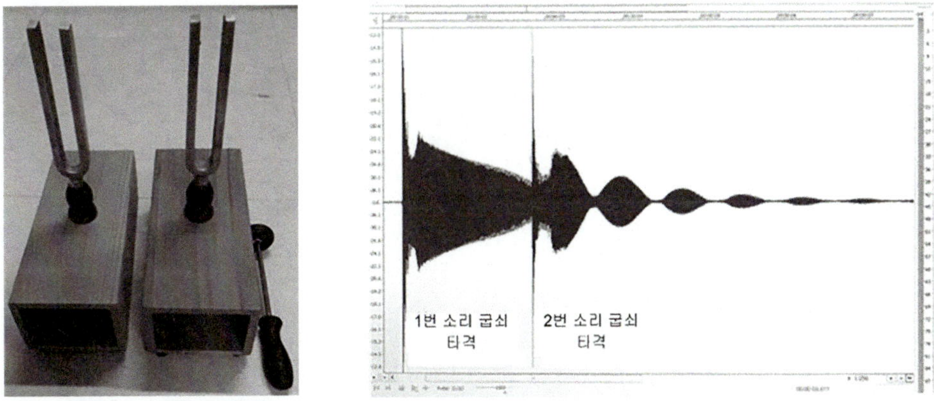

사진 6.1 한 쌍의 소리굽쇠와 그들 간의 음향 간섭 이전과 이후의 음파

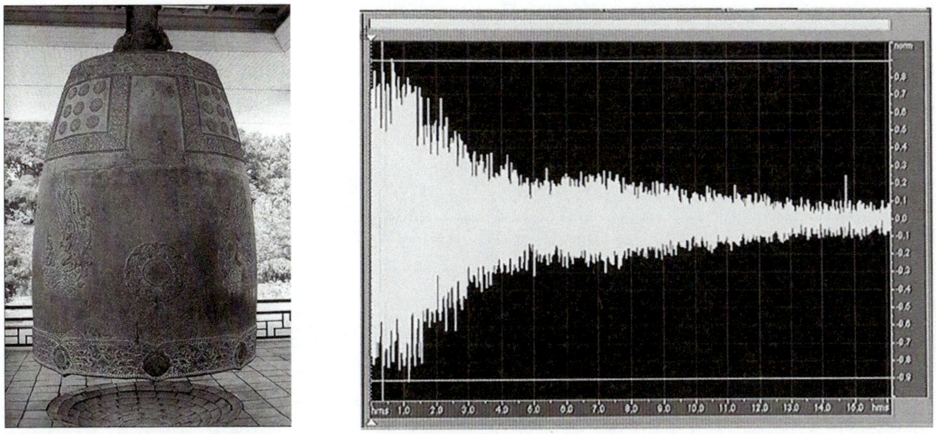

사진 6.2 성덕대왕 신종과 그 여음의 파형

6.9 조화 가진에 대한 응답

이제 다음과 같은 운동 방정식으로 표현되는, 원래는 임의의 다자유도이지만 일반성의 상실이 없기에 특별히 $n=2$인 계의 조화 가진에 대한 응답을 알아보자.

$$M\ddot{\boldsymbol{x}} + C\dot{\boldsymbol{x}} + K\boldsymbol{x} = \boldsymbol{F}(t) \tag{6.71}$$

여기서 $\boldsymbol{F}(t)$는 식 (6.72)와 같이 일정한 크기 $\boldsymbol{F}_0$와 주파수 w를 갖는 복소 조화 가진력이라고 하자.

$$\boldsymbol{F}(t) = \boldsymbol{F}_0 e^{i\omega t}, \ \boldsymbol{F}_0 = [F_1 \ F_2]^T \tag{6.72 a,b}$$

이에, 1-자유도 계 경우와 마찬가지로 특해로서

$$\boldsymbol{x}(t) = \boldsymbol{X}(i\omega)e^{i\omega t} \tag{6.73}$$

을 가정하여 상기 운동 방정식에 대입한다. 다만 이 때 크기 $\boldsymbol{X}(iw)$가 2x1 벡터라는 점은 특기할 필요가 있다.

그 결과,

$$\boldsymbol{X}(i\omega) = Z^{-1}(i\omega)\boldsymbol{F}_0 \tag{6.74}$$

와 같은 주파수 응답을 얻을 수 있다. 여기서 $Z(iw)$는 다음과 같은 임피던스 행렬이다.

$$Z(i\omega) = K - \omega^2 M + i\omega C \tag{6.75}$$

그러므로 임피던스 행렬의 요소를 편의상

$$Z(iw) = \begin{bmatrix} z_{11}(i\omega) & z_{12}(i\omega) \\ z_{12}(i\omega) & z_{22}(i\omega) \end{bmatrix} \tag{6.76}$$

와 같이 표기할 때, 식 (6.74)에 따르면 주파수 응답은 다음 식과 같이 구해진다.

$$X_1(i\omega) = \frac{z_{22}(i\omega)F_1 - z_{12}(i\omega)F_2}{z_{11}(i\omega)z_{22}(i\omega) - z_{12}^2(i\omega)}, \ X_2(i\omega) = \frac{-z_{12}(i\omega)F_1 + z_{11}(i\omega)F_2}{z_{11}(i\omega)z_{22}(i\omega) - z_{12}^2(i\omega)} \tag{6.77 a,b}$$

특별히 감쇠가 없어서 $C=0$이고 $m_{11}=m_1$, $m_{22}=m_2$, $m_{12}=m_{21}=0$, k_{ij}가 K 행렬의 i번째 행과 j번째 열의 요소인 경우, 주파수 응답은 위 식으로부터

$$\begin{cases} X_1(\omega) = \dfrac{(k_{22} - \omega^2 m_2)F_1 - k_{12}F_2}{(k_{11} - \omega^2 m_1)(k_{22} - \omega^2 m_2) - k_{12}^2} \\[2ex] X_2(\omega) = \dfrac{-k_{12}F_1 + (k_{11} - \omega^2 m_1)F_2}{(k_{11} - \omega^2 m_1)(k_{22} - \omega^2 m_2) - k_{12}^2} \end{cases} \tag{6.78 a,b}$$

와 같이 실수 값으로 구해진다. 이는 곧 응답의 위상각이 0 또는 180 라는 것을 의미한다. 또한 위 식의 분모는 w^2에 관한 이차 다항식으로서 사실상 특성 다항식 즉, $|K - w^2 M|$과 일치한다. 따라서 가진 주파수 w가 고유 진동수와 일치하는 경우 공진이 발생하여 응답의 크기가 무한대가 된다. 더불어 응답의 크기가 0이 되는 소위 반공진은, 위 식의 분자가 0이

되도록 적어도 해당 자유도에 외력이 직접 작용해야 발생 가능함도 알 수 있다.

예제 6.6 **앞에서 다룬 2-자유도 줄의 진동 문제에서 가진력 $\boldsymbol{F}=[F_1 \cos wt \ \ 0]^T$일 때 계의 주파수 응답을 구하라.**

비감쇠계이고 계수 행렬이 다음과 같으므로

$$M=m\begin{bmatrix}1 & 0\\ 0 & 2\end{bmatrix},\ K=k\begin{bmatrix}2 & -1\\ -1 & 3\end{bmatrix},\ k=\frac{T}{L} \tag{a}$$

식 (6.78)을 적용하면 주파수 응답을 식 (b)와 같이 구할 수 있다.

$$X_1(\omega)=\frac{F_1}{5k}\frac{3-2(\omega/\omega_{n1})^2}{[1-(\omega/\omega_{n1})^2][1-(\omega/\omega_{n2})^2]},\quad X_2(\omega)=\frac{F_1}{5k}\frac{1}{[1-(\omega/\omega_{n1})^2][1-(\omega/\omega_{n2})^2]} \tag{b}$$

여기에서 w_{n1}과 w_{n2}는

$$w_{n1}^2=k/m,\ w_{n2}^2=5k/2m \tag{c}$$

와 같은 1, 2차 고유 진동수이다. $F_1/k=1$일 때 상기 주파수 응답을 주파수 축에 대하여 도시하면 다음 그림과 같다. 그로부터 각 주파수에서의 자유도별 진폭, 고유 진동수, 고유 모드의 형상 등을 파악할 수 있다. 또한 모든 공진과 반공진 점을 전후하여 위상이 180° 만큼 변화하는 현상 역시 확인 가능하다.

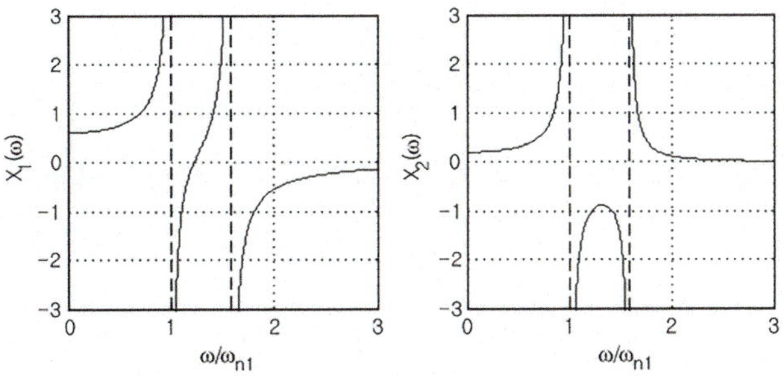

그림 6.16 비감쇠 2-자유도 계의 주파수 응답

6.10 흡진기

이 절에서는 진동에 취약한 임의의 계에 취부함으로써 그 본체의 진동을 억제하는 장치 즉, **흡진기**(vibration absorber), 동 흡진기, 또는 동조 질량 감쇠기(tuned mass damper) 등의 이름으로 불리는 장치에 대하여 알아본다. 이 장치는 점성 감쇠기와는 달리 하나의 계로서, 자체의 고유 진동수를 가진 주파수와 일치하도록 설계하여 가진력에 의한 진동 에너지를 최대한 흡수하는 방식으로 본체의 진폭을 최소화 한다.

다음 그림과 같이 본체에 흡진기가 설치된 전형적인 2-자유도 계의 경우를 고려하고 그의 운동 방정식을 구하면 다음과 같다.

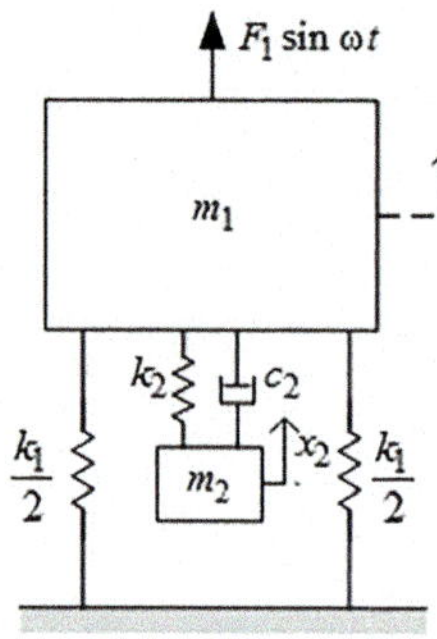

그림 6.17 흡진기

$$\begin{cases} m_1\ddot{x}_1 + c_2\dot{x}_1 - c_2\dot{x}_2 + (k_1+k_2)x_1 - k_2x_2 = F_1 \sin\omega t \\ m_2\ddot{x}_2 - c_2\dot{x}_1 + c_2\dot{x}_2 - k_2x_1 + k_2x_2 = 0 \end{cases} \qquad (6.79\ \text{a,b})$$

여기서 x_1과 x_2는 각각 본체와 흡진기의 동적 변위이며, m_1과 m_2는 각각 그들의 질량, k_1과 k_2는 그들의 스프링 상수를 나타내다. 또한 F_1과 w는 본체의 질량에 직접 작용하는 가진력의 크기와 가진 주파수를 의미한다.

설명의 간결성을 위하여 일단 감쇠 계수 c_2를 무시하면, 계가 비감쇠이므로 정상 상태에서 다음 식과 같이 주파수가 w이고 위상각이 0 또는 180° 인 실수 응답을 가질 것이 자명하다.

$$\boldsymbol{x}(t) = \text{Im}\,[\boldsymbol{X}(i\omega)e^{i\omega t}] = \boldsymbol{X}(w)\sin wt \quad \text{또는} \quad \begin{Bmatrix} x_1(t) \\ x_2(t) \end{Bmatrix} = \begin{Bmatrix} X_1(w) \\ X_2(w) \end{Bmatrix} \sin wt \qquad (6.80\ \text{a,b})$$

따라서 위 식을 상기 운동방정식에 대입하여 연산하거나 또는 식 (6.78)을 적용하면,

$$\begin{cases} X_1 = \dfrac{[1-(\omega/\omega_a)^2]x_{st}}{[1+\mu\beta^2-(\omega/\omega_n)^2][1-(\omega/\omega_a)^2]-\mu\beta^2} \\ \\ X_2 = \dfrac{x_{st}}{[1+\mu\beta^2-(\omega/\omega_n)^2][1-(\omega/\omega_a)^2]-\mu\beta^2} \end{cases} \qquad (6.81\ \text{a,b})$$

와 같은 주파수 응답을 얻을 수 있다. 여기서 $\omega_n = \sqrt{k_1/m_1}$는 본체 단독만의 고유 진동수, $\omega_a = \sqrt{k_2/m_2}$는 흡진기만의 고유 진동수, $x_{st} = F_1/k_1$는 가진력에 의한 본체의 정적 처짐, $\mu = m_2/m_1$는 질량비, $\beta = w_a/w_n$는 고유 진동수의 비이다.

만약에 $\omega = \omega_a$ 즉, 가진 주파수와 흡진기의 고유 진동수가 일치하는 경우 식 (6.81)부터 다음의 결과를 얻을 수 있다.

$$X_1 = 0,\ X_2 = -F_1/k_2 \tag{6.82 a,b}$$

즉, 본체의 진폭은 0이 되고 대신에 흡진기의 진폭은 0이 아닌 값을 갖는다. 이는 물리적으로 볼 때, 흡진기가

$$x_2 = -F_1/k_2\ \sin\omega t \tag{6.83}$$

와 같이 가진력과 반대 방향의 변위를 일으키게 되고 그에 따라 흡진기의 스프링이 본체의 질량 m_1에 작용하는 힘이 $-F_1\sin\omega t$이 되어 가진력과 상쇄되면서 본체가 진동하지 않게 됨을 의미하기도 한다.

이러한 흡진기의 설계 시에 추가로 고려해야 할 사항은, 질량비 μ가 클수록 2-자유도 계의 고유 진동수 간의 간격이 더 벌어지며 흡진 성능은 향상되지만 현실적으로는 그 크기가 제한된다는 점, 그리고 흡진기와 그의 운동을 수용할 수 있는 공간의 확보 여부 등이다. 예로서, 질량비 $\mu = 0.2$이고 고유 진동수의 비 $\beta = 1$인 경우, 본체의 주파수 응답을 계산한 결과는 다음 그림 6.18과 같다. 그로부터 흡진기 취부 이전에 원래 1-자유도이었던 계의 주파수 응답과 그 이후인 2-자유도계의 응답을 비교할 수 있다. 특별히 $w/w_n = 1$일 때 즉, 가진 주파수가 본체만의 고유 진동수와 같을 때, 원래 계의 진폭은 무한대이지만 흡진기 설치 후에는 0이 됨을 확인할 수 있다.

한편, 흡진기에 감쇠가 포함되는 경우에는 계의 1, 2차 고유 진동수에서의 진폭은 유한값으로 감소하나 가진 주파수 $w(=w_a)$ 근처에서의 진폭은 다소 커지게 된다. 이는 흡진기의 감쇠 계수 c_2를 고려하는 경우에 식 (6.77)에 따라 얻어지는 다음 식

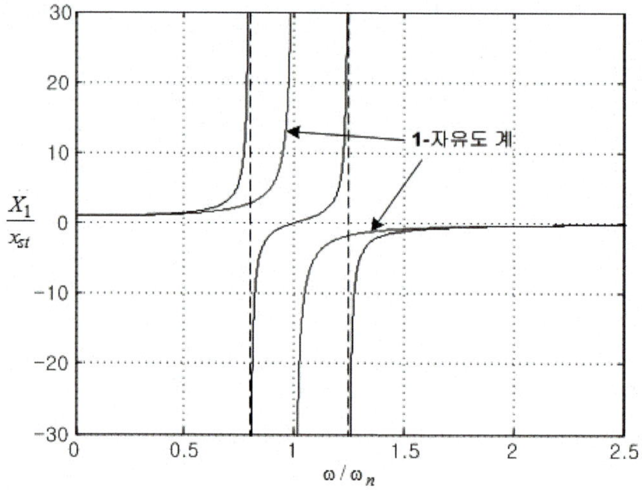

그림 6.18 본체의 무차원 주파수 응답 (비감쇠의 경우)

$$\begin{cases} X_1(iw) = \dfrac{[1-(\omega/\omega_a)^2 + i2\zeta(w/w_a)]\,x_{st}}{\Delta(iw)} \\[2ex] X_2(iw) = \dfrac{[1+i2\zeta(w/w_a)]\,x_{st}}{\Delta(iw)} \end{cases} \tag{6.84 a,b}$$

와 같은 복소 주파수 응답들의 크기 선도로부터 확인할 수 있다. 여기서 특성 다항식에 해당하는 분모의 식은 $\zeta_a = c_2/(2\sqrt{m_2 k_2})$라고 할 때 다음과 같다.

$$\begin{aligned} \Delta(iw) = {} & [1+\mu\beta^2 - (\omega/\omega_n)^2 + i2\zeta_a\beta\mu(w/w_n)][1-(\omega/\omega_a)^2 + i2\zeta_a(w/w_a)] \\ & - [\mu\beta^2 + i2\zeta_a\beta\mu(w/w_n)][1+i2\zeta_a(w/w_a)] \end{aligned} \tag{6.85}$$

다음 그림 6.19는 상기 사실을 확인하기 위한 것으로서 여전히 $\mu = 0.2$, β=1이되, ζ_a =0.1, 0.2, 0.6인 세 가지 경우에 대하여 얻은 감쇠 흡진기의 주파수 응답을 보여주고 있다.

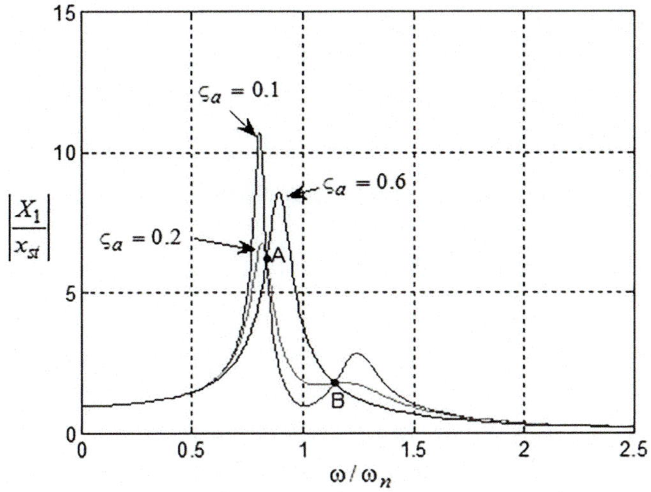

그림 6.19 본체의 무차원 주파수 응답의 크기 (감쇠의 경우)

그로부터 ζ_a의 값에 관계없이 응답 곡선이 항상 두 점 A와 B를 지나며, 특히 가진의 시작과 종료 시에 넘나드는 1차 고유 진동수와 가진 주파수에서의 진폭을 허용 범위 이내로 유지하기 위하여는 감쇠를 적절히 조정하는 것이 바람직함을 알 수 있다. 또한, 그림 6.18과 6.19로부터 예측할 수 있듯이 흡진기에 의한 진동 억제 방법은 감쇠 유무에 관계없이 가진 주파수가 가변적이거나 여러 성분을 갖는 경우에 효과가 없거나 오히려 역효과가 발생할 수도 있음에 유의해야 한다. 이에, 흡진기의 수를 늘리되 그들 각각이 본체의 주요 고유 진동수들과 일치하는 주파수를 갖도록 설치하기도 한다. 참고로, 흡진기는 기초의 진동으로부터 본체를 보호하고자 할 때에도 효과적으로 적용될 수 있다.

6.11 비감쇠 계의 비주기적 가진에 대한 응답

이 절에서는 임의의 형태의 비주기적 가진에 대한 n-자유도 대표적으로, n=2인 계의 응답을 다룬다. 먼저 모든 초기 조건은 0이고, 감쇠도 없는 것으로 가정한다. 이 때 운동 방정식은 다음 식과 같고, 여기서 $\boldsymbol{F}(t)$는 비주기적 가진력을 나타낸다.

$$M\ddot{\boldsymbol{x}} + K\boldsymbol{x} = \boldsymbol{F}(t) \tag{6.86}$$

해석적으로 응답을 구하기 위하여 컨벌루션 적분을 사용할 수 있는 데, 먼저 주어진 형태 공간 좌표 $\boldsymbol{x}$에서의 계산 방식을 설명하면 식 (5.26)과 동일한 개념인

$$x(t) = \int_0^t G(t-\tau)F(\tau)d\tau \text{ 또는 } \int_0^t G(\tau)F(t-\tau)d\tau \tag{6.87}$$

와 같다. 단, 2-자유도 계에서는 가진력과 응답이 벡터이기에 임펄스 응답은 행렬이 되는 차이만 있을 뿐이다. 그러한 **임펄스 응답 행렬**은

$$G(t) = \begin{bmatrix} g_{11}(t) & g_{12}(t) \\ g_{12}(t) & g_{22}(t) \end{bmatrix} = \mathcal{L}^{-1}[G(s)] \tag{6.88}$$

와 같은 일반적인 2x2 행렬이며, 식 (5.32)에서와 같은 원리로 다음에 나타낸 계의 **전달함수 행렬** $G(s)$의 라플라스 역변환식이다.

$$G(s) = (Ms^2 + K)^{-1} \tag{6.89}$$

그러나 상기 방법은 운동 방정식이 연성이 되어 비대각 전달함수 행렬의 역행렬을 계산해야 하는 단점이 있다. 이러한 문제는 계의 자유도 수가 증가할수록 더욱 심각해진다. 이에, 그 대안으로서 모드 좌표에서의 컨벌루션 적분을 권장한다. 즉,

$$x(t) = U\,q(t) \text{ 또는 } x(t) = q_1(t)u_1 + q_2(t)u_2 \tag{6.90}$$

와 같은 좌표 변환을 실행하여 운동 방정식 (6.86)에 대입하면 다음 식을 얻는다.

$$MU\ddot{q} + KUq = F \tag{6.91}$$

여기서 U와 q는 종래와 같이 각각 모드 행렬과 모드 좌표이다. 이에 더 나아가 위 식의 양변에 U^T를 앞에서 곱해주면, 고유 벡터들이 질량 행렬에 대하여 정규화된 경우의 **직교정규성**(orthonormality) 즉, 식 (6.48)과 (6.50)에 따라 비연성화된 모드 방정식

$$\ddot{q} + \Lambda q = N \text{ 또는 } \ddot{q}_i + \omega_{ni}^2 q_i = N_i, \quad i = 1 \;\&\; 2 \tag{6.92}$$

를 얻을 수 있다. 여기에서 고유치 행렬 Λ와 모드 힘 벡터 N는 다음과 같다.

$$\Lambda = \begin{bmatrix} \omega_{n1}^2 & 0 \\ 0 & \omega_{n2}^2 \end{bmatrix}, \quad N = U^T F \tag{6.93a,b}$$

따라서, 마치 독립적인 두 개의 1-자유도계가 존재하는 것처럼 위 식 (6.92)를 취급하되 초기 조건이 0이므로

$$q_i(t) = \int_0^t g_i(t-\tau)\, N_i(\tau)\, d\tau \quad \text{또는} \quad \int_0^t g_i(\tau)\, N_i(t-\tau)\, d\tau \tag{6.94}$$

와 같이 컨벌루션 적분에 의해 개별적인 응답을 구할 수 있다. 여기서 $g_i(\tau)$는 단위 질량을 갖는 모드 방정식 (6.92)의 임펄스 응답으로서 구체적으로는 다음과 같다.

$$g_i(\tau) = \frac{1}{\omega_{ni}} \sin\omega_{ni}\tau \tag{6.95}$$

최종적으로, 식 (6.94)로 구한 모드 좌표 값을 좌표 변환식 (6.90)에 대입함으로써 원래 주어진 형태 좌표값으로 계의 응답을 구할 수 있다. 위와 같은 모드 좌표 방법은 계의 자유도가 증가할수록 계산량이 늘어나긴 해도 복잡해지지는 않는 장점을 갖는다.

예제 6.7 앞의 예제에서 다룬 2-자유도 줄 모델에 다음 그림과 같은 사각 펄스 형태의 비주기적 가진력이 작용할 때 시간 응답을 구하라. 초기 조건은 0이며 가진력 벡터 $\boldsymbol{F}(t) = [0 \ \ F_2(t)]^T$이다.

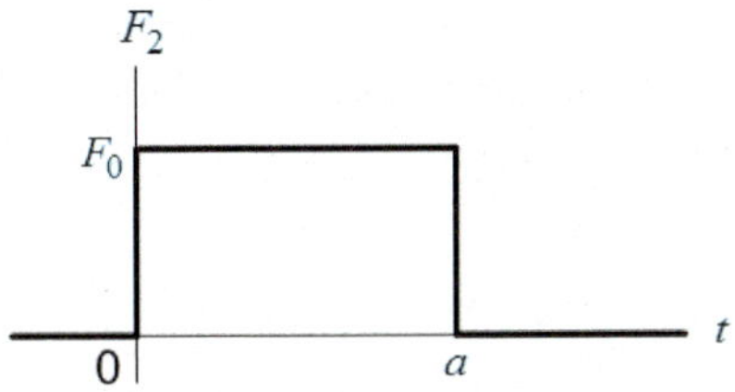

그림 6.20 가진력 F_2의 파형

가진력을 연속된 시간 함수로 표현하면 다음과 같으므로 해로서 두 개의 계단 응답을 중첩하는 것이 효율적 방안이다.

$$F_2(t) = F_0[\mu(t) - \mu(t-a)] \tag{a}$$

또한 각 계단 응답 역시 모드 좌표를 이용하는 것이 효율적이므로, 줄 진동에 관한 기존의 모드 해석 결과인

$$\omega_{n1} = \sqrt{\frac{T}{mL}}, \quad \omega_{n2} = \sqrt{\frac{5T}{2mL}} \tag{b}$$

$$u_1 = \begin{Bmatrix} 1 \\ 1 \end{Bmatrix}, \quad u_2 = \begin{Bmatrix} 1 \\ -0.5 \end{Bmatrix} \tag{c}$$

을 적용하면 식 (d)와 (e)를 얻을 수 있다.

$$U^T M U = \begin{bmatrix} 1 & 1 \\ 1 & -0.5 \end{bmatrix}^T m \begin{bmatrix} 1 & 0 \\ 0 & 2 \end{bmatrix} \begin{bmatrix} 1 & 1 \\ 1 & -0.5 \end{bmatrix} = m \begin{bmatrix} 3 & 0 \\ 0 & 1.5 \end{bmatrix} \tag{d}$$

$$U^T K U = \begin{bmatrix} 1 & 1 \\ 1 & -0.5 \end{bmatrix}^T \frac{T}{L} \begin{bmatrix} 2 & -1 \\ -1 & 3 \end{bmatrix} \begin{bmatrix} 1 & 1 \\ 1 & -0.5 \end{bmatrix} = \frac{T}{L} \begin{bmatrix} 3 & 0 \\ 0 & 3.75 \end{bmatrix} = m \begin{bmatrix} 3w_{n1}^2 & 0 \\ 0 & 1.5w_{n2}^2 \end{bmatrix} \tag{e}$$

따라서 식 (6.92)에 해당하는 모드 방정식은 식 (f), 보다 구체적으로는 (g)와 같다.

$$U^T M U \ddot{\boldsymbol{q}} + U^T K U \boldsymbol{q} = \boldsymbol{N} \tag{f}$$

$$\ddot{q}_1 + w_{n1}^2 q_1 = \frac{N_1}{3m}, \quad \ddot{q}_2 + w_{n2}^2 q_2 = \frac{N_2}{1.5m} \tag{g}$$

여기서 벡터 $\boldsymbol{N} = U^T \boldsymbol{F} = [N_1 \ N_2]^T$의 요소는 구체적으로

$$N_1 = F_2(t), \ N_2 = -0.5F_2(t) \tag{h}$$

이므로, 모드 좌표 q_1은 식 (g)로부터 다음과 같이 구해질 수 있다.

$$q_1(t) = \int_0^t g_1(t-\tau) \frac{F_2(\tau)}{3m} d\tau, \text{ 여기서 } g_1(t) = \frac{1}{w_{n1}} \sin w_{n1} t \tag{i}$$

한편, $F_2(t)$중 $F_0 \mu(t)$ 성분만의 응답을 편의상 $q_{11}(t)$라고 하면 이는 위 식에 의거하여 다음과 같이 구해진다.

$$q_{11}(t) = \frac{F_0}{3mw_{n1}^2} (1 - \cos w_{n1} t) \mu(t) \tag{j}$$

그리고 $F_2(t)$중 $F_0 \mu(t-a)$ 성분에 대한 응답 q_{12}는 q_{11}을 이용하면

$$q_{12}(t) = q_{11}(t-a) \tag{k}$$

와 같다. 마침내 위 두 가지 성분의 중첩에 의하여 모드 좌표 q_1은 다음과 같이 구해진다.

$$q_1 = q_{11} - q_{12} = \frac{F_0}{3mw_{n1}^2} [(1 - \cos w_{n1} t) \mu(t) - \{1 - \cos w_{n1}(t-a)\} \mu(t-a)] \tag{l}$$

마찬가지 방법으로, 모드 좌표 q_2도 다음과 같이 구해질 수 있다.

$$q_2 = -\frac{F_0}{3mw_{n2}^2} [(1 - \cos w_{n2} t) \mu(t) - \{1 - \cos w_{n2}(t-a)\} \mu(t-a)] \tag{m}$$

이에 최종적으로 형태 좌표 변위는, 위 식 (l)과 (m)를 (6.90)에 대입함으로써

$$x_1(t) = \frac{F_0 L}{3T} < \left\{ (1-\cos\sqrt{\frac{T}{mL}}\,t)\mu(t) - [1-\cos\sqrt{\frac{T}{mL}}\,(t-a)]\mu(t-a) \right\} - \frac{1}{2.5}\left\{ (1-\cos\sqrt{\frac{5T}{2mL}}\,t)\mu(t) - [1-\cos\sqrt{\frac{5T}{2mL}}\,(t-a)]\mu(t-a) \right\} > \tag{n}$$

$$x_2(t) = \frac{F_0 L}{3T} < \left\{ (1-\cos\sqrt{\frac{T}{mL}}\,t)\mu(t) - [1-\cos\sqrt{\frac{T}{mL}}\,(t-a)]\mu(t-a) \right\} + \frac{1}{5}\left\{ (1-\cos\sqrt{\frac{5T}{2mL}}\,t)\mu(t) - [1-\cos\sqrt{\frac{5T}{2mL}}\,(t-a)]\mu(t-a) \right\} > \tag{o}$$

와 같이 구해진다. 참고로, $T/L = 1$ N/m, $m = 1$ kg, $a = 2$ s, $F_0 = 1$ N인 경우 상기 응답을 도시하면 시간의 흐름에 따라 다음 그림과 같은 추이를 보인다.

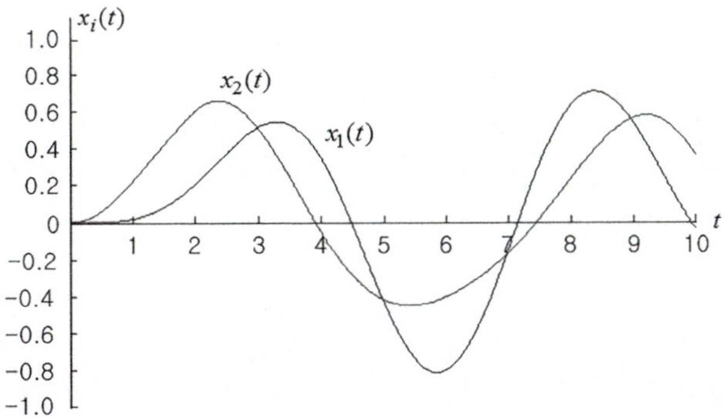

그림 6.21 사각 펄스에 대한 2-자유도 줄 모델의 시간 응답

6.12* 감쇠 계의 비주기적 가진에 대한 응답

이 절에서는 임의의 형태의 비주기적 가진에 대한 n-자유도 감쇠 계의 응답을 다룬다. 이 때의 운동 방정식은

$$M\ddot{\boldsymbol{x}} + C\boldsymbol{x} + K\boldsymbol{x} = \boldsymbol{F}(t) \tag{6.96}$$

와 같고, 여기서 $\boldsymbol{F}(t)$는 비주기적 가진력을 나타낸다. 편의상 모든 초기 조건은 0이라고 할 때, 양변에 **라플라스 변환**을 취하고 정리하면

$$\boldsymbol{X}(s) = G(s)\boldsymbol{F}(s) \tag{6.97}$$

을 얻을 수 있다. 이 식은 (5.46)과 같은 모양이나 입력과 출력이 모두 벡터이고 $G(s)$는 다음과 같은 전달함수 행렬인 점에 차이가 있다.

$$G(s) = (Ms^2 + Cs + K)^{-1} \tag{6.98}$$

시간 응답을 구하기 위하여는 식 (6.97)을 라플라스 역변환 해야 하는 데, 이 때는 **보렐의 정리**라고도 불리는 라플라스 변환의 성질(부록 D 10번 항 참조)에 따라 다음 식에서 표현된 바와 같이 가진력 벡터 $\boldsymbol{F}(t)$와 전달함수 행렬의 역변환식인 임펄스 응답 행렬 $G(t)$의 **컨벌루션 적분**으로 구해질 수 있다.

$$\boldsymbol{x}(t) = \int_0^t G(t-\tau)\boldsymbol{F}(\tau)d\tau \quad \text{또는} \quad \int_0^t G(\tau)\boldsymbol{F}(t-\tau)d\tau \tag{6.99}$$

그러나, 위와 같은 형태 좌표계에서의 계산은 자유도간의 연성으로 인하여 자유도 수가 증가함에 따라 계산과정이 급격히 복잡해지는 단점이 있다. 따라서 가급적이면 모드해석을 통하여 연성이 없는 모드 좌표계로 변환한 후 개별 모드 방정식의 응답을 컨벌루션 적분으로 구하고 이들을 원래의 좌표계로 환원하는 방식이 바람직하다. 다만, 이를 위하여는 계의 감쇠가 α와 β가 임의의 실수일 때 다음 식을 만족하는 소위 **비례 감쇠**이어야만 한다.

$$C = \alpha M + \beta K \tag{6.100}$$

왜냐하면 그 경우에만 바로 앞 절의 좌표 변환 식 (6.90)로부터 (6.92)에 이르는 과정에서와 같이 고유 벡터의 직교 정규성에 힘입어 운동 방정식 (6.96)이

$$\ddot{\boldsymbol{q}} + U^T C U \dot{\boldsymbol{q}} + \Lambda \boldsymbol{q} = U^T \boldsymbol{F} \tag{6.101}$$

로 변형될 때, 1차 미분항의 계수 행렬도 다음과 같은 대각 행렬이 되어 연성이 완전히 해제되기 때문이다.

$$U^T C U = \alpha I + \beta \Lambda \tag{6.102}$$

6.13* 영향 계수

이산계의 운동 방정식에 항상 포함되며 정적 힘과 변위의 관계를 나타내는 강성 행렬을 구하기 위하여 우리는 **영향 계수**(influence coefficient)의 개념을 이용할 수 있다. 영향 계수는 다시 강성 영향 계수와 유연성 영향 계수로 세분될 수 있는데, 그들은 공히 대칭 행렬이면서 상호 역행렬의 관계에 있다.

그중 **강성 영향 계수**를 먼저 소개하면, 다음 그림에서와 같은 n-자유도 선형 이산 계에

서 질량들에 작용하는 힘 벡터 $\boldsymbol{F}$와 그들의 변위 벡터 $\boldsymbol{u}$ 사이의 관계식 (6.103)을 만족하는 강성 행렬 K의 요소이다.

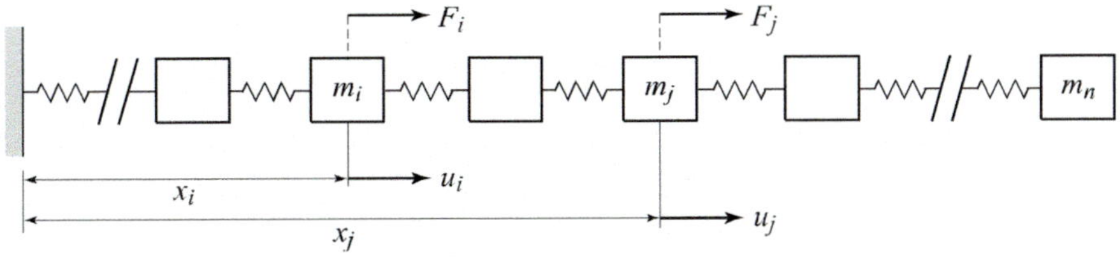

그림 6.22 n-자유도 선형 이산 계

$$\boldsymbol{F} = K\boldsymbol{u} \quad \text{또는} \quad F_i = \sum_{j=1}^{n} k_{ij}\, u_j, \ \ i = 1, 2, \dots, n \tag{6.103}$$

따라서 대표적 요소 k_{ij}는 j-번째 질량에만 단위 변위가 발생하고 나머지 질량은 고정될 때 i-번째 질량에 작용하는 정적 힘에 해당한다.

반면에, **유연성 영향 계수**는 동 그림에서 질량들의 변위 벡터 $\boldsymbol{u}$와 정적 힘 벡터 $\boldsymbol{F}$ 사이의 관계식

$$\boldsymbol{u} = A\boldsymbol{F} \quad \text{또는} \quad u_i = \sum_{j=1}^{n} a_{ij} F_j, \ \ i = 1, 2, \dots, n \tag{6.104}$$

을 만족하는 유연성 행렬 A의 요소이다. 따라서 요소 a_{ij}는 j-번째 질량에만 단위 힘이 작용하고 나머지 질량에는 힘이 작용하지 않을 때, i-번째 질량에 발생하는 변위에 해당한다.

이제 식 (6.104)를 (6.103)에 대입하면

$$\boldsymbol{F} = KA\boldsymbol{F} \tag{6.105}$$

를 얻을 수 있다. 그러므로 행렬 K와 A는 다음 식이 의미하듯이 상호 역행렬의 관계에 있으며, K가 대칭 행렬이기에 A도 대칭임을 확인할 수 있다.

$$K = A^{-1}, \ \ A = A^T \tag{6.106a,b}$$

예외가 존재할 수 있지만, 일반적으로 볼 때 변위를 제어해야 하고 힘 센서를 필요로 하는 강성 계수보다는 하중을 주고 변위 센서를 사용하는 유연성 계수가 실험적으로 구하기에는 더 용이하다. 따라서 실험에 의존하는 경우 먼저 유연성 행렬을 구하고 그의 역행

렬로부터 강성 행렬을 구하는 것이 바람직하다.

예제 6.8 그림과 같은 3−자유도 계의 유연성 행렬과 강성 행렬을 정의에 입각하여 구하라.

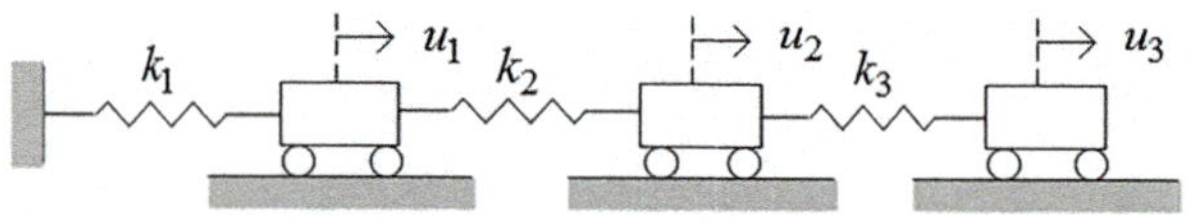

그림 6.23 3−자유도 계

유연성 행렬을 구하기 위하여 다음 그림 6.24의 a에서와 같이 첫 번째 질량에 단위 힘을 주었을 때 발생하는 변위 u_1, u_2, u_3를 계산하면 각각 유연성 영향 계수 a_{11}, a_{21}, a_{31}을 다음과 같이 구할 수 있다.

$$a_{11} = a_{21} = a_{31} = 1/k_1 \tag{a}$$

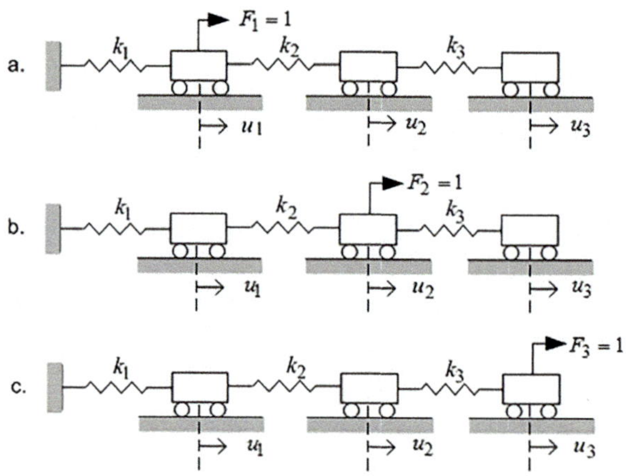

그림 6.24 유연성 영향 계수의 도출 과정

마찬가지로 동 그림의 b와 같이 두 번째 질량에 단위 하중을 주었을 때 발생하는 질량들의 변위로부터 유연성 영향 계수 a_{12}, a_{22}, a_{32}를, 그리고 c와 같이 세 번째 질량에 단위 하중을 주었을 때 발생하는 변위들로부터 a_{13}, a_{23}, a_{33}를 구할 수 있다. 이들 결과를 종합하면 유연성 행렬은 식 (b)와 같다.

$$A = \begin{bmatrix} \dfrac{1}{k_1} & \dfrac{1}{k_1} & \dfrac{1}{k_1} \\ \dfrac{1}{k_1} & \dfrac{1}{k_1}+\dfrac{1}{k_2} & \dfrac{1}{k_1}+\dfrac{1}{k_2} \\ \dfrac{1}{k_1} & \dfrac{1}{k_1}+\dfrac{1}{k_2} & \dfrac{1}{k_1}+\dfrac{1}{k_2}+\dfrac{1}{k_2} \end{bmatrix} \tag{b}$$

한편, 강성 행렬을 구하기 위하여는 그림 6.25의 a에서와 같이 첫 번째 질량에 단위 변위를 허용하고 나머지 질량은 구속되도록 각 질량에 작용하는 힘을 힘의 평형 조건을 이용하여 계산하여야 한다. 그렇게 구한 F_1, F_2, F_3는 각각 강성 영향 계수 k_{11}, k_{21}, k_{31}로서 다음과 같다.

$$k_{11} = k_1 + k_2, \quad k_{21} = -k_2, \quad k_{31} = 0 \tag{c}$$

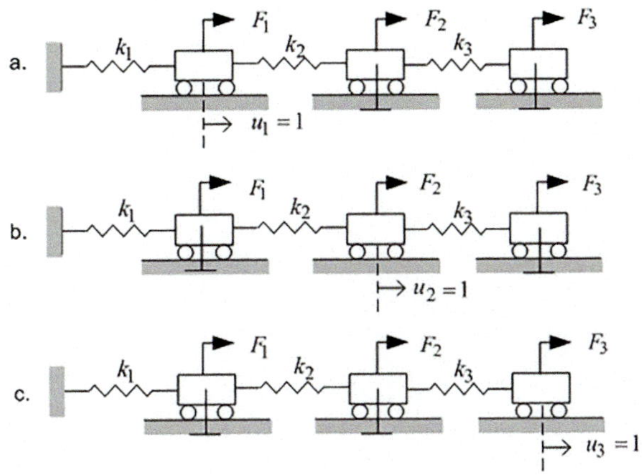

그림 6.25 강성 영향 계수의 도출 과정

마찬가지로 동 그림의 b와 같이 두 번째 질량에 단위 변위가 발생하고 나머지 질량들이 고정되도록 작용하는 각 질점의 외력을 구하면 k_{12}, k_{22}, k_{32}를, 마지막으로 c와 같이 변위가 발생하도록 각 질량에 작용하는 힘으로부터 k_{13}, k_{23}, k_{33}를 구할 수 있다. 이들 결과를 종합하면 강성 행렬은 식 (d)와 같다.

$$K = \begin{bmatrix} k_1+k_2 & -k_2 & 0 \\ -k_2 & k_2+k_3 & -k_3 \\ 0 & -k_3 & k_3 \end{bmatrix} \tag{d}$$

6.14 메틀랩 활용

6장에서는 총 2개의 메틀랩 소스 파일을 공개한다. 그중 하나는 예제 6.5에서 다룬 2-자유도 줄 모델의 초기 조건에 대한 자유 응답을 계산하고 도시하는 프로그램으로서, 고유치 계산에 편리한 'eig'라는 명령어를 사용하고 있음에 주목하기 바란다. 한편, 그 실행 결과도 그림 6.26에 제시하였는데 그로부터 진동의 주기성은 전혀 찾아 볼 수 없다. 그 이유는 신호에 포함된 2개의 고유 진동수간의 비 w_{n2}/w_{n1}가 $\sqrt{2.5}$인 무리수이기 때문이다.

두 번째 프로그램 역시 동일한 줄 모델을 대상으로 하여 예제 6.6의 주파수 응답을 계산하고 그림 6.16와 같은 결과를 도시하는 기능을 갖고 있다. 이 프로그램에서는 특히 정교한 그림을 그리기 위한 다양한 명령어들이 사용되었다. 한편, 상기 그림에서 무차원 주파수 w/w_{n1}의 값이 1과 $\sqrt{2.5}$일 때 보이는 수직 점선은 단지 주파수 응답의 점근선일 뿐이다.

프로그램 6.1 : 2-자유도 줄 모델의 자유 응답

```
% 줄의 2-자유도계 이산화 모델의 자유 응답을 계산하고 도시
clear
clf

M=[1 0;0 2];        % 질량 행렬
K=[2 -1;-1 3];      % 강성 행렬
[u,W]=eig(K,M);     % 고유치 해석

% 고유 벡터의 정규화
u(:,1)=u(:,1)/max(u(:,1));
u(:,2)=u(:,2)/max(u(:,2));

   % 고유 진동수 정렬
   [w(1),I1]=min(max(W));
   [w(2),I2]=max(max(W));
   w(1)=sqrt(w(1));
   w(2)=sqrt(w(2));

   % 모드 행렬 구축
   U(:,1)=u(:,I1);
   U(:,2)=u(:,I2);

   % 초기 조건
   x0=[1.2;0];
   v0=[0;0];

   t=[0:0.01:50]; % 시뮬레이션 시간 범위

   x1=(((U(2,2)*x0(1)-U(1,2)*x0(2))*cos(w(1)*t)+(U(2,2)*v0(1)-U(1,2)*v0(2))*sin(w(1)*t)...
   /w(1))*U(1,1)+((U(1,1)*x0(2)-U(2,1)*x0(1))*cos(w(2)*t)+(U(1,1)*v0(2)-U(2,1)*v0(1))...
   *sin(w(2)*t)/w(2))*U(1,2))/det(U);

 x2=(((U(2,2)*x0(1)-U(1,2)*x0(2))*cos(w(1)*t)+(U(2,2)*v0(1)-U(1,2)*v0(2))*sin(w(1)*t)...
 /w(1))*U(2,1)+((U(1,1)*x0(2)-U(2,1)*x0(1))*cos(w(2)*t)+(U(1,1)*v0(2)-U(2,1)*v0(1))...
 *sin(w(2)*t)/w(2))*U(2,2))./det(U);

 subplot(2,1,1); plot(t,x1); xlabel('t(s)'); ylabel('x_1(t)'); title('초기 조건에 대한 응답')
 subplot(2,1,2); plot(t,x2); xlabel('t(s)'); ylabel('x_2(t)')
```

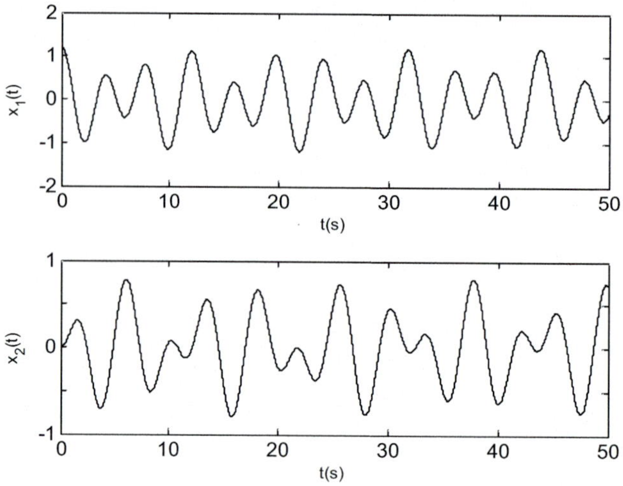

그림 6.26 2-자유도 줄 모델의 자유 응답

프로그램 6.2 : 2-자유도 줄 모델의 주파수 응답

```
% 줄의 2-자유도계 이산화 모델의 주파수 응답을 계산하고 도시
clear
clf

a=2/5;
r=[0:0.0015:3]; % 무차원 주파수의 범위

X1=(3-2*r.^2)./(5*(1-r.^2).*(1-a*r.^2)); % 질량 m1의 주파수 응답
X2=1./(5*(1-r.^2).*(1-a*r.^2));          % 질량 m2의 주파수 응답

axes('position',[0.1 0.15 0.35 0.45]) % 그림의 위치 및 크기 지정
plot(r,X1)
title('Frequency Response')
xlabel('\omega/\omega_{n1}')
ylabel('X_1(\omega)')
axis([0 3 -3 3])                      % 데이터의 x, y축 도시 범위
grid                                  % 바탕 눈금 표시

axes('position',[0.55 0.15 0.35 0.45]) % 그림의 위치 및 크기 지정
plot(r,X2)
title('Frequency Response')
xlabel('\omega/\omega_{n1}')
ylabel('X_2(\omega)')
axis([0 3 -3 3])                      % 데이터의 x, y축 도시 범위
grid                                  % 바탕 눈금 표시
```

6.15 요약

6장에서는 독자의 이해를 돕기 위하여 일반성의 상실 없이 비교적 간단한 2-자유도 계를 자주 예로 들어가며 다자유도 계의 진동 해석 방법에 대하여 소개하였다. 가장 먼저 1절에서는 계가 가질 수 있는 운동의 기하학적 형태를 살펴보았으며, 그 다음 2와 3절에서는 다자유도계가 갖는 복수개의 고유 진동수와 고유 벡터와 같은 개념들을 1-자유도 계와 비교해가며 설명하였다.

또한 4, 5절에서는 각각 감쇠가 없는 경우와 있는 경우에 대하여 다자유도 계의 자유 응답을 구하는 방법을 소개하였으며 그 과정 중에 형태 좌표를 사용하는 운동 방정식의 비효율성과 복소 고유해의 물리적 의미 등을 살펴보았다. 그에 따라 6, 7절에서는 모드행렬을 이용한 좌표 변환을 통하여 비연성적인 모드 방정식을 얻을 수 있음과 그에 따른 해석상의 효율성을 보였다. 8절에서는 다자유도 계의 자유 응답에서 나타날 수 있는 맥놀이 현상의 원리를 설명하고 예들을 소개하였다.

9와 10절에서는 다자유도의 조화 가진에 대한 강제 응답을 구하는 방법과 그러한 진동을 억제할 수 있는 흡진기의 원리 등을 설명하였고, 뒤 이어 11, 12절에서는 비주기적 가진에 대한 강제 응답을 계산하는 방법을 소개하였다. 그러한 과정 중에도 모드 방정식의 유용성이 또 다시 강조되었다.

특히 5 및 12절 즉, 감쇠가 있는 다자유도계의 고유해와 자유 응답 그리고 비주기적 가진에 대한 응답 관련 내용은 학부 수준을 다소 넘지만 이 책이 지향하는 주제의 내용적 완결성을 위하여 포함되었으며, 그와 같은 맥락에서 13절의 영향 계수도 다루어 졌다. 말미의 14절에는 각각 2-자유도 계의 초기 가진에 대한 응답과 주파수 응답을 신속하고 정확하게 수치 계산하고 그래프로 도시할 수 있는 메틀랩 프로그램 2종을 공개하였다.

연습문제

6.1 그림과 같은 2-자유도 계의 비틀림 각 변위에 관한 운동 방정식을 유도하라. 원판의 극 질량 관성 모멘트는 각각 I_1, I_2이고 축의 질량은 무시하며 그들의 비틀림 강성은 각각 GJ_1, GJ_2이다.

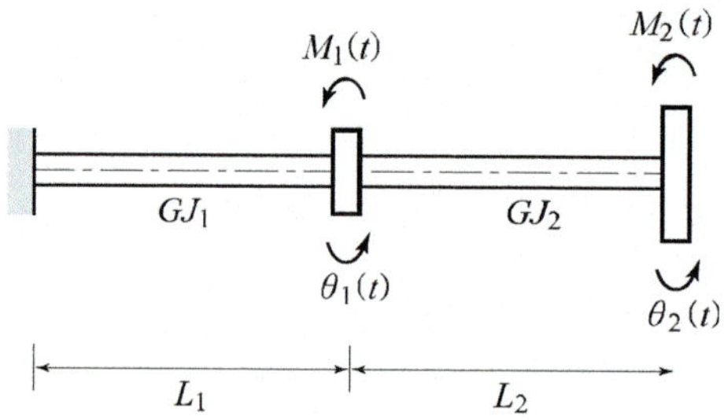

그림 P6.1

6.2 변위가 각각 $x_1 = 4\cos w_1 t$, $x_2 = 3\cos w_2 t$인 진동 두개가 간섭할 때 맥놀이의 주파수는 몇 Hz인가? w_1과 w_2는 각각 39, 38 rad/s이다.

6.3 다음 그림의 계에 대하여 답하라. (a) 주어진 형태 좌표에서의 질량 행렬과 강성 행렬은? (b) 1차 고유 진동수는? (c) 1차 고유 모드 벡터는?

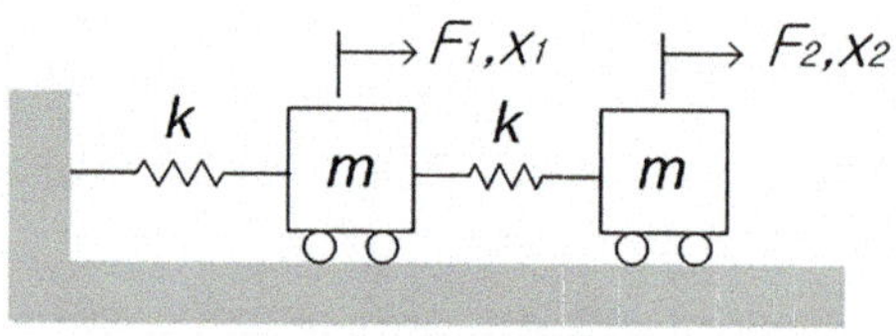

그림 P6.3

6.4 문제 6.3.에 관한 다음의 진술 중 틀린 것은?

① 2-자유도 계로서 두개의 고유 진동 모드를 갖는다.

② 고유 진동 모드는 질량과 강성 행렬 모두에 대하여 상호 직교한다.

③ 상기 좌표 x_1과 x_2는 모드 좌표이기도 하다.

6.5 다음 진술 중 맞는 것은 T, 틀린 것은 F로 답하라. (a) 변위가 각각 $x_1 = 2\cos 38t$, $x_2 = 2\cos 39t$인 진동 2개가 상호 간섭하면 맥놀이가 발생할 수 있으며 그 진동수는 1 rad/s이다. (b) n−자유도 계의 고유 모드는 n개이다. (c) 고유 모드들은 항상 질량 행렬과 강성 행렬에 대하여 상호 직교한다. (d) 2−자유도 진동계의 질량, 감쇠, 강성 행렬 중 질량과 강성 행렬만이 대칭이 될 수 있다.

6.6 $M\ddot{\boldsymbol{\theta}} + K\boldsymbol{\theta} = 0$로 표현되는 계에 대하여 (a) 고유 진동수를 구하라. (b) 고유 벡터를 구하고 모드 형상을 스케치하라. (c) 계의 운동 방정식을 모드 방정식으로 변환하라. 여기서 $M = I\begin{bmatrix} 1 & 0 \\ 0 & 1 \end{bmatrix}$, $K = \dfrac{GJ}{L}\begin{bmatrix} 1 & -1 \\ -1 & 1 \end{bmatrix}$, $\boldsymbol{\theta} = \begin{Bmatrix} \theta_1(t) \\ \theta_2(t) \end{Bmatrix}$이다.

6.7 그림과 같은 **반한정(semi-definite) 계**에 대하여 (a) 계의 운동 방정식을 행렬 방정식 형태로 구하라. (b) 고유 진동수를 구하라. (c) 고유 모드 벡터를 구하되 첫번째 요소가 1이 되는 정규화를 시행하라. (d) 계의 운동 방정식을 모드 방정식으로 변환하라.

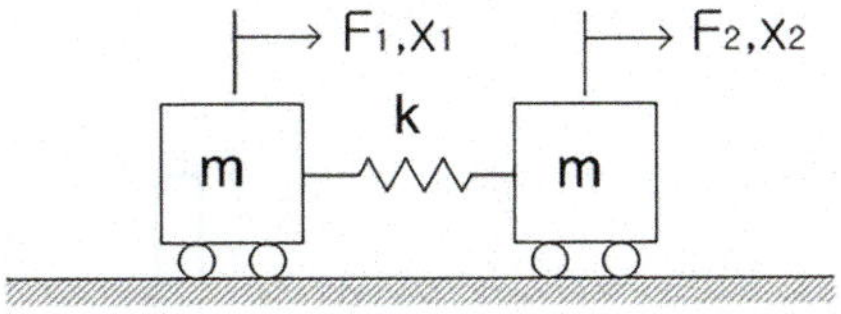

그림 P6.7

6.8 그림과 같이 내부에 질량 m_1을 갖고 있는 상자를 정지 상태로 들고 있다가 놓는 경우에 대하여 (a) 운동 방정식, (b) 고유 진동수와 모드 벡터, (c) 모드 방정식, (d) 계의 시간 응답, (e) 상자에 대한 내부 질량의 상대 변위를 구하라. 단, 중력가속도는 g이며 변위 x_1과 x_2는 스프링의 변형 전 위치를 기준으로 하는 절대 변위이다.

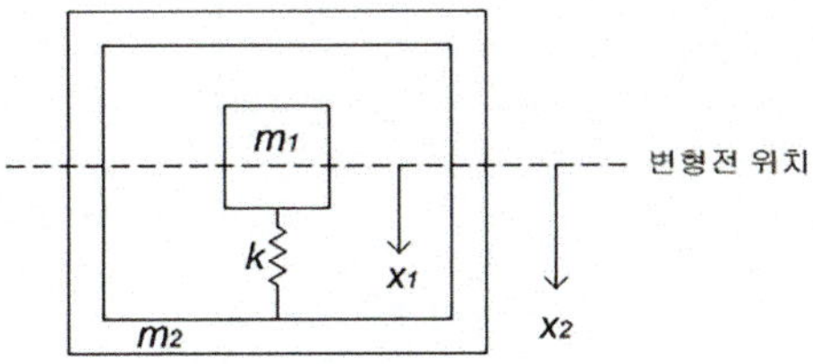

그림 P6.8

6.9 그림과 같은 비틀림 진동 시스템에 대하여 (a) 운동 방정식, (b) $I_1 = I$, $I_2 = 2I$, $k_{t1} = k_{t2} = k$일 때 고유 진동수를 구하고, (c) 그에 해당하는 고유 진동 모드의 형상을 스케치하라.

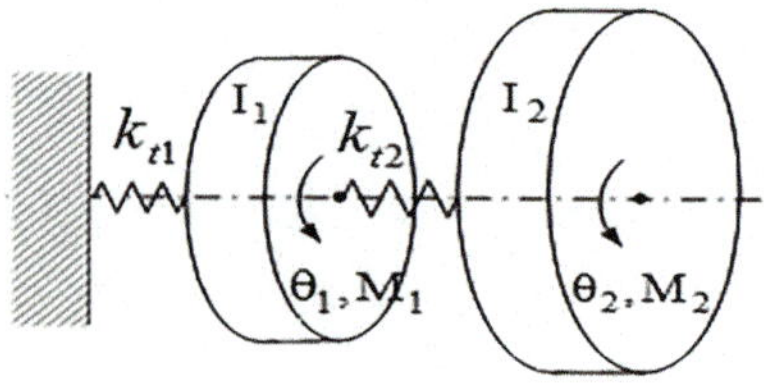

그림 P6.9

6.10 그림과 같은 주파수 응답을 갖는 2-자유도 계에 관한 다음의 진술 중 틀린 것은?

① 첫 번째 모드의 고유 진동수 $\cong$ 0.47 rad/s

② 두 번째 모드의 고유 진동수 $\cong$ 1.51 rad/s

③ 첫 번째 모드의 고유 벡터 $\cong$ $[1\ \ 1.78]^T$

④ 두 번째 모드의 고유 벡터 $\cong [1\ \ 0.28]^T$

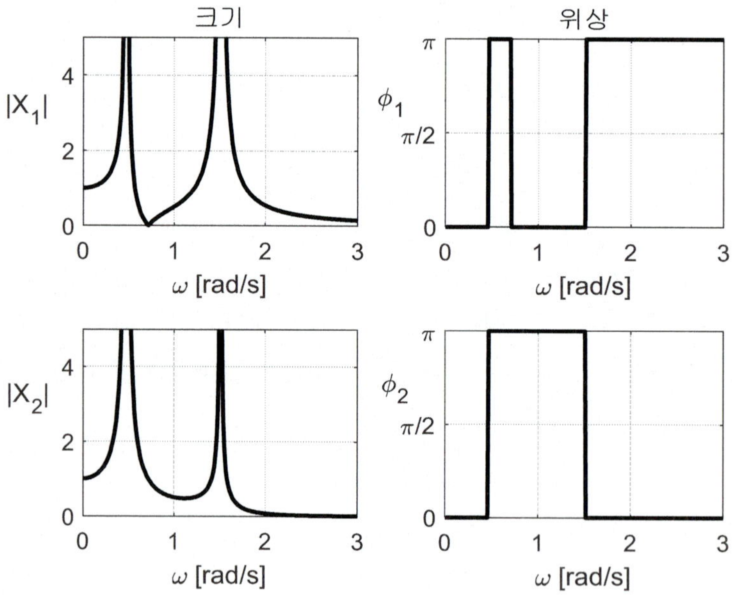

그림 P6.10

6.11 운동방정식 $M\ddot{x} + Kx = F(t)$으로 표현되는 2-자유도 계에 대하여 (a) 주파수 응답, (b)

i−번째 고유 진동수 w_{ni}에서 두 자유도의 주파수 응답의 비 즉, $X_1(w)/X_2(w)$를 구하라.
여기서 $M = \begin{bmatrix} m_1 & 0 \\ 0 & m_2 \end{bmatrix}$, $K = \begin{bmatrix} k_{11} & k_{12} \\ k_{12} & k_{22} \end{bmatrix}$, $\boldsymbol{F}(t) = \begin{Bmatrix} F_1 \\ 0 \end{Bmatrix} e^{iwt}$이다.

6.12 그림과 같이 팽팽히 당겨진 줄에 2개의 질량이 매달려 있는 2−자유도 계에 대하여 (a) 운동 방정식, (b) 고유 진동수와 그들의 비율, (c) 벡터의 첫 번째 요소를 1로 정규화한 고유벡터, (d) 주파수 응답, (e) 고유진동수에서의 두 질량의 주파수 응답의 비율을 구하라. 단, 변위 x_1과 x_2는 정적 평형 위치를 기준으로 한 수직 방향 진동 변위로서 그 크기가 줄의 길이에 비하여 충분히 작아서 줄의 장력 T는 일정하다고 가정한다.

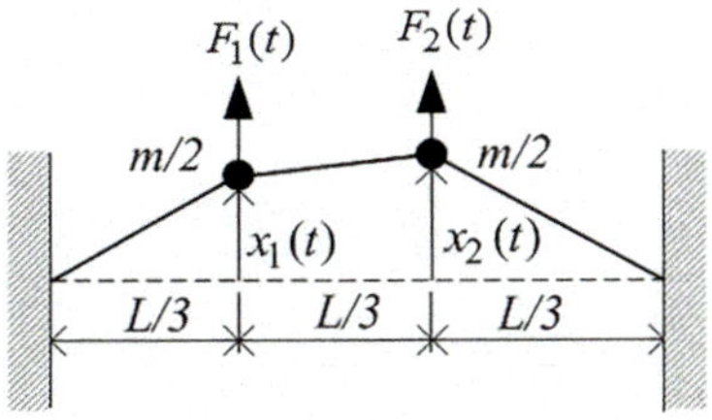

그림 P6.12

6.13 그림과 같은 2−자유도 계에 대하여 (a) 행렬 방정식 형태의 운동 방정식, (b) $F_1 = \delta(t)$, $F_2 = 0$일 때 질량 m_1의 임펄스 응답 즉, $g_{11}(t)$, (c) $F_1 = \delta(t)$, $F_2 = 0$일 때 질량 m_2의 임펄스 응답 즉, $g_{21}(t)$를 구하라. $m_1 = m_2 = m$, $k_1 = k_2 = k_3 = k$이다.

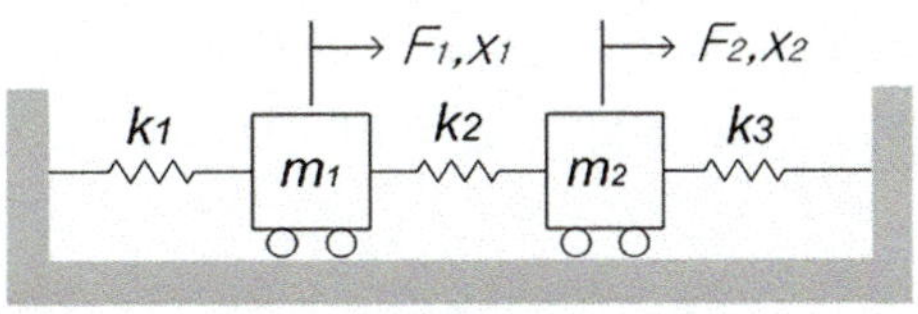

그림 P6.13

6.14 그림의 계에 대하여 (a) 운동 방정식을 행렬 방정식 형태로 구하라. (b) 고유 진동수를 구하라. (c) 고유 벡터를 구하고, 모드 형상을 스케치하라. (d) 운동 방정식을 모드 방정식으로 변환하라.

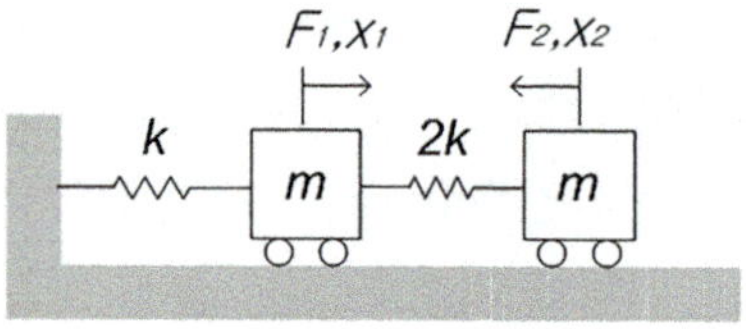

그림 P6.14

6.15 그림과 같은 천정 크레인 모델의 운동 방정식을 유도하라.

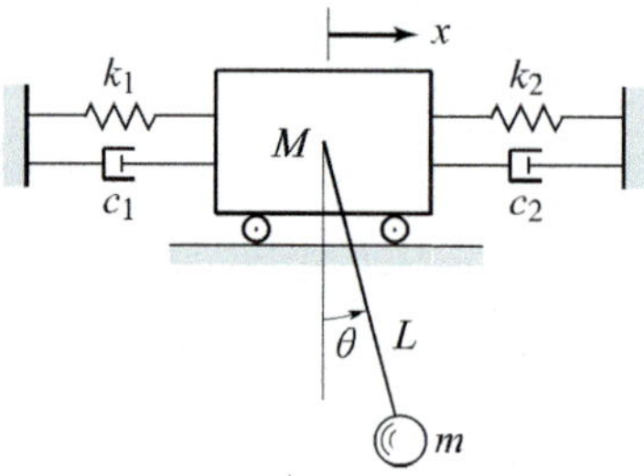

그림 P6.15

6.16 그림과 같이 풍동 내에서 시험중인 비행기 날개 모델의 선형 운동 방정식을 구하라. 날개는 수평 상태인 정적 평형 위치를 기준하여 상하 방향으로 x, 회전 방향으로 θ만큼 운동할 수 있고, 날개의 질량과 질량 중심 C에 관한 이너셔는 각각 m과 I_C이다.

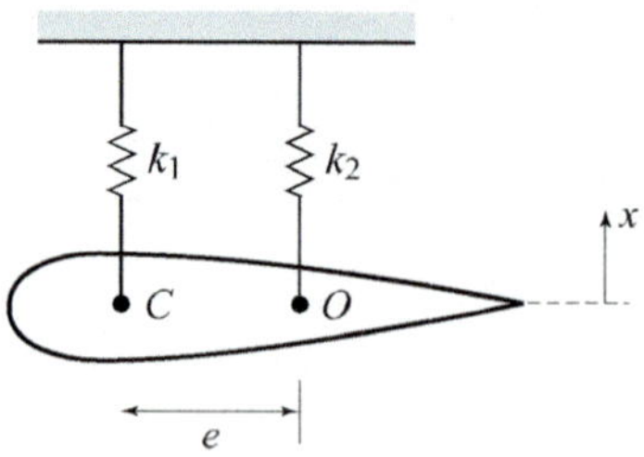

그림 P6.16

6.17 다음 그림과 같은 기어열 중 기어 A와 C의 회전에 관한 운동 방정식을 구하라. 기어 A, B의 반경비 $R_A/R_B = n$이다.

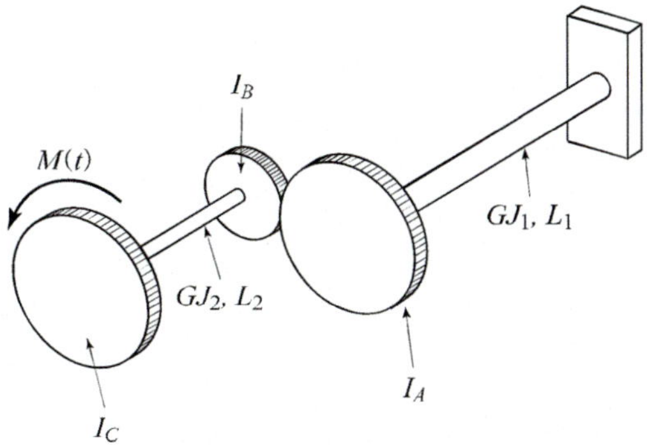

그림 P6.17

6.18 그림과 같이 풀리에 감겨있는 두 질량을 정지 상태에서 놓는 경우에 대하여 (a) 운동 방정식, (b) 고유 진동수와 모드 벡터, (c) 모드 방정식, (d) 초기 변위와 속도가 0일 때 변위의 시간 응답을 구하라. 단, 풀리와 줄의 질량은 무시하며, 줄의 탄성계수 $= k$, 중력가속도 $= g$, $m_1 > m_2$, 변위 x_1과 x_2는 줄의 변형 전 위치를 기준으로 한다.

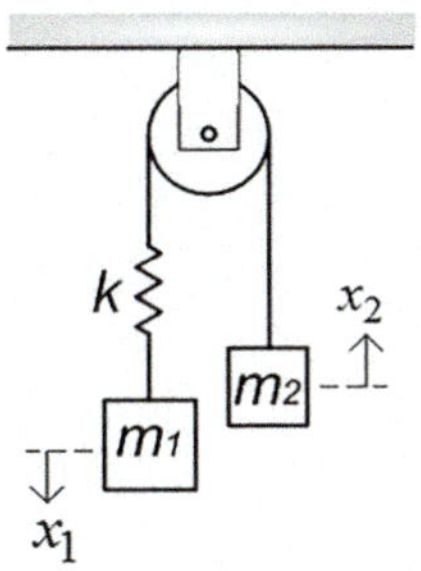

그림 P6.18

6.19 그림과 같은 계의 운동 방정식을 가는 막대의 도심 A에서의 병진 변위 x와 회전 변위 θ에 관하여 정적 평형 위치를 기준으로 유도하라. 막대의 총 길이는 $3L/2$이며 단위 길이 당 질량과 우측 단의 집중 질량은 각각 m과 M이다.

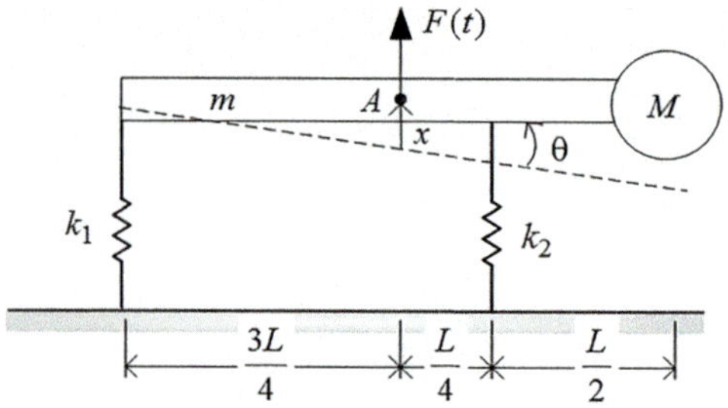

그림 P6.19

6.20 문제 6.19의 결과로부터 $k_1 = k$, $k_2 = 2k$, $M = mL$일 때의 고유 진동수와 고유 벡터를 구하고 모드 형상을 스케치하라.

6.21 그림과 같은 계의 운동 방정식을 유도하라.

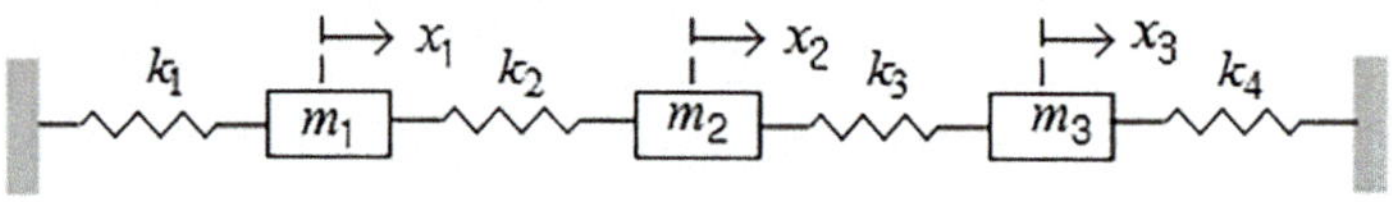

그림 P6.21

6.22 그림과 같은 계의 운동 방정식을 유도하라.

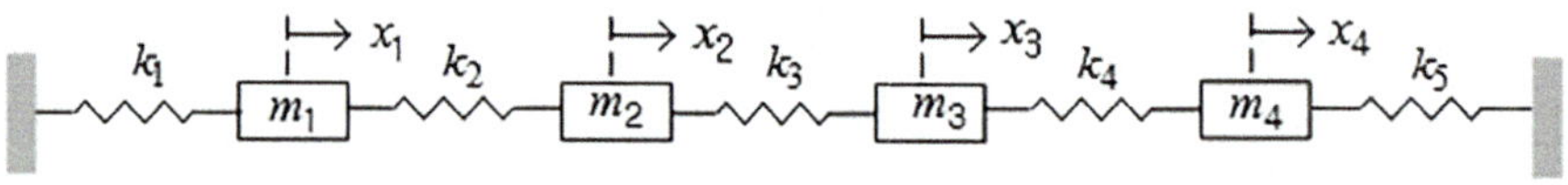

그림 P6.22

6.23 그림과 같은 4-자유도 계의 운동 방정식을 구하고 고유 해석을 수행하여 모든 질량이 동일하게 운동하는 **강체 모드**(rigid - body mode 또는 semi-definite mode)의 존재 여부를 확인하고 나머지 탄성 모드가 모두 질량 행렬에 대하여 강체 모드와 직교하는지 그 여부를 보이라. 단, $m_1 = m$, $m_2 = 2m$, $m_3 = 3m$, $m_4 = 4m$, $k_1 = k_2 = k$, $k_3 = 2k$ (메틀랩 사용 권장)

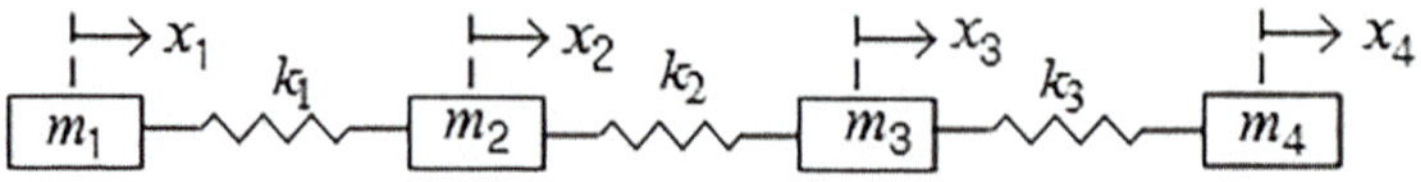

그림 P6.23

6.24 그림과 같은 2-자유도 계의 운동 방정식을 정적 평형점을 기준으로 하여 유도하라.

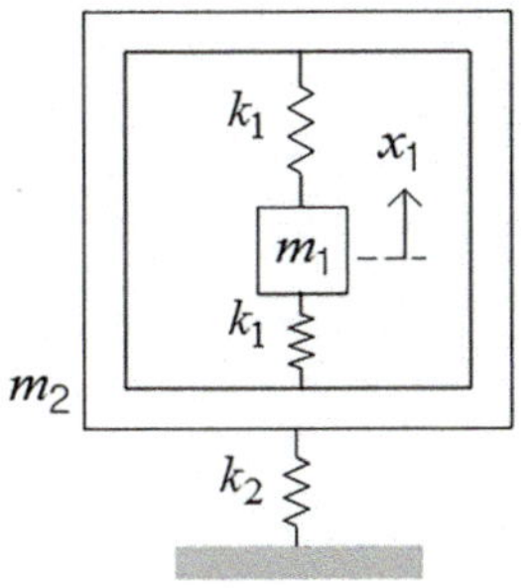

그림 P6.24

6.25 문제 1.8의 이중 진자 모델의 운동 방정식을 정적 평형 위치 근방에서 선형화하고 다음과 같은 매개변수를 가질 때의 고유해를 구하라. $m_1 = m_2 = 2\text{ kg}$, $L_1 = 1\text{ m}$, $L_2 = 2\text{ m}$, $\text{g} = 9.8\text{ m/s}^2$이다.

6.26 문제 6.15에서 구한 천정 크레인 모델의 운동 방정식을 정적 평형 위치 근방에서 선형화하고 다음과 같은 매개변수를 가질 때의 고유해를 구하라. $M = 30\text{ kg}$, $m = 5\text{ kg}$, $L = 3\text{ m}$, $k_1 = k_2 = 10\text{ N/m}$, $\text{g} = 9.8\text{ m/s}^2$이다.

6.27 어떤 3-자유도 계의 서로 다른 고유 진동수에 대한 고유 벡터들이 다음과 같다면 이는 신뢰할 만한가? 가부를 밝히고 그 이유를 설명하라.

$$\boldsymbol{u}_1 = \begin{Bmatrix} 4 \\ 2 \\ 2 \end{Bmatrix},\ \boldsymbol{u}_2 = \begin{Bmatrix} 1 \\ 0 \\ -1 \end{Bmatrix},\ \boldsymbol{u}_3 = \begin{Bmatrix} 3 \\ 2 \\ 3 \end{Bmatrix}$$

6.28 그림 P6.22와 같은 계에 대하여 다음과 같이 제시된 각각의 고유 벡터가 물리적으로 볼 때 가능한지 여부를 판별하고 그 근거를 설명하라. $m_1 = m_2 = m_3 = m_4$, $k_1 = k_2 = k_3 = k_4 = k_5$이며 a는 양의 실수이다.

$$\boldsymbol{u}_1 = \begin{Bmatrix} 0 \\ 1 \\ 1 \\ 0 \end{Bmatrix},\ \boldsymbol{u}_2 = \begin{Bmatrix} 1 \\ 1 \\ 1 \\ 1 \end{Bmatrix},\ \boldsymbol{u}_3 = \begin{Bmatrix} 1 \\ a \\ -a \\ -1 \end{Bmatrix}$$

6.29 그림과 같이 두 개의 원판과 질량이 무시되는 가는 철선들로 구성된 2-자유도계의 고유 진동수와 모드 형상을 구하라. 단, 철선의 정력학적 굽힘 강성 $EI = 10^4/3\ \mathrm{Nm}^2$ 이며 상/하 원판의 이너셔는 $I_1 = 15\ \mathrm{kgm}^2$, $I_2 = 20\ \mathrm{kgm}^2$이다.

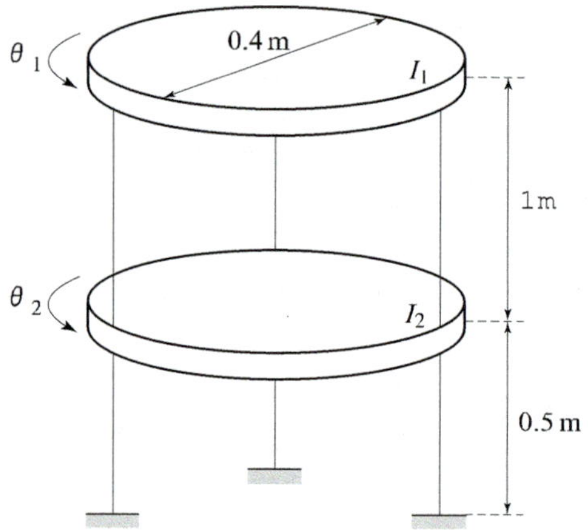

그림 P6.29

6.30 다음 그림의 계에 대하여 (a) 운동방정식을 행렬 방정식 형태로 구하라. (b) 고유 진동수를 구하라. (c) 고유 벡터를 구하고 모드 형상을 스케치하라. (d) 계의 운동 방정식을 모드 방정식으로 변환하라.

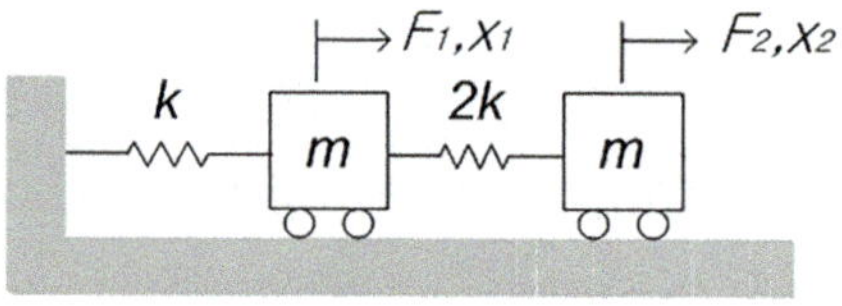

그림 P6.30

6.31 $M\ddot{\boldsymbol{x}} + C\dot{\boldsymbol{x}} + K\boldsymbol{x} = \mathbf{0}$와 같은 운동 방정식을 갖는 2-자유도 계에서 감쇠를 고려할 때와 고려하지 않을 때의 고유 진동수를 각각 구하라. $M = \begin{bmatrix} 2 & 0 \\ 0 & 4 \end{bmatrix}$, $C = 2\begin{bmatrix} 1 & -1 \\ -1 & 1 \end{bmatrix}$, $K = \begin{bmatrix} 12 & -4 \\ -4 & 4 \end{bmatrix}$ 이다.

6.32 다음과 같이 계의 질량 행렬과 고유 벡터 두 개가 주어질 때, 나머지 고유 벡터를 구하라.

$$M = \begin{bmatrix} 2 & 0 & 0 \\ 0 & 2 & 0 \\ 0 & 0 & 2 \end{bmatrix},\quad \boldsymbol{u}_1 = \begin{Bmatrix} 1/2 \\ 1/\sqrt{2} \\ 1/2 \end{Bmatrix},\quad \boldsymbol{u}_2 = \begin{Bmatrix} 1/\sqrt{2} \\ 0 \\ -1/\sqrt{2} \end{Bmatrix}$$

6.33 다음과 같이 계의 질량과 강성 행렬 그리고 고유 벡터들이 주어진 경우, 고유 진동수와 미지의 강성 행렬 요소 k_{22}를 구하라.

$$M=\begin{bmatrix} \dfrac{2}{16} & \dfrac{1}{16} \\ \dfrac{1}{16} & \dfrac{5}{32} \end{bmatrix},\quad K=\begin{bmatrix} \dfrac{26}{32} & \dfrac{3}{32} \\ \dfrac{3}{32} & k_{22} \end{bmatrix},\quad \boldsymbol{u}_1=\begin{Bmatrix}1\\2\end{Bmatrix},\quad \boldsymbol{u}_2=\begin{Bmatrix}-3\\2\end{Bmatrix}$$

6.34 문제 6.21에서 다룬 3-자유도 계의 진동 모드 중에는 m_2가 완전히 정지 상태인 모드가 있다. 그 모드의 고유 진동수와 고유 벡터를 특성 방정식을 직접 풀지 않고 구해 보라. $m_1 = 4$ kg, $m_2 = 20$ kg, $m_3 = 2$ kg, $k_1 = 14$ N/m, $k_2 = 2$ N/m, $k_3 = 6$ N/m, $k_4 = 2$ N/m이다.

6.35 다음과 같은 질량과 강성 행렬을 갖는 4-자유도 계에서 강체 모드 즉, 고유벡터 $\boldsymbol{u} = [1\ 1\ 1\ 1]^T$가 발생 가능한지 여부를 특성 방정식을 풀지 않고 확인하라.

$$M=\begin{bmatrix} 1&0&0&0\\0&2&0&0\\0&0&3&0\\0&0&0&1 \end{bmatrix},\quad K=\begin{bmatrix} 3&-1&-1&-1\\-1&3&-2&0\\-1&-2&4&-1\\-1&0&-1&2 \end{bmatrix}$$

6.36 그림과 같은 실험적 주파수 응답을 보이는 계의 자유도 수와 그 데이터를 획득한 진동 센서의 유형은 무엇인가? 단, 가진력은 질량에 직접 작용한다.

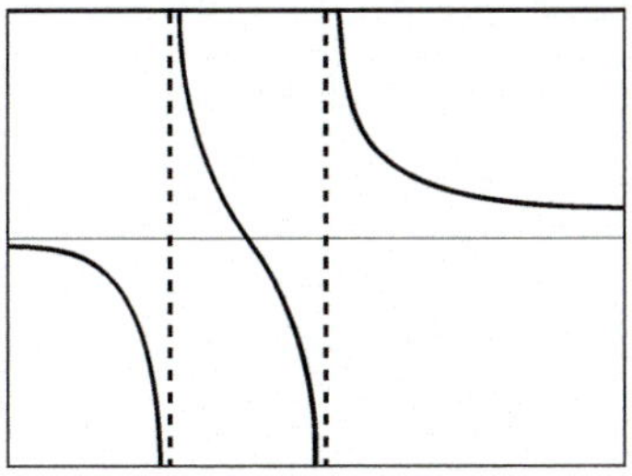

그림 P6.36

6.37 2-자유도 계에서 그림과 같은 변위에 관한 주파수 응답이 나타날 수 있는지 여부를 답하고, 그 근거를 밝혀라.

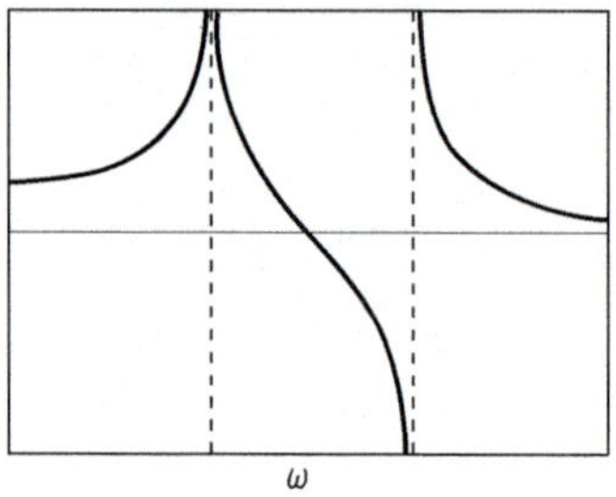

그림 P6.37

6.38 그림과 같은 2-자유도 계에서 가진력 $F = F_0 \cos wt$라고 할 때, 막대의 주파수 응답을 F_0와 w의 함수로 구하라. 또한 막대의 진폭을 0으로 억제하기 위하여 설치된 흡진기의 질량 m과 스프링 상수 k_2의 조합을 결정하라.

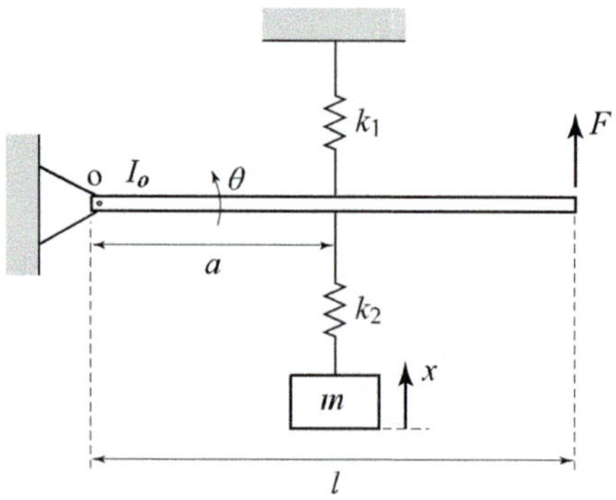

그림 P6.38

6.39 그림 P6.13과 같은 2-자유도 계에서 $m_1 = 50$ kg, $m_2 = 40$ kg, $k_1 = 40{,}000$ N/m, $k_2 = 20{,}000$ N/m, $F_1 = F_0 \sin wt$, $F_2 = 0$이다. $w = 80$ rad/s일 때 m_1의 진폭을 0으로 유지하기 위한 스프링 상수 k_3를 구하라.

6.40 그림과 같은 2-자유도 계에서 흡진기의 변위 x_2의 진폭이 최대 1 cm 이하가 되려면 그의 질량 m_2의 최소치는 얼마인가? $m_1 = 1$ ton, $k_1 = 36$ kN/m, 사인형 가진력의 크기와 주파수는 각각 0.7 N, 6 rad/s이다.

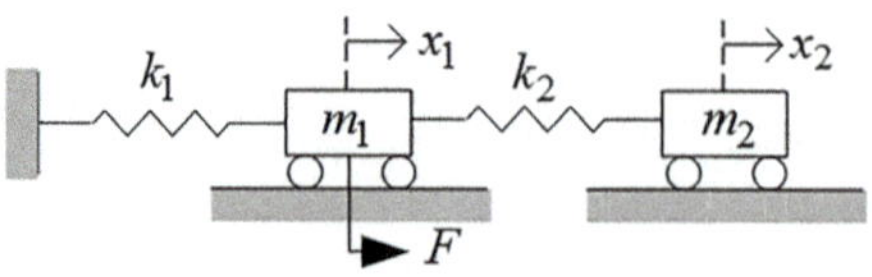

그림 P6.40

6.41 그림에서와 같이 등 각속도 $w(=16\ \mathrm{rad/s})$로 회전하는 드럼을 갖는 기계의 본체에 그의 수직 방향 진동을 억제하기 위하여 흡진기가 설치되어 있다. 본체의 질량 $m_1 = 35\ \mathrm{kg}$, 반경 $r = 0.25\ \mathrm{m}$인 드럼 내면에 붙어 있는 편심 질량 $m_0 = 1\ \mathrm{kg}$, 스프링 상수 $k_2 = 1{,}500\ \mathrm{N/m}$일 때 흡진기의 질량 m_2와 그의 진폭을 구하라.

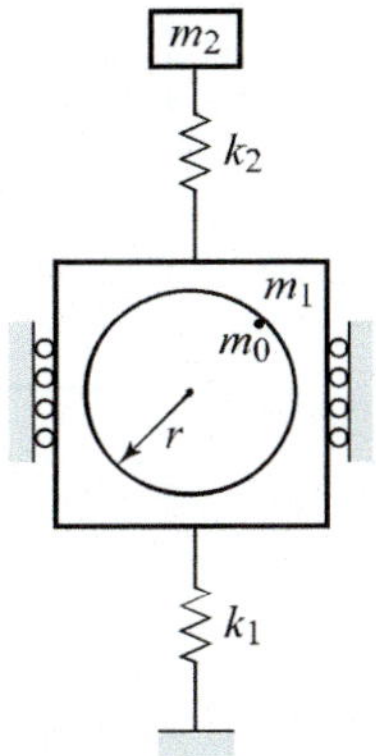

그림 P6.41

6.42 문제 6.39의 2−자유도 계에서 다음 그림과 같은 주파수 응답 함수를 얻었다면 이는 계의 입/출력 변수 (즉, F_1, F_2, x_1, x_2, $\dot{x}_1$, $\dot{x}_2$, $\ddot{x}_1$, $\ddot{x}_2$) 중 어떤 것들 사이의 관계인가? 또 그 근거도 설명하라.

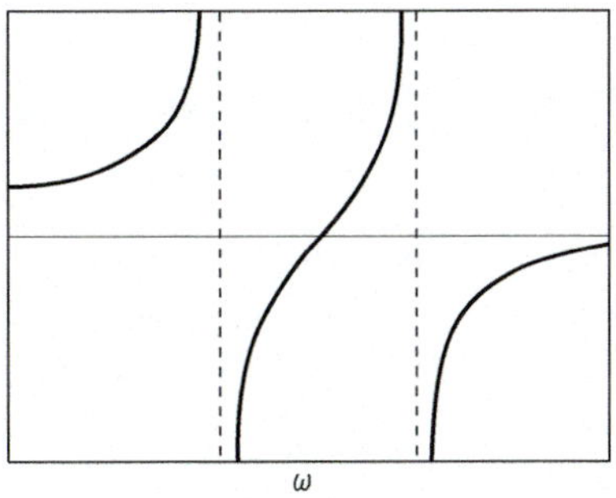

그림 P6.42

6.43 그림과 같은 3−자유도 계에서 F가 조화 가진일 때 질량 m_3가 정지 상태로 유지되는 가진 주파수 w는?

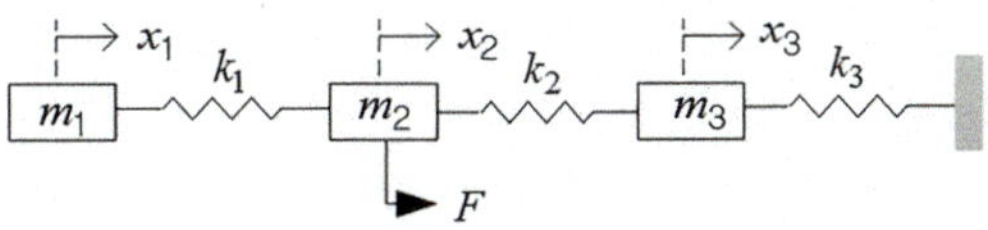

그림 P6.43

6.44 그림과 같은 4-자유도 계에서 힘 F가 크기가 0이 아닌 조화 가진력일 때 m_2와 m_4가 정지 상태로 유지되는 가진 주파수가 존재하겠는가?

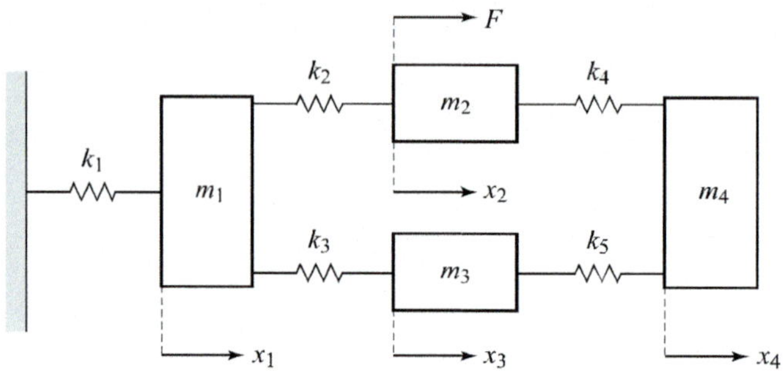

그림 P6.44

6.45 질량이 직렬로 연결된 형태의 n-자유도 계에서 조화 가진력이 하나의 질량에 작용할 때, 그 질량 또는 다른 질량의 변위가 0이 되는 가진 주파수의 최대 개수와 최소 개수는?

6.46 문제 6.39의 2-자유도 계를 다시 고려하자. $m_1 = 1$ kg, $m_2 = 5$ kg, $k_1 = 100$ N/m, $k_2 = 200$ N/m, $k_3 = 50$ N/m, $F_1(t) = 1.8318\cos 10t$ N, $F_2(t) = -1.3145\cos 10t$ N일 때, 계가 2차 모드로 운동하게 됨을 모드 방정식을 통하여 보여라.

6.47 다음 운동 방정식을 모드 방정식 형태로 변환하라.(메틀랩 사용 권장)

$$\begin{bmatrix} 2 & 0 & 0 \\ 0 & 2 & 0 \\ 0 & 0 & 4 \end{bmatrix} \begin{Bmatrix} \ddot{x}_1 \\ \ddot{x}_2 \\ \ddot{x}_3 \end{Bmatrix} + \begin{bmatrix} 100 & -15 & 0 \\ -15 & 200 & -80 \\ 0 & -80 & 100 \end{bmatrix} \begin{Bmatrix} x_1 \\ x_2 \\ x_3 \end{Bmatrix} = \begin{Bmatrix} 1 \\ 0 \\ -1 \end{Bmatrix}$$

6.48 다음 감쇠계의 강제 시간 응답을 구하라.

$$\begin{bmatrix} 3 & 0 \\ 0 & 2 \end{bmatrix} \begin{Bmatrix} \ddot{x}_1 \\ \ddot{x}_2 \end{Bmatrix} + \begin{bmatrix} 0.6 & -0.1 \\ -0.1 & 0.2 \end{bmatrix} \begin{Bmatrix} \dot{x}_1 \\ \dot{x}_2 \end{Bmatrix} + \begin{bmatrix} 20 & -4 \\ -4 & 40 \end{bmatrix} \begin{Bmatrix} x_1 \\ x_2 \end{Bmatrix} = \begin{Bmatrix} 20 \\ 0 \end{Bmatrix} \sin 5t$$

6.49 그림과 같이 구름 운동을 하는 원통이 포함된 2-자유도 계의 운동방정식을 구하고, 그로부터 고유 진동수와 고유 벡터를 구하라. 또한 강성 행렬의 행렬식 값을 구하라. $m_1 = 1$ ton, $m_2 = 1.5$ ton, $r = 0.5$ m, $k = 500$ N/m이다.

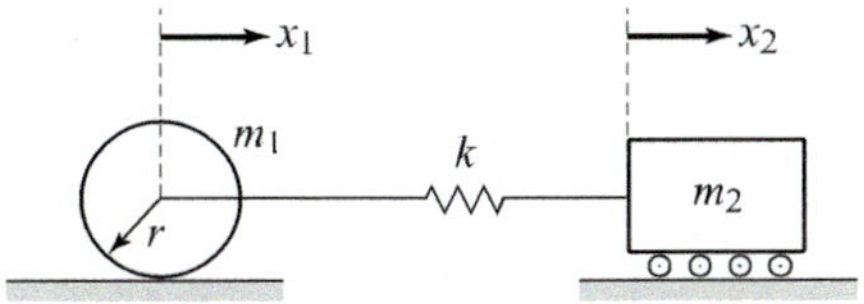

그림 P6.49

6.50 그림과 같이 블록과 가는 막대로 구성된 3-자유도 계의 운동 방정식을 뉴톤 역학에 의거하되 좌표 x_1, x_2, θ에 관하여 구하라. x_1과 x_2는 각각 블록과 막대의 정적 평형 위치를 기준으로 하는 질량 중심의 변위이며 θ는 막대의 회전각이다. (참고: 이 때 얻어지는 비대칭적 강성 행렬은 적절한 좌표 변환에 의하여 언제든지 대칭형으로 표현될 수 있다)

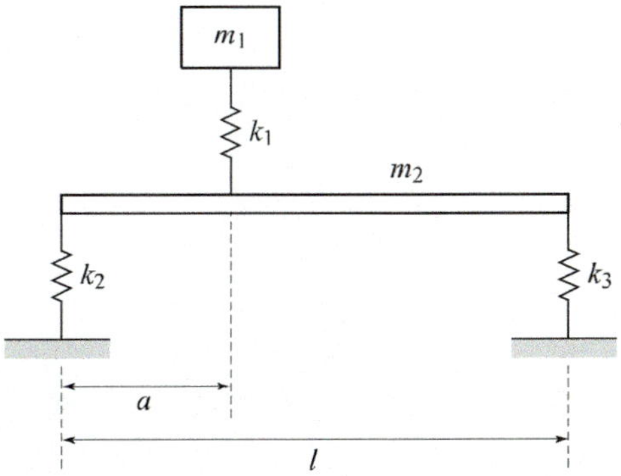

그림 P6.50

6.51 다음 3-자유도 계의 유연성 영향계수와 강성 영향계수를 각각 정의에 입각하여 구한 후, 그들의 행렬이 서로 역행렬 관계임을 보이라. $k_1 = k_2 = k_3 = k$, $k_4 = k_5 = k_6 = 2k$이다.

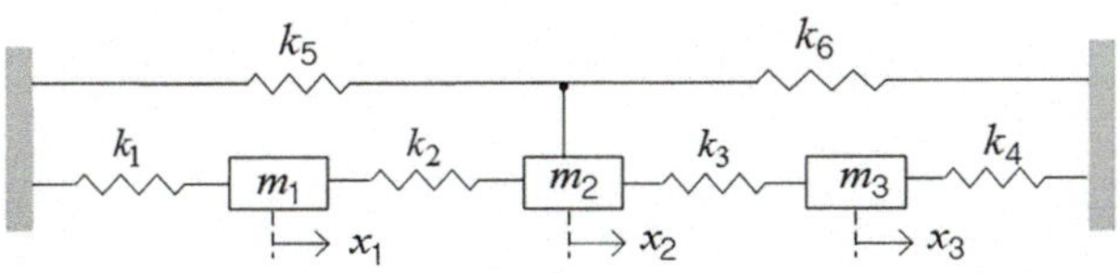

그림 P6.51

6.52 질량이 m인 단순 지지 보를 그림과 같이 2−자유도 모델로 이산화 할 때 유연성 행렬을 구하라.

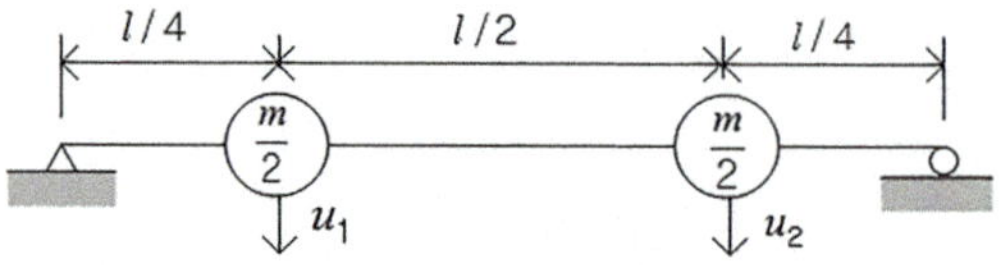

그림 P6.52

6.53 질량이 m인 외팔보를 그림과 같은 2−자유도 이산화 모델로 근사화 하는 경우에 대하여 유연성 행렬을 먼저 구하고, 그로부터 강성 행렬을 구하여 계의 운동 방정식을 수립하라.

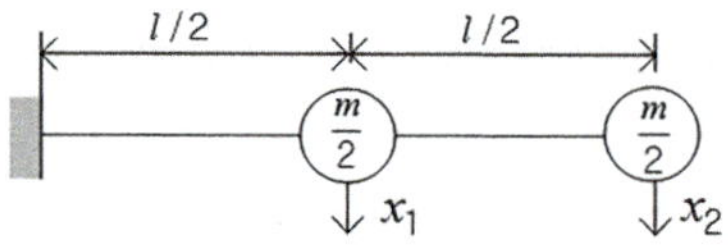

그림 P6.53

6.54 다음과 같이 팽팽히 당겨진 줄의 진동을 3개의 질량이 있는 3−자유도 모델로 이산화 할 때 (a) 계의 운동 방정식, (b) 고유 진동수와 그들의 비율, (c) 고유 벡터를 구하라. 단, $m_1 = m_2 = m_3 = m/3$, $L_1 = L_2 = L_3 = L_4 = L/4$이고 변위 x_1, x_2, x_3는 정적 평형 위치를 기준으로 한 수직 방향 진동 변위로서 그 크기가 줄의 길이에 비하여 충분히 작아서 줄의 장력 T는 일정하다고 가정한다. (메틀랩 사용 권장)

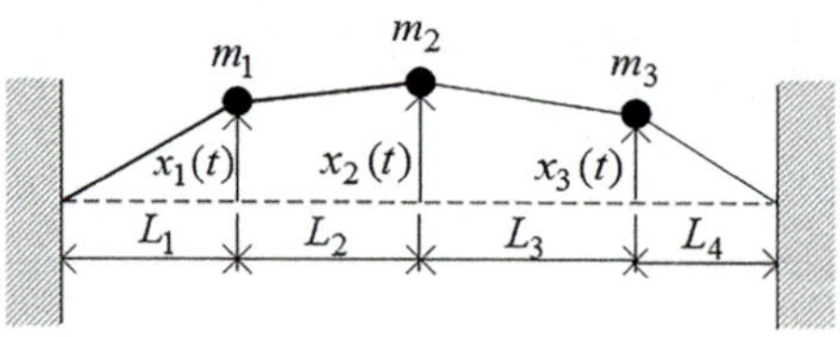

그림 P6.55

6.55 위 문제 6.54의 강성 행렬을 영향 계수 방법으로 구하여라.

6.56 그림과 같이 기초의 변위가 주파수 w로 조화 운동하는 계에 대하여 (a) 운동 방정식, (b) $x_1 = 0$이 되기 위한 w, m_2, k_2 사이의 조건, (c) 그 때의 변위 x_2를 구하라.

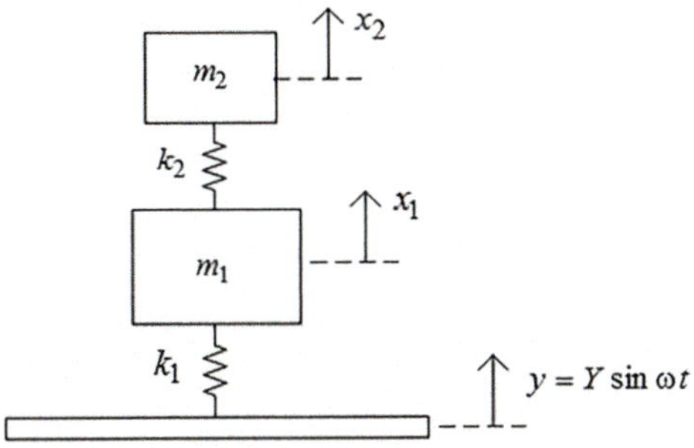

그림 P6.56

6.57 그림과 같이 조화 가진력 F가 작용하며 질량이 m_1이고 수평 방향 등가 스프링 상수가 k_1인 건물과 그 천정에 매달린 단진자 형태의 흡진기로 구성된 계에 대하여 (a) 운동 방정식, (b) 건물의 변위 x가 0이 되기 위한 단진자 길이의 조건, (c) 그 때의 단진자 변위 θ를 구하라. 단, 단진자의 길이와 질량은 각각 l, m_2, 그 각도와 각속도는 충분히 작으며 중력가속도는 g이다.

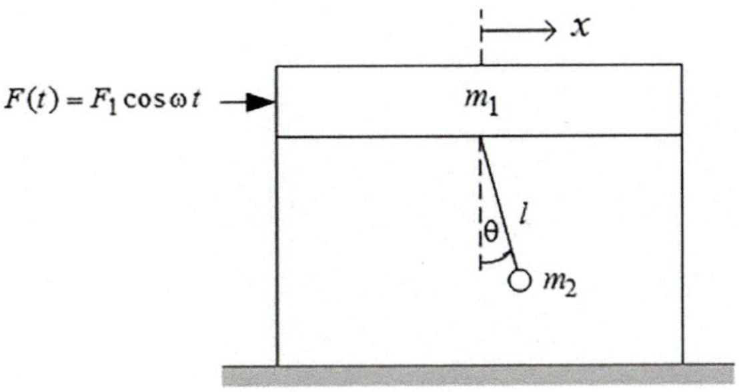

그림 P6.57

부 록

부록 A. 벡터의 미분 법칙

부록 B. 삼각함수 관련 공식

부록 C. 테일러 급수와 멱 급수

부록 D. 라플라스 변환식의 쌍

부록 A 벡터의 미분 법칙

$\boldsymbol{P}$, $\boldsymbol{Q}$, f가 u의 함수일 때,

$$\frac{d}{du}(\boldsymbol{P}+\boldsymbol{Q})=\frac{d\boldsymbol{P}}{du}+\frac{d\boldsymbol{Q}}{du} \tag{A.1}$$

$$\frac{d(f\boldsymbol{P})}{du}=\frac{df}{du}\boldsymbol{P}+f\frac{d\boldsymbol{P}}{du} \tag{A.2}$$

$$\frac{d(\boldsymbol{P}\cdot\boldsymbol{Q})}{du}=\frac{d\boldsymbol{P}}{du}\cdot\boldsymbol{Q}+\boldsymbol{P}\cdot\frac{d\boldsymbol{Q}}{du} \tag{A.3}$$

$$\frac{d(\boldsymbol{P}\times\boldsymbol{Q})}{du}=\frac{d\boldsymbol{P}}{du}\times\boldsymbol{Q}+\boldsymbol{P}\times\frac{d\boldsymbol{Q}}{du} \tag{A.4}$$

$\boldsymbol{i}$, $\boldsymbol{j}$, $\boldsymbol{k}$가 고정된 단위 벡터이고 $\boldsymbol{P}=P_x\boldsymbol{i}+P_y\boldsymbol{j}+P_z\boldsymbol{k}$일 때,

$$\frac{d\boldsymbol{P}}{du}=\frac{dP_x}{du}\boldsymbol{i}+\frac{dP_y}{du}\boldsymbol{j}+\frac{dP_z}{du}\boldsymbol{k} \tag{A.5}$$

$u=t$인 시간 미분일 때

$$\frac{d\boldsymbol{P}}{dt}=\dot{P}_x\boldsymbol{i}+\dot{P}_y\boldsymbol{j}+\dot{P}_z\boldsymbol{k} \tag{A.6}$$

$\boldsymbol{a}$가 각속도 $\boldsymbol{\omega}$로 회전하는 단위 벡터일 때

$$\frac{d\boldsymbol{a}}{dt}=\boldsymbol{\omega}\times\boldsymbol{a} \tag{A.7}$$

부록 B 삼각함수 관련 공식

A, B, θ, a, b가 임의의 수일 때,

$$\sin^2 A + \cos^2 A = 1 \tag{B.1}$$

$$\sin(A \pm B) = \sin A \cos B \pm \cos A \sin B \tag{B.2}$$

$$\cos(A \pm B) = \cos A \cos B \mp \sin A \sin B \tag{B.3}$$

$$\tan(A \pm B) = \frac{\tan A \pm \tan B}{1 \mp \tan A \tan B} \tag{B.4}$$

$$A \sin\theta + B\cos\theta = \sqrt{A^2 + B^2} \cos(\theta - \phi), \text{ 여기서 } \tan\phi = \frac{A}{B} \tag{B.5}$$

$$\sin A + \sin B = 2\sin\frac{A+B}{2}\cos\frac{A-B}{2} \tag{B.6}$$

$$\sin A - \sin B = 2\cos\frac{A+B}{2}\sin\frac{A-B}{2} \tag{B.7}$$

$$\cos A + \cos B = 2\cos\frac{A+B}{2}\cos\frac{A-B}{2} \tag{B.8}$$

$$\cos A - \cos B = -2\sin\frac{A+B}{2}\sin\frac{A-B}{2} \tag{B.9}$$

$$\sin A \cos B = \frac{1}{2}[\sin(A+B) + \sin(A-B)] \tag{B.10}$$

$$\cos A \sin B = \frac{1}{2}[\sin(A+B) - \sin(A-B)] \tag{B.11}$$

$$\cos A \cos B = \frac{1}{2}[\cos(A+B) + \cos(A-B)] \tag{B.12}$$

$$\sin A \sin B = -\frac{1}{2}[\cos(A+B) - \cos(A-B)] \tag{B.13}$$

$$\frac{d}{dx}\tan u = \sec^2 u \frac{du}{dx} \tag{B.14}$$

$$\frac{d}{dx}\tan^{-1}u = \frac{1}{1+u^2}\frac{du}{dx} \tag{B.15}$$

$$\int e^{ax}\sin bx\,dx = \frac{e^{ax}(a\sin bx - b\cos bx)}{a^2+b^2} \tag{B.16}$$

부록 C 테일러 급수와 멱 급수

테일러(Taylor) 급수는 x, y, a, b, r 등이 모두 실수일 때 임의의 비선형 함수를 전개 중심점에서의 함수 값과 그와의 선형 및 고차 오차 항들의 합으로 표현한 무한급수이다. 이에 단일 변수의 경우에는 식 (C.1)과 같다.

$$f(x) = f(a) + f'(a)(x-a) + \frac{1}{2!}f''(a)(x-a)^2 + \cdots \tag{C.1}$$

또한 2개 변수의 경우에는 전개 중심점의 좌표가 (a,b)일 때 (C.2)와 같다. 여기서 E는 전개 중심점에서의 값을 의미한다.

$$\begin{aligned} f(x,y) = f(a,b) &+ \frac{\partial f}{\partial x}\Big|_E (x-a) + \frac{\partial f}{\partial y}\Big|_E (y-b) \\ &+ \frac{1}{2!}\frac{\partial^2 f}{\partial x^2}\Big|_E (x-a)^2 + \frac{1}{2!}\frac{\partial^2 f}{\partial y^2}\Big|_E (y-b)^2 + \frac{\partial^2 f}{\partial x \partial y}\Big|_E (x-a)(y-b) + \cdots \end{aligned} \tag{C.2}$$

한편, 멱(power) 급수 또는 메클러린(Maclaurin) 급수란 전개 중심점의 좌표가 0인 테일러 급수에 해당하며 자주 활용되는 예는 다음과 같다.

$$\sin x = x - \frac{1}{3!}x^3 + \frac{1}{5!}x^5 + \cdots \tag{C.3}$$

$$\cos x = 1 - \frac{1}{2!}x^2 + \frac{1}{4!}x^4 + \cdots \tag{C.4}$$

$$(1+x)^r = 1 + rx + \frac{1}{2!}r(r-1)x^2 + \cdots \tag{C.5}$$

부록 D 라플라스 변환식의 쌍

	$f(t)$	$F(s)$
1	단위 임펄스 함수, $\delta(t)$	1
2	단위 계단 함수, $\mu(t)$	$\frac{1}{s}$
3	e^{-at}	$\frac{1}{s+a}$
4	$\sin \omega t$	$\frac{\omega}{s^2+w^2}$
5	$\cos \omega t$	$\frac{s}{s^2+w^2}$
6	$e^{-at} f(t)$	$F(s+a)$
7	t^n	$\frac{n!}{s^{n+1}}$
8	$f^{(k)} \equiv \frac{d^k f(t)}{dt^k}$	$s^k F(s) - s^{k-1} f(0) - s^{k-2} \dot{f}(0) - \cdots - f^{(k-1)}(0)$
9	$\int_{-\infty}^{t} f(t)\, dt$	$\frac{F(s)}{s} + \frac{1}{s} \int_{-\infty}^{0} f(t)\, dt$
10	$\int_0^t f(\tau) g(t-\tau) d\tau$	$F(s)\, G(s)$

해 답

■ 1장

1.1 $\ddot{x}+\frac{2k}{3m}x=\frac{2}{3}g\sin\alpha$

1.2 $\left\{A_1b+\frac{A_1^2}{A_3}a+\frac{A_1^2}{A_2}b+A_1(\frac{A_1^2}{A_2^2}-1)x\right\}\ddot{x}+\frac{A_1}{2}(\frac{A_1^2}{A_2^2}-1)\dot{x}^2+(A_1+A_2)gx=0$

1.3 $\ddot{\theta}+\frac{c}{m}\dot{\theta}+\frac{ka^2}{mb^2}\theta=0$

1.4 $m\ddot{x}+\rho Agx=0$

1.5 $l\ddot{\theta}+g\sin\theta=-\ddot{x}\cos\theta$

1.6 $\ddot{\theta}+\frac{kR^2}{I+mR^2}\theta=0$

1.7 (a) $I_c=mr^2$, (b) A, (c) $\ddot{\theta}+\frac{g}{2(R-r)}\sin\theta=0$

1.8 (a) 2,

(b) $L_1\ddot{\theta}_1\cos(\theta_2-\theta_1)+L_2\ddot{\theta}_2+L_1\dot{\theta}_1^2\sin(\theta_2-\theta_1)+g\sin\theta_2=0$,

$(m_1+m_2)L_1\ddot{\theta}_1+m_2L_2\ddot{\theta}_2\cos(\theta_2-\theta_1)-m_2L_2\dot{\theta}_2^2\sin(\theta_2-\theta_1)+(m_1+m_2)g\sin\theta_1=0$

1.9 $m\ddot{x}+\frac{4T}{L}x=F$

1.10 $\ddot{\theta}+\frac{g}{R-r}\sin\theta=0$

1.11 $\ddot{x}+\frac{k}{m_1+4m}x=\frac{2(m_1+2m)g}{m_1+4m}$

1.12 $\ddot{x}+\frac{4k}{3m}(\frac{R+a}{R})^2x=0$

1.13 $\ddot{\theta}+\frac{(m_1-m_2)g\cos\alpha}{(m_1+m_2)a}\sin\theta=0$

1.14 $(m_1+m_2)\ddot{x}+m_2l\ddot{\theta}\cos\theta-m_2\dot{\theta}^2l\sin\theta+kx=f_{ext}$, $l\ddot{\theta}+\ddot{x}\cos\theta+g\sin\theta=\frac{f_{ext}}{m_2}\cos\theta$

1.15 $\ddot{\theta}+\frac{3g}{5b}\sin\theta=0$

1.16 $\ddot{\theta}+\frac{8k}{3m}\theta=\frac{2g}{3r}$

1.17 $\ddot{\theta}+\frac{g}{r}\sin\theta=0$

1.18 $(m_1l_1^2+m_2l_2^2)\ddot{\theta}+k_\theta\theta=0$

1.19 $\ddot{\theta}+\frac{2g}{l}\theta=0$

1.20 $I_o\ddot{\theta}+\frac{4Tr^2}{l}\theta=0$

1.21 $\ddot{\theta}+(\frac{g+\ddot{y}}{l})\theta=0$

1.22 $(m_1+m_2+m_3+m_4)\ddot{y}+ky=m_4rw^2\sin\omega t$

■ 2장

2.1 (a) $w=15\pi$ rad/s, $T=2/15$ s, (b) 최대 변위 = 0.5 cm, 최대 속도 = 7.5π cm/s, 최대 가속도 = $112.5\pi^2$ cm/s^2, (c) 변위 = $-\sqrt{3}/4$ cm, 속도 = $15\pi/4$ cm/s, 가속도 = $225\sqrt{3}\pi^2/4$ cm/s^2, (d) 변위 = $0.5\sin\frac{41\pi}{12}$ cm, 속도 = $7.5\pi\cos\frac{41\pi}{12}$ cm/s, 가속도 = $-112.5\pi^2\sin\frac{41\pi}{12}$ cm/s^2

2.2 $\frac{119}{120\pi^2}$ cm

2.3 (a) $X=\frac{\sqrt{26}}{10}$ cm, $\phi=\tan^{-1}5$ rad, (b) $A=0.1$ cm, $B=0.5$ cm, $w=100$ rad/s

2.4 $x=4.8366\sin(wt+\phi)$ 여기서 $\phi=0.7319$ rad

2.5 $x_2=2\sqrt{5}\sin(wt+\alpha)$ 여기서 $\alpha=0.9872$ rad

2.6 T/l

2.7 (a) $2e^{i\frac{\pi}{3}}$, (b) $2e^{i\pi}$, (c) $\frac{3}{2}e^{i\frac{\pi}{6}}$, (d) $5e^{i\frac{\pi}{2}}$, (e) $\frac{3}{4}e^{i\frac{\pi}{3}}$, (f) $10e^{i(\frac{\pi}{6}+\tan^{-1}\frac{4}{3})}$,
(g) $\frac{\sqrt{2}}{5}e^{i(-\frac{\pi}{6}+\tan^{-1}\frac{4}{3})}$, (h) $5e^{i\tan^{-1}\frac{4}{3}}$, (i) $0.5e^{i\pi/2}$

2.8 1.2 mm

2.9 (a) $\theta_e=0, \pi, \cos^{-1}(\frac{3g}{2L\Omega^2})$, (b) x를 평형점 근처의 미소 섭동이라고 할 때 i) $\theta_e=0$의 경

우, $\ddot{x}+(\frac{3g}{2L}-\Omega^2)x=0$, ii) $\theta_e=\pi$의 경우, $\ddot{x}-(\frac{3g}{2L}+\Omega^2)x=0$, iii) $\theta_e=\cos^{-1}\frac{3g}{2l\Omega^2}$의 경우, $\ddot{x}+\Omega^2\sin^2\theta_e x=0$, (c) i) $\theta_e=0$의 경우, 불안정, ii) $\theta_e=\pi$의 경우, 불안정, iii) $\theta_e=\cos^{-1}\frac{3g}{2l\Omega^2}$의 경우, (한계) 안정

2.10 질량, 스프링

2.11 $k>2mg/L$

2.12 $k_{eq}=\frac{3EIA}{3IL_2+AL_1^3}$

2.13 $k_{eq}=6.6\times10^6$ Nm/rad

2.14 (a) $m_{eq}=m+\frac{I_o}{R^2}$, (b) $I_{eq}=I_o+mR^2$

2.15 (a) T, (b) T, (c) F

2.16 $\pi/2$ rad

2.17 $x(t)=15\cos(0.035t+\phi)$ m, 여기서 t = 시간 [s], ϕ = 초기 위상각 [rad]

2.18 (a) 2k, (b) 3m, (c) $3m\ddot{x}+2kx=0$

2.19 (a) $\frac{E\pi dD}{4L}$, (b) $\frac{4Lt}{dD}(d+t)$

2.20 $k_{eq}=1.4A^2P/V$

2.21 $k_{eq}=\frac{1}{L}(E_sA_s+E_aA_a)$

2.22 (a) $k_{eq}=\frac{4T}{L}$, (b) $k_{eq}=\frac{4TEA}{L(EA+T)}$

2.23 $k_1+3k_2x_0^2$

2.24 $k_{eq}=\frac{24}{L^3}(\frac{7}{EI_1}+\frac{1}{EI_2})^{-1}$

2.25 $k_{eq}=\frac{GJ}{L}(1+n^2)$

2.26 $k_{eq}=\frac{GJ}{L}\frac{n^2}{n^2+1}$

2.27 $F=\frac{A^3}{\alpha^2}v^2$

2.28 $k_{eq} = 1.4A^2 P/V + k_b$

2.29 0〈$\delta \leq \delta_1$일 때, $k_{eq} = k_1$; δ_1〈$\delta \leq \delta_2$일 때, $k_{eq} = k_1 + 2k_2$; δ〉δ_2일 때, $k_{eq} = k_1 + 2k_2 + 2k_3$

2.30 $k_{eqI} = \dfrac{k_1 k_2}{k_1 + k_2}$, $k_{eqII} = k_1$, $\delta_I = (1 + \dfrac{k_2}{k_1}) n_2 p_2$, $\delta_{II} = n_1 p_1 + n_2 p_2$

■ 3장

3.1 5.96 Hz

3.2 ①

3.3 ③

3.4 ③

3.5 $w_n = \sqrt{\dfrac{g}{2(R-r)}}$

3.6 $w_n = \sqrt{\dfrac{(A_1 + A_2)g}{A_1\left\{\dfrac{A_1}{A_3}a + (1 + \dfrac{A_1}{A_2})b\right\}}}$

3.7 $w_n = \sqrt{\dfrac{4T}{mL}}$

3.8 $w_n = \sqrt{\dfrac{g}{R-r}}$

3.9 (a) $k_t = 6.184$ Nm/rad, (b) $I_G = 0.583$ kgm^2

3.10 $w_n = \sqrt{\dfrac{T}{l(m + \dfrac{\rho l}{3})}}$

3.11 (a) $x = 1.01 e^{-2t} \cos(14t - 0.1419)$ cm, (b) $x = \dfrac{5}{7} e^{-2t} \cos(14t - \dfrac{\pi}{2})$ cm,

(c) $x = 1.32 e^{-2t} \cos(14t - 0.7086)$ cm

3.12 $w_n = \sqrt{\dfrac{48EIk}{(72EI + L^3 k)m}}$

3.13 $\delta = \dfrac{2\pi c}{c_{cr}}$

3.14 $f_n = \dfrac{1}{4\pi}\sqrt{\dfrac{k}{m}}$

3.15 (a) 3m/2, (b) $T = 2\pi\sqrt{\frac{3m}{2k}}$, (c) $x = x_0\cos(\sqrt{\frac{2k}{3m}}t)$

3.16 $f_n = \frac{1}{2\pi}\sqrt{\frac{2kg}{3W}}$

3.17 (a) $w_n = \frac{a}{b}\sqrt{\frac{k}{m}}$, $\zeta = \frac{bc}{2a\sqrt{mk}}$, (b) $\theta(t) = \theta_0\cos w_n t$

3.18 $I_G = (\frac{T}{2\pi})^2 mgl - ml^2$

3.19 $\ddot{\theta} + \frac{(m_1 - m_2)g\cos\alpha}{(m_1 + m_2)a}\theta = 0$, $w_n = \sqrt{\frac{(m_1 - m_2)g\cos\alpha}{(m_1 + m_2)a}}$

3.20 (a) $x = 10\cos\pi t$ [mm], $v = -10\pi\sin\pi t$ [mm/s], $a = -10\pi^2\cos\pi t$ [mm/s^2], (b) 0.5 Hz, (c) 감쇠율 = 0, (d) (한계) 안정

3.21 (a) $Ml\ddot{\theta} + (Mg + Kl)\theta = 0$, (b) $w_n = \sqrt{\frac{Mg + kl}{Ml}}$, (c) $w_n = \sqrt{\frac{g}{l}}$

3.22 (a) $\frac{1}{2\pi}\sqrt{\frac{\rho Ag}{m}}$, (b) $x = x_0\cos\sqrt{\frac{\rho Ag}{m}}t$

3.23 (a) 70.97 cm/s, (b) 2.55배

3.24 (a) $\frac{d^3x}{dt^3} + \frac{k}{c}\frac{d^2x}{dt^2} + \frac{k}{m}\frac{dx}{dt} = 0$, (b) $x = C_1e^{s_1t} + C_2e^{s_2t} + C_3$ 여기서

$$C_1 = \frac{s_2v_0 - a_0}{s_1s_2 - s_1^2},\quad C_2 = \frac{a_0 - s_1v_0}{s_2^2 - s_1s_2},\quad C_3 = x_0 - \frac{(s_1 + s_2)v_0 - a_0}{s_1s_2},$$

$$s_{1,}s_2 = \frac{-(\frac{k}{c}) \pm \sqrt{(\frac{k}{c})^2 - (\frac{k}{m})}}{2}$$ ($s_1 \neq s_2 \neq 0$로 가정할 때)

3.25 (a) $w_n = \sqrt{\frac{2k}{3m}}$, (b) $x = \frac{v_0}{w_n}\sin w_n t$

3.26 (a) $\ddot{\theta} + \frac{c}{m}(\frac{l_1}{l_2})^2\dot{\theta} + \frac{k_t + kl_1^2}{ml_2^2}\theta = \frac{g}{l_2}$, (b) $w_n = \sqrt{\frac{k_t + kl_1^2}{ml_2^2}}$, (c) $\bar{\theta} = \frac{mgl_2}{k_t + kl_1^2}$

3.27 $w_n = 4.16$ rad/s

3.28 (a) 평형 위치는 왼쪽 벽으로부터 0.333 m, w_n = 38.7 rad/s, (b) 동일함

3.29 (a) 평형 위치는 왼쪽 벽으로부터 0.333 m, w_n = 50 rad/s, (b) w_n = 22.4 rad/s

3.30 $w_n = \sqrt{k_1k_2b^2/m(k_1a^2 + k_2b^2)}$

3.31 $M\ddot{x}+\dfrac{24EI}{H^3}x=0,\ w_n=\sqrt{\dfrac{24EI}{MH^3}}$

3.32 50% 저하됨

3.33 64.6% 저하됨

3.34 저하시킴

3.35 반비례 관계

3.36 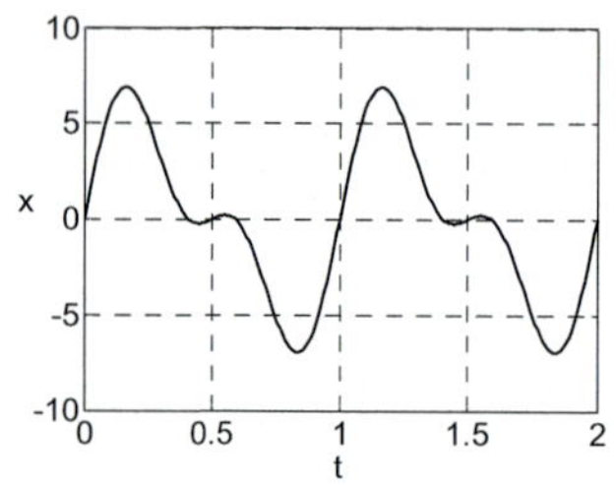

3.37 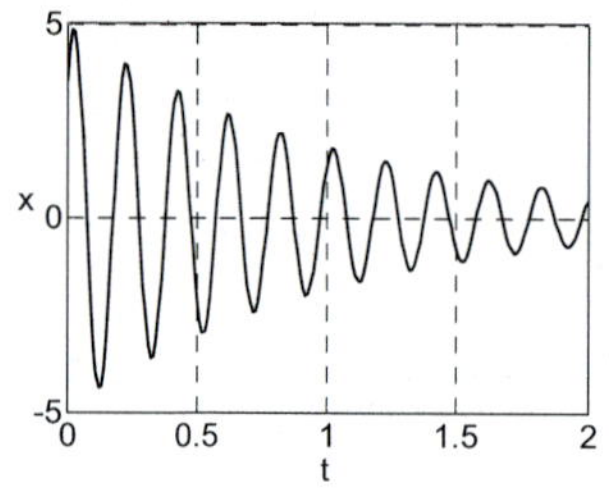

3.38 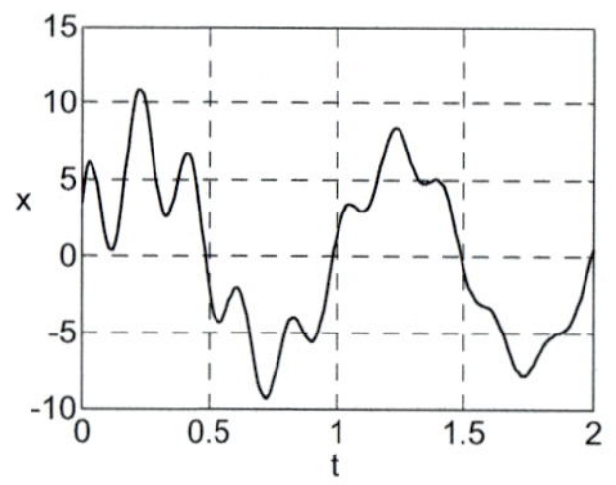

3.39 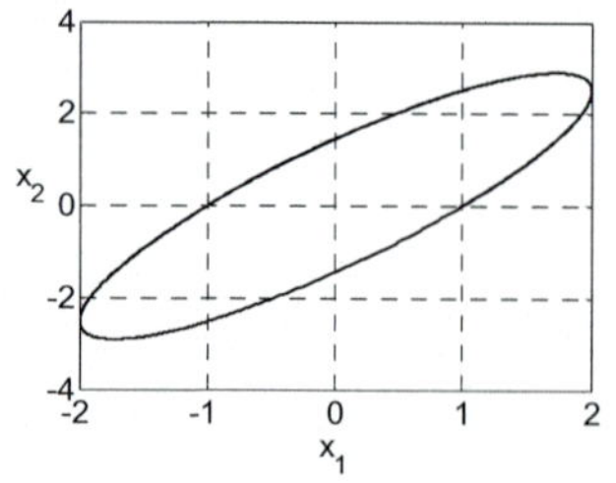

3.40

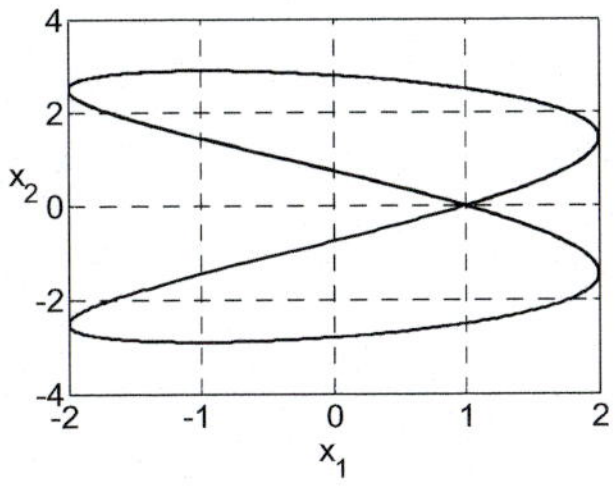

3.41 $\ddot{x}+\dfrac{2\mu g}{a}x=0$, $w_n=\sqrt{\dfrac{2\mu g}{a}}$

3.42 (a) 고정 직각 좌표계에서 $m\begin{bmatrix}1 & 0\\0 & 1\end{bmatrix}\begin{Bmatrix}\ddot{x}\\\ddot{y}\end{Bmatrix}+k\begin{bmatrix}1 & 0\\0 & 1\end{bmatrix}\begin{Bmatrix}x\\y\end{Bmatrix}=\begin{Bmatrix}0\\0\end{Bmatrix}$,

(b) $w_n=\sqrt{\dfrac{k}{m}}=10$, $r_0=1$, $v_0=10$일 때 그림 1 참조, (c) 또한 $\theta=\pi/6$일 때 그림 2 참조

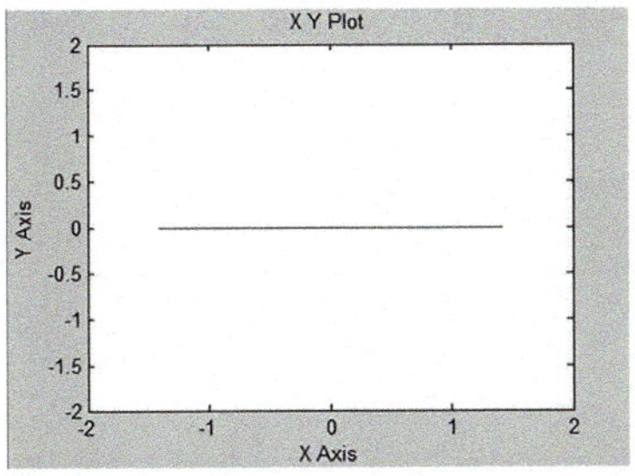

그림 1

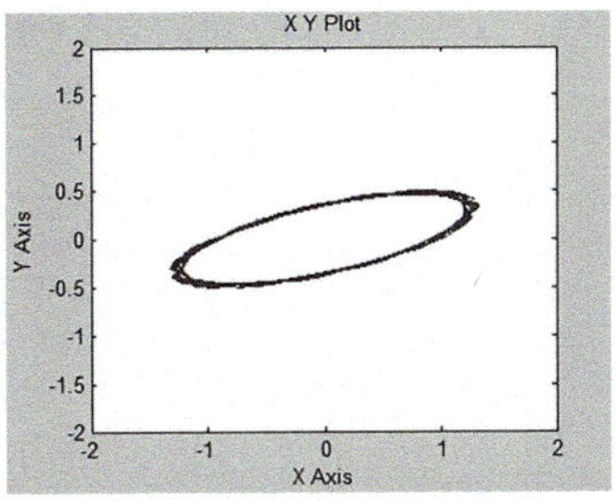

그림 2

(d) 안정

3.43 (a) 고정 직각 좌표계에서 $\begin{Bmatrix}\ddot{x}\\\ddot{y}\end{Bmatrix}+\begin{bmatrix}w_{n1}^2 & 0\\0 & w_{n2}^2\end{bmatrix}\begin{Bmatrix}x\\y\end{Bmatrix}=\begin{Bmatrix}0\\0\end{Bmatrix}$,

(b) $w_{n1}=\sqrt{\dfrac{k_1}{m}}=10$, $w_{n2}=\sqrt{\dfrac{k_2}{m}}=1.5\,w_{n1}$, $r_0=1$, $v_0=10$일 때 그림 1 참조,

(c) 또한, $\theta=\pi/6$일 때 그림 2 참조,

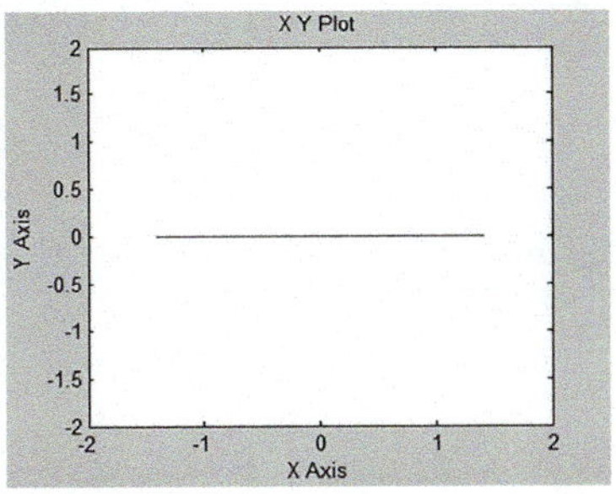

그림 1

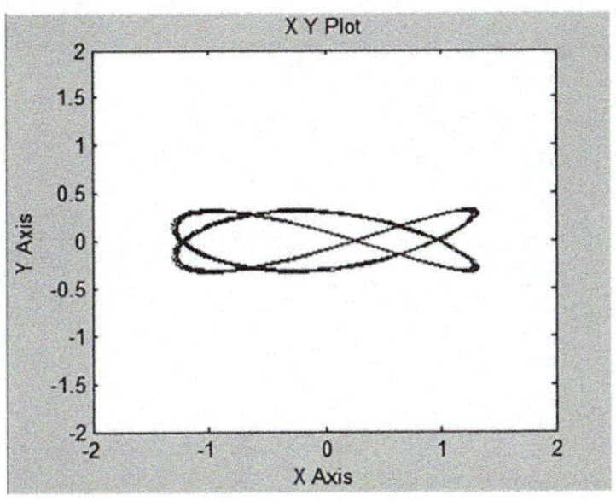

그림 2

(d) 안정

3.44 $m_{eq}=0.2357\rho L$ 또는 $0.2357m_b$ 여기서 m_b=보 전체의 질량, $w_n=3.5675\sqrt{\dfrac{EI}{\rho L^4}}$

■ 4장

4.1 (a) $x=\dfrac{F/k}{\sqrt{(1-r^2)^2+(2\zeta r)^2}}\cos(wt+\alpha-\phi)$ 여기서 $r=\dfrac{w}{w_n}$, $\phi=\tan^{-1}(\dfrac{1-r^2}{2\zeta r})$,

(b) $x=\dfrac{F/k}{\sqrt{(1-r^2)^2+(2\zeta r)^2}}\cos(wt+\beta-\phi)$ 여기서 $r=\dfrac{w}{w_n}$, $\phi=\tan^{-1}(\dfrac{2\zeta r}{1-r^2})$

4.2 (a) $x=-3.95\times10^{-2}e^{-2t}\cos(14t-2.9347)+3.8665\times10^{-2}\cos(35t-3.0058)\,\text{cm}$,

(b) $x=-1.05e^{-2t}\cos(14t+3.0126)+3.8665\times10^{-2}\cos(35t-3.0058)\,\text{cm}$,

(c) $x=-0.71e^{-2t}\cos(14t+1.6255)+3.8665\times10^{-2}\cos(35t-3.0058)\,\text{cm}$,

(d) $x=-1.34e^{-2t}\cos(14t+2.4563)+3.8665\times10^{-2}\cos(35t-3.0058)\,\text{cm}$

4.3 (a) T, (b) F

4.4 (a) $x=\dfrac{F/k}{\sqrt{(1-r^2)^2+(2\zeta r)^2}}\sin(wt+\alpha-\phi)$ 여기서 $r=\dfrac{w}{w_n}=\dfrac{w}{\sqrt{k/m}}$, $\zeta=\dfrac{c}{2\sqrt{mk}}$,

$\phi=\tan^{-1}(\dfrac{2\zeta r}{1-r^2})$,

(b) $x=\dfrac{F/k}{\sqrt{(1-r^2)^2+(2\zeta r)^2}}\cos(wt+\beta-\phi)$ 여기서 r, ζ, ϕ는 상동

4.5 진폭 = 1.0725×10^{-5} m, 위상 = 3.1033 rad

4.6 $x=\dfrac{c_1wX_1}{k\sqrt{(1-r^2)^2+(2\zeta r)^2}}\cos(wt-\phi)$

여기서 $r=\dfrac{w}{w_n}=\dfrac{w}{\sqrt{k/m}}$, $\zeta=\dfrac{c_1+c}{2\sqrt{mk}}$, $\phi=\tan^{-1}(\dfrac{2\zeta r}{1-r^2})$

4.7 운동방정식 $cmx_2^{(3)}+k_3m\ddot{x}_2+c(k_1+k_2+k_3)\dot{x}_2+k_3(k_1+k_2)x_2=ck_1\dot{x}_1+k_3k_1x_1$

여기서 $x_2^{(3)}\equiv d^3x_2/dt^3$,

정상상태 응답

$$x_2=\frac{-k_1X_1[\{c^2w^2(mw^2-k_1-k_2-k_3)+k_3^2(mw^2-k_1-k_2)\}\sin wt+cw\,k_3^2\cos wt]}{c^2w^2(mw^2-k_1-k_2-k_3)^2+k_3^2(mw^2-k_1-k_2)^2}$$

4.8 2 Hz

4.9 1.5 cm

4.10 $A=5$, $\phi=36.87°$

4.11 $\dfrac{1}{1-(w/w_n)^2+i2\zeta w/w_n}$

4.12 ③

4.13 ②

4.14 w^2A, π

4.15 $\sqrt{k/m}$

4.16 0.0236 cm/s

4.17 (a) 회전 직각 좌표계에서 $m\begin{bmatrix}1 & 0\\0 & 1\end{bmatrix}\begin{Bmatrix}\ddot{x}\\\ddot{y}\end{Bmatrix}+2m\Omega\begin{bmatrix}0 & -1\\1 & 0\end{bmatrix}\begin{Bmatrix}\dot{x}\\\dot{y}\end{Bmatrix}+(k-m\Omega^2)\begin{bmatrix}1 & 0\\0 & 1\end{bmatrix}\begin{Bmatrix}x\\y\end{Bmatrix}=\begin{Bmatrix}0\\0\end{Bmatrix}$,

(b) 고정 직각 좌표계에서 관찰한 자유 응답 궤적은 $w_n=\sqrt{\dfrac{k}{m}}=10$, $r_0=1$, $v_0=10$일 때 그림 1~4 참조.

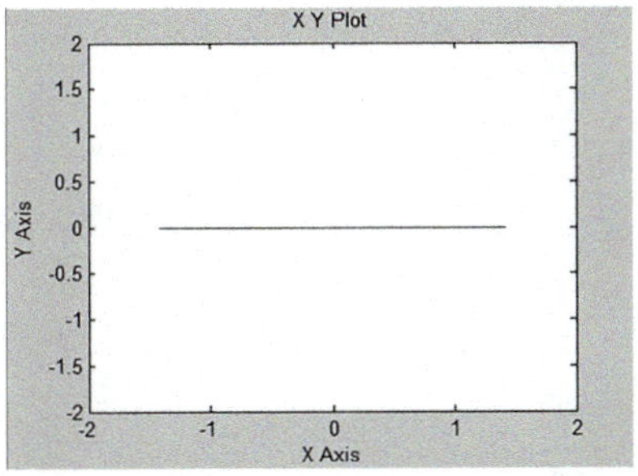

그림 1 ($\Omega=0$일 때)

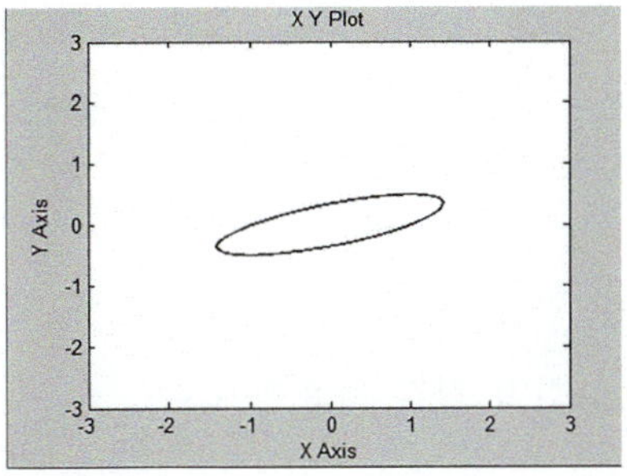

그림 2 ($\Omega=0.5w_n$일 때)

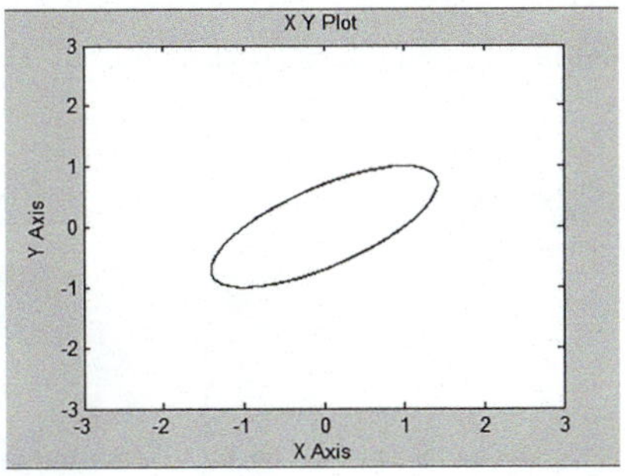

그림 3 ($\Omega=w_n$일 때)

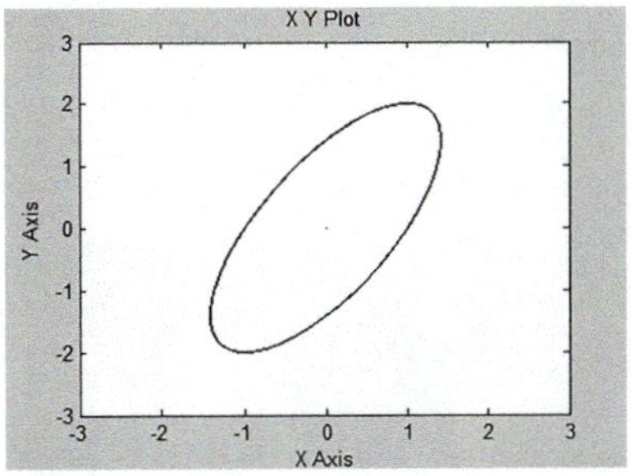

그림 4 ($\Omega=2w_n$일 때)

(c) 추가로, $\theta=\pi/6$일 때 고정 직교 좌표계에서 관찰한 궤적은 그림 5~8 참조.

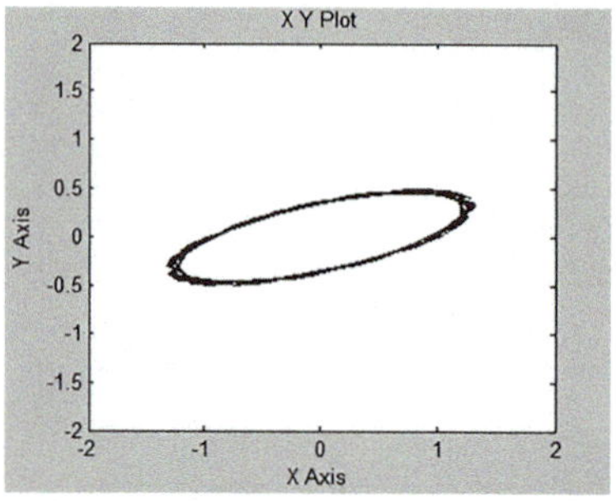

그림 5 ($\Omega=0$일 때)

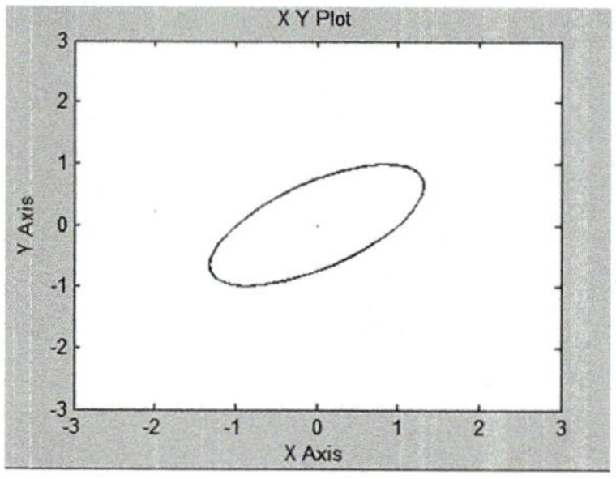

그림 6 ($\Omega=0.5w_n$일 때)

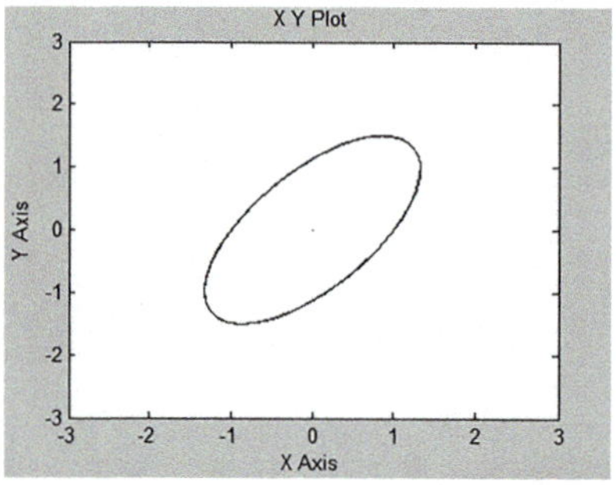

그림 6 ($\Omega=w_n$일 때)

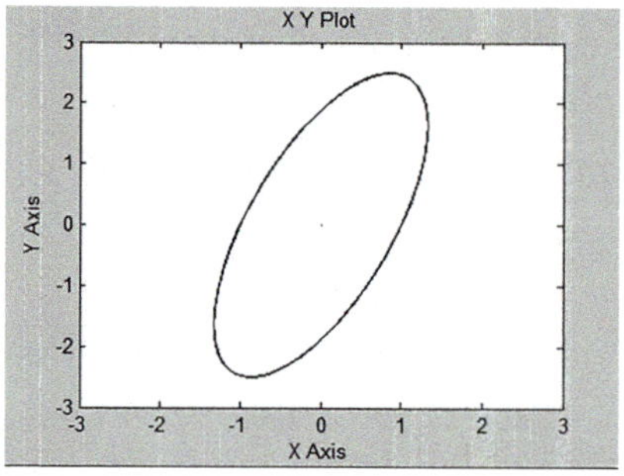

그림 7 ($\Omega=2w_n$일 때)

(d) 안정

4.18 (a) 회전 직각 좌표계에서

$$m\begin{bmatrix}1 & 0\\0 & 1\end{bmatrix}\begin{Bmatrix}\ddot{x}\\\ddot{y}\end{Bmatrix}+2m\Omega\begin{bmatrix}0 & -1\\1 & 0\end{bmatrix}\begin{Bmatrix}\dot{x}\\\dot{y}\end{Bmatrix}+\begin{bmatrix}k_1-m\Omega^2 & 0\\0 & k_2-m\Omega^2\end{bmatrix}\begin{Bmatrix}x\\y\end{Bmatrix}=\begin{Bmatrix}0\\0\end{Bmatrix},$$

(b) $w_{n1}=\sqrt{k_1/m}=10$, $w_{n2}=\sqrt{k_2/m}=1.5w_{n1}$, $r_0=1$, $v_0=10$일 때 고정 직교 좌표계에서 관찰한 궤적은 그림 1~3 참조.

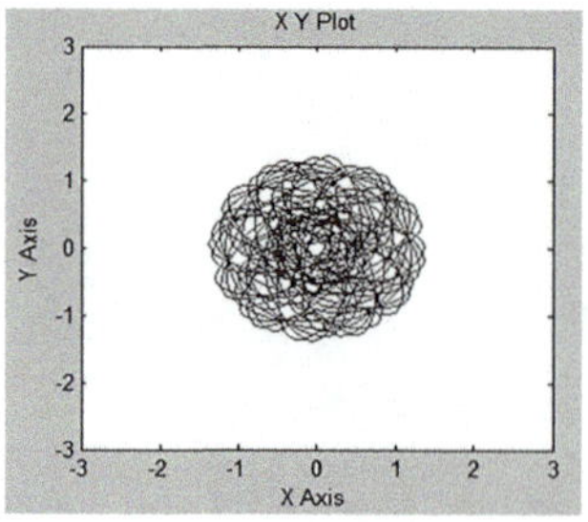

그림 1 ($\Omega=0.5w_{n1}$일 때)

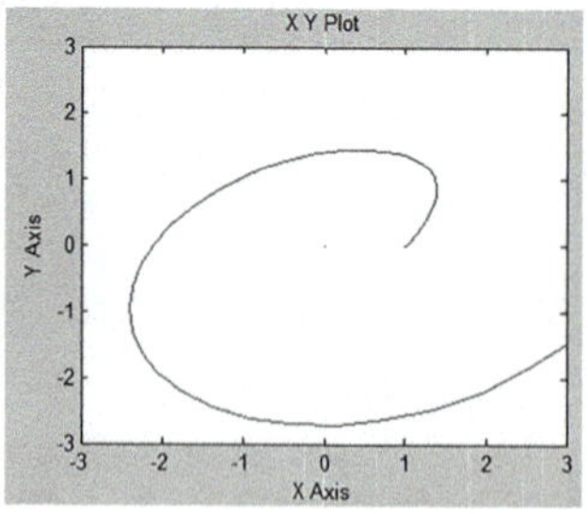

그림 2 ($\Omega=1.25w_{n1}$일 때)

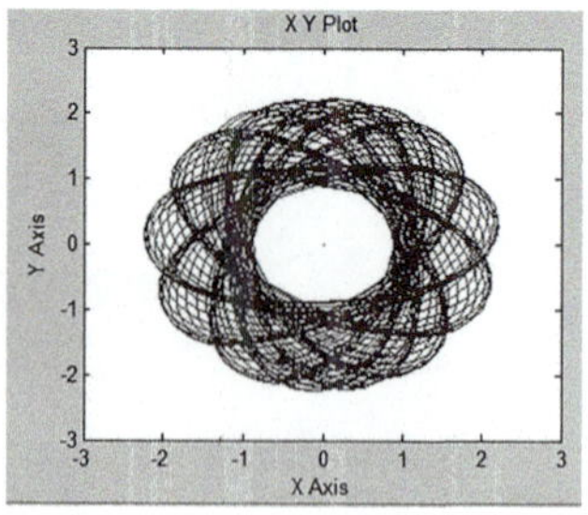

그림 3 ($\Omega=2w_{n1}$일 때)

(c) 추가로, $\theta=\pi/6$일 때 고정 직교 좌표계에서 관찰한 궤적은 그림 4~6 참조.

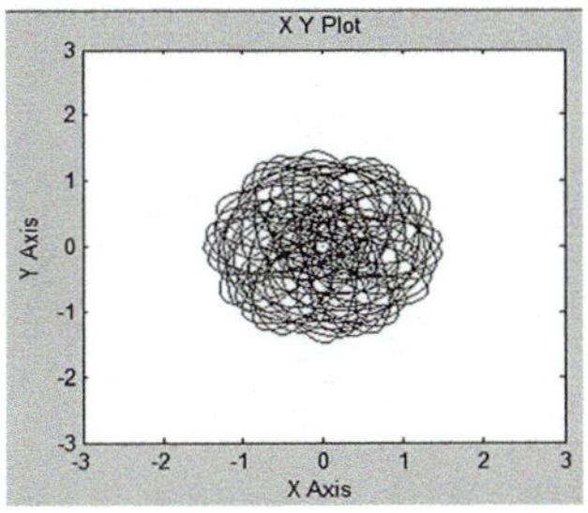

그림 4 ($\Omega = 0.5w_{n1}$일 때)

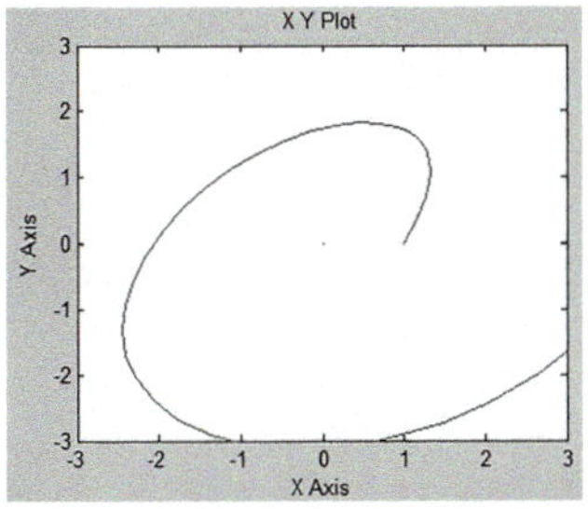

그림 5 ($\Omega = 1.25w_{n1}$일 때)

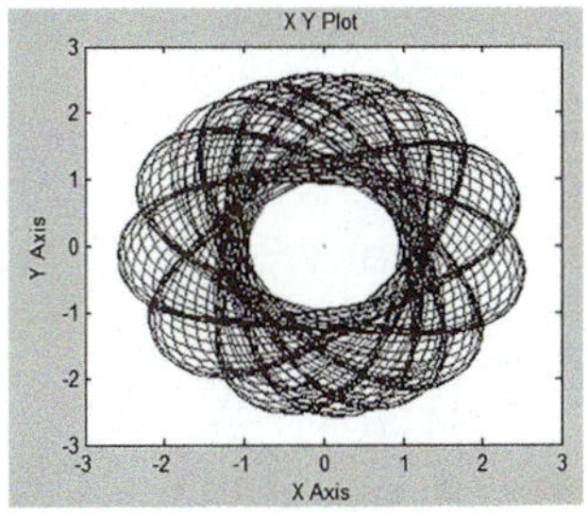

그림 6 ($\Omega = 2w_{n1}$일 때)

(d) $0 \le \Omega < w_{n1}$ & $\Omega \ge w_{n2}$일 때 안정, $\omega_{n1} \le \Omega < w_{n2}$일 때 불안정

4.19 (a) T, (b) F

4.20 1.25

4.21 1220.7 kg/cm

4.22 (a) $x = -\dfrac{A}{2\zeta\sqrt{1-\zeta^2}} e^{-\zeta w_n t} \sin w_d t + \dfrac{A}{2\zeta} \sin w_n t$ 여기서 $w_d = w_n \sqrt{1-\zeta^2}$, (b) $\dfrac{A}{2\zeta}$

4.23 (a) $x = -0.79 \cos(10\sqrt{2}\,t - 2.2555) + \sin(10t - \pi/6)\,\text{cm}$,
(b) $x = 0.69\, e^{-5t} \cos(5\sqrt{7}\,t - 0.1736) + 0.71 \sin(10t - 5\pi/12)\,\text{cm}$

4.24 ③

4.25 2 rad/s, 예

4.26 (a) T, (b) F

4.27 (a) T, (b) F

4.28 1

4.29 (a) T, (b) T, (c) F

4.30 (a) $m\ddot{x} + c\dot{x} + kx = ky$, (b) $\dfrac{|X|}{A} = \dfrac{1}{\sqrt{(1-r^2)^2 + (2\zeta r)^2}}$, (c)

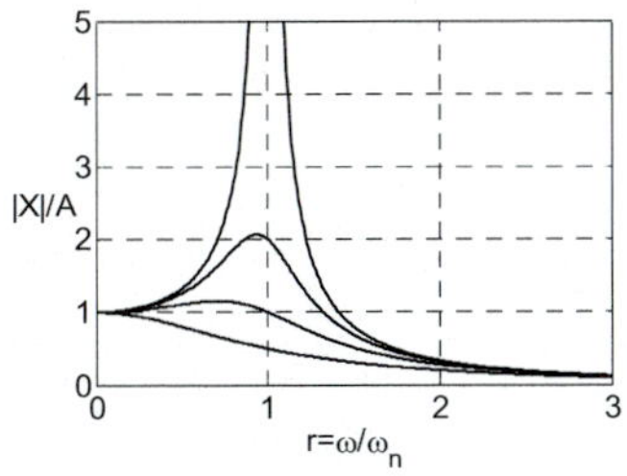

4.31 0.0064 m

4.32 (a) $ml^2\ddot{\theta}+c_T\dot{\theta}+mgl\theta=M$, (b) $\dfrac{Am\sqrt{gl^3}}{c_T}$

4.33 (a) $\ddot{\theta}+\dfrac{g}{l}\sin\theta=-\dfrac{\ddot{x}}{l}\cos\theta$, (b) $\theta(t)=\dfrac{X}{l}\dfrac{r^2}{1-r^2}\sin\omega t$ 여기서 $r=\dfrac{w}{w_n}$, $w_n=\sqrt{\dfrac{g}{l}}$

4.34 $\theta(t)=\dfrac{X}{l}\dfrac{r^2}{1-r^2}(\sin\omega t-r\sin w_n t)$ 여기서 $r=\dfrac{w}{w_n}$, $w_n=\sqrt{\dfrac{g}{l}}$

4.35 (a) $\ddot{\theta}+\dfrac{g}{R-r}\sin\theta=\dfrac{\cos\theta}{R-r}\ddot{z}$, (b) 변위 전달율$=\dfrac{1}{|1-(w/w_n)^2|}$ 여기서 $w_n=\sqrt{\dfrac{g}{R-r}}$, (c)

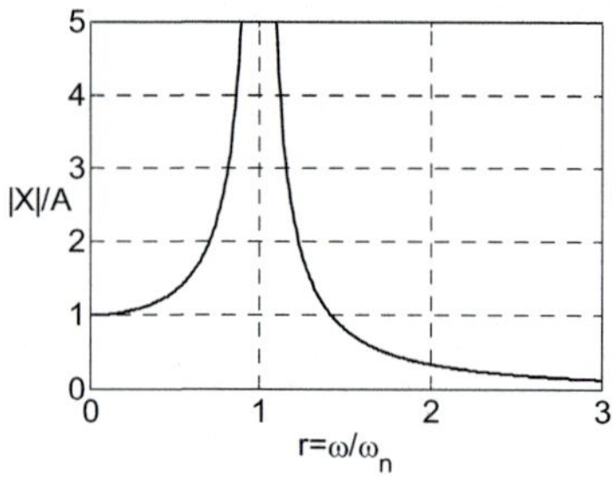

4.36 (a) 523 rpm, (b) 0.0278 mm

4.37 (a) $\ddot{z}+2\zeta w_n\dot{z}+w_n^2 z=2\zeta w_n\dot{y}+w_n^2 y$ 여기서 $\zeta=\dfrac{c}{2\sqrt{mk}}$, $w_n=\sqrt{\dfrac{k}{m}}$,

(b) $z(t)=Z\sin(wt-\phi')$

여기서 $Z=A\sqrt{\dfrac{1+(2\zeta r)^2}{(1-r^2)^2+(2\zeta r)^2}}$, $r=\dfrac{w}{w_n}$, $w=\dfrac{2\pi v}{L}$, $\phi'=\tan^{-1}\dfrac{2\zeta r^3}{1-r^2+(2\zeta r)^2}$,

(c) $F(t)=-mw^2Z\sin(wt-\phi')$

4.38 (a) $m\ddot{x}+c\dot{x}+(k_1+k_2)x=k_2 y$, (b) $y(t)=(\dfrac{A}{2}+B)-\dfrac{A}{\pi}\sum_{p=1}^{\infty}\dfrac{1}{p}\sin pw_0 t$ 여기서 $w_0=2\pi/T$,

(c) $x(t)=\dfrac{k_2}{k_1+k_2}[(\dfrac{A}{2}+B)-\dfrac{A}{\pi}\sum_{p=1}^{\infty}|G_p|\dfrac{1}{p}\sin(pw_0t-\phi_p)]$

여기서 $|G_p|=\dfrac{1}{[\{1-(pw_0/w_n)^2\}^2+(2\zeta pw_0/w_n)^2]^{1/2}}$, $\phi_p=\tan^{-1}\dfrac{2\zeta pw_0/w_n}{1-(pw_0/w_n)^2}$,

$\zeta=\dfrac{c}{2\sqrt{m(k_1+k_2)}}$, $w_n=\sqrt{\dfrac{k_1+k_2}{m}}$

4.39 (a) $\ddot{z}+2\zeta w_n\dot{z}+w_n^2z=2\zeta w_n\dot{y}+w_n^2y$ 여기서 $\zeta=c/(2\sqrt{mk})$, $w_n=\sqrt{k/m}$,

(b) $G'(iw)=\dfrac{1+i2\zeta w/w_n}{1-(w/w_n)^2+i2\zeta w/w_n}$ 여기서 $w=y$의 주파수, (c)

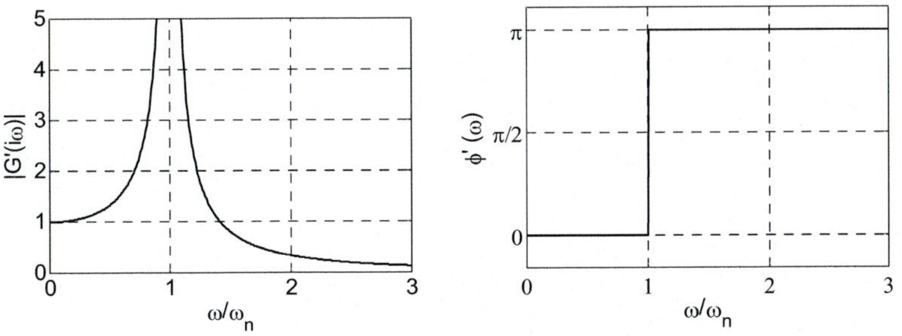

(d) $y(t)=\dfrac{4A}{\pi}\displaystyle\sum_{p=\text{홀수}}^{\infty}\dfrac{\sin pw_0t}{p}$ 여기서 $w_0=\dfrac{2\pi v}{L}$,

(e) $z(t)=\dfrac{4A}{\pi}\displaystyle\sum_{p=\text{홀수}}^{\infty}\dfrac{1}{p}\sqrt{\dfrac{1+(2\zeta pw_0/w_n)^2}{\{1-(pw_0/w_n)^2\}^2+(2\zeta pw_0/w_n)^2}}\ \sin(p\omega_0t-\phi_p{}')$

여기서 $\phi_p{}'=\tan^{-1}\dfrac{2\zeta pw_0/w_n}{1-(pw_0/w_n)^2}-\tan^{-1}(2\zeta pw_0/w_n)$,

(f) $z(t)=\dfrac{4A}{\pi}\displaystyle\sum_{p=\text{홀수}}^{\infty}\dfrac{1}{p|1-p^2/9|}\sin(pw_0t-\phi_p{}')$, $Z_p=\dfrac{4A}{\pi p}\left|\dfrac{9}{9-p^2}\right|$이 되므로

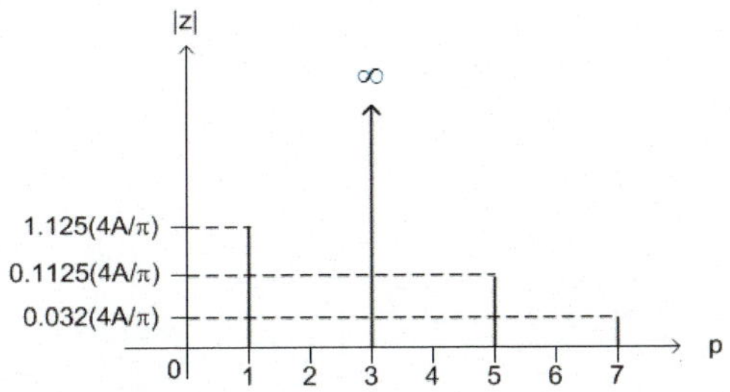

4.40 $\phi=\dfrac{\theta_0}{1-(w/w_n)^2}\cos wt$ 여기서 $w_n=\sqrt{\dfrac{4T}{ml}}$

4.41 $\omega=\sqrt{\dfrac{kh}{ma}}$

4.42 $k=1.23$ N/m, c = 637 Ns/m

4.43 $m_2=11$ kg, $k=1.1\times10^4$ N/m

4.44 $\Delta E_{cyc}=4\mu_k mgX$, $c_{eq}=\dfrac{4\mu_k mg}{\pi wX}$

4.45 (a) $c_{ext}>c$, (b) $w=\omega_n\sqrt{1-2\zeta^2}$ 여기서 $w_n=\sqrt{k/m}$, $\zeta=(c-c_{ext})/2\sqrt{mk}\le 0.707$

4.46 (a) $\dfrac{30}{\pi}\sqrt{\dfrac{48EI}{ml^3}}$ rpm, (b) $\dfrac{30}{\pi}\sqrt{\dfrac{192EI}{ml^3}}$, (c) 고정 지지일 때 위험속도가 2배 높음

■ 5장

5.1 ①

5.2 (a) 낙하 중 (즉, $0 \le t < \sqrt{\frac{2h}{g}}$) 일 때 $\ddot{x}=0$, 착지 이후 ($t > \sqrt{\frac{2h}{g}}$) $m\ddot{x}+c\dot{x}+kx=-mg$,

(b) 낙하 중일 때 $x=0$,

착지 이후 $x = \frac{mg}{k}\left\{\frac{\sqrt{1+\frac{2h}{g}w_n^2-2\zeta w_n\sqrt{\frac{2h}{g}}}}{\sqrt{1-\zeta^2}}e^{-\zeta w_n t}\cos(w_d t-\phi)-1\right\}$

여기서 $\zeta=\frac{c}{2\sqrt{mk}}$, $w_n=\sqrt{\frac{k}{m}}$, $w_d=w_n\sqrt{1-\zeta^2}$, $\phi=\tan^{-1}\left\{\zeta-\sqrt{\frac{2h}{g}}\,w_n\right\}/\sqrt{1-\zeta^2}$

5.3 0.5

5.4 $A\{\mu(t)-\mu(t-\pi/2)\}$ 여기서 $\mu(t)$=단위 계단 함수

5.5 $x(t)=\frac{A}{4}[(1-\cos 2t)\mu(t)-\{1-\cos 2(t-\pi/2)\}\mu(t-\pi/2)]$ 여기서 $\mu(t)$=단위 계단 함수

5.6 (a) T, (b) F, (c) T

5.7 $\theta(t)=-\frac{a}{g}[(1-\cos\omega_n t)\mu(t)-\{1-\cos w_n(t-T)\}\mu(t-T)]$

여기서 $w_n=\sqrt{\frac{g}{l}}$, $\mu(t)$ = 단위 계단 함수

5.8 (a) $\ddot{z}+w_n^2 z=w_n^2 y$ 여기서 $w_n=\sqrt{2k/m}$, (b) $G(iw)=\frac{1}{1-(w/w_n)^2}$,

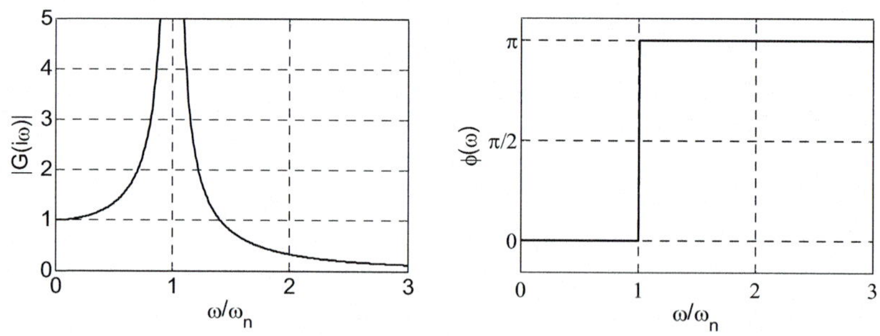

(c) $z(t)=H[\left\{1-\cos w_n(t-\frac{x_1}{v})\right\}\mu(t-\frac{x_1}{v})-\left\{1-\cos w_n(t-\frac{x_2}{v})\right\}\mu(t-\frac{x_2}{v})]$

5.9 $x(t)=\frac{A}{T}[t-\frac{2\zeta}{w_n}+e^{-\zeta\omega_n t}(\frac{2\zeta}{w_n}\cos\omega_d t+\frac{2\zeta^2-1}{\omega_d}\sin\omega_d t)]\mu(t)$

여기서 $\zeta=\frac{c}{2\sqrt{mk}}$, $w_n=\sqrt{\frac{k}{m}}$, $w_d=w_n\sqrt{1-\zeta^2}$

5.10 2배

5.11 (a) $F(t)=A[\mu(t)-2\mu(t-T_0)+\mu(t-2T_0)]$,

(b) $x(t)=A[(1-\cos t)\mu(t)-2\{1-\cos(t-T_0)\}\mu(t-T_0)+\{1-\cos(t-2T_0)\}\mu(t-2T_0)]$,

(c) $x(1.5T_0)=A(-1+2\cos 0.5T_0-\cos 1.5T_0)$

5.12 $$x(t)=\frac{2f_0}{T}[t-\frac{2\zeta}{w_n}+e^{-\zeta\omega_n t}(\frac{2\zeta}{w_n}\cos\omega_d t+\frac{2\zeta^2-1}{\omega_d}\sin\omega_d t)]\mu(t)$$
$$-\frac{4f_0}{T}[(t-\frac{T}{2})-\frac{2\zeta}{w_n}+e^{-\zeta\omega_n(t-\frac{T}{2})}(\frac{2\zeta}{w_n}\cos\omega_d(t-\frac{T}{2})+\frac{2\zeta^2-1}{\omega_d}\sin\omega_d(t-\frac{T}{2}))]\mu(t-\frac{T}{2})$$
$$+\frac{2f_0}{T}[(t-T)-\frac{2\zeta}{w_n}+e^{-\zeta\omega_n(t-T)}(\frac{2\zeta}{w_n}\cos\omega_d(t-T)+\frac{2\zeta^2-1}{\omega_d}\sin\omega_d(t-T))]\mu(t-T)$$

5.13 7%

5.14 크기 오차 = 4.55%, 위상 오차 = 5.23°

5.15 87.6 rad/s

5.16 $(1-\cos w_n t)\mu(t)$

5.17 $x(t)=\frac{\sin 5\pi t}{500\pi}\{\mu(t)+\mu(t-0.4)+\mu(t-0.8)+\cdots\}$

5.18 (a) $l+\frac{mg}{k}(1+\sqrt{1+\frac{2lk}{mg}})$, (b) $mg\sqrt{1+\frac{2lk}{mg}}$, (c) $l_{max}\cong h-\sqrt{\frac{2mgh}{k}}$

5.19 4배 감소

5.20 $g\sqrt{1+\frac{2hk}{mg}}$

5.21 0.5배

5.22 증가함

5.23 $0\le\frac{T}{T_n}<1$일 때 $\frac{x_{max}}{F_0/k}=2\sin\frac{\pi T}{2T_n}$, $\frac{T}{T_n}\ge 1$일 때 $\frac{x_{max}}{F_0/k}=2$, 즉,

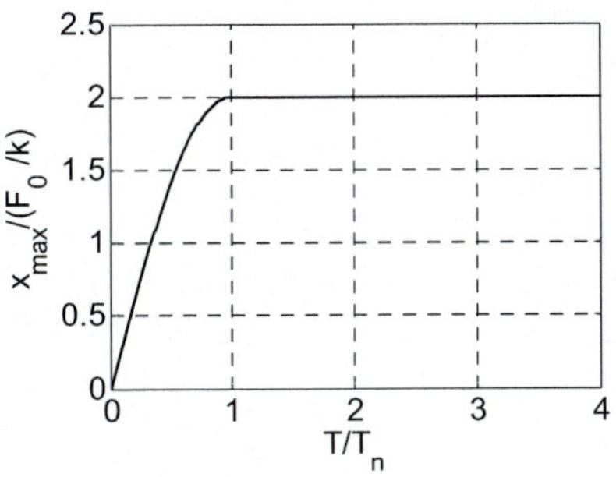

5.24 $\dfrac{x_{\max}}{F_0/k}=1+\dfrac{T_n}{\pi T}\left|\sin\dfrac{\pi T}{T_n}\right|$

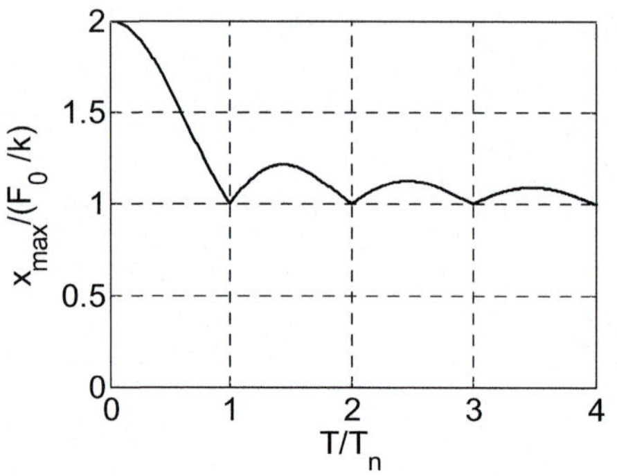

■ 6장

6.1 $\begin{bmatrix} I_1 & 0 \\ 0 & I_2 \end{bmatrix}\begin{Bmatrix} \ddot{\theta}_1 \\ \ddot{\theta}_2 \end{Bmatrix}+\begin{bmatrix} k_{t1}+k_{t2} & -k_{t2} \\ -k_{t2} & k_{t2} \end{bmatrix}\begin{Bmatrix} \theta_1 \\ \theta_2 \end{Bmatrix}=\begin{Bmatrix} M_1 \\ M_2 \end{Bmatrix}$ 여기서 $k_{t1}=\dfrac{GJ_1}{L_1}$, $k_{t2}=\dfrac{GJ_2}{L_2}$

6.2 0.159

6.3 (a) $M=\begin{bmatrix} m & 0 \\ 0 & m \end{bmatrix}$, $K=\begin{bmatrix} 2k & -k \\ -k & k \end{bmatrix}$, (b) $0.62\sqrt{k/m}$, (c) $[1\ \ 1.6]^T$

6.4 ③

6.5 (a) T, (b) T, (c) T (d) F

6.6 (a) $w_n=0, \sqrt{\dfrac{2GJ}{IL}}$,

(b) $w_n=0$일 때 $\boldsymbol{u}_1=\begin{Bmatrix} 1 \\ 1 \end{Bmatrix}$ (그림 1 참조), $w_n=\sqrt{\dfrac{2GJ}{IL}}$ 일 때 $\boldsymbol{u}_2=\begin{Bmatrix} 1 \\ -1 \end{Bmatrix}$ (그림 2 참조)

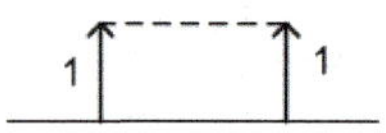

그림 1

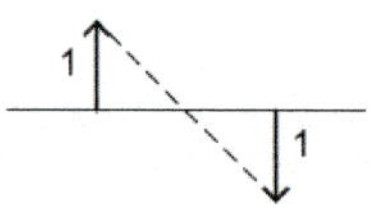

그림 2

(c) $\ddot{q}_1=0$, $\ddot{q}_2+\dfrac{2GJ}{IL}q_2=0$

6.7 (a) $\begin{bmatrix} m & 0 \\ 0 & m \end{bmatrix}\begin{Bmatrix} \ddot{x}_1 \\ \ddot{x}_2 \end{Bmatrix}+\begin{bmatrix} k & -k \\ -k & k \end{bmatrix}\begin{Bmatrix} x_1 \\ x_2 \end{Bmatrix}=\begin{Bmatrix} F_1 \\ F_2 \end{Bmatrix}$, (b) 0, $\sqrt{2k/m}$, (c) $[1\ \ 1]^T$, $[1\ \ -1]^T$,

(d) $2m\ddot{q}_1=F_1+F_2$, $m\ddot{q}_2+2kq_2=(F_1-F_2)/2$

6.8 (a) $M\ddot{\boldsymbol{x}} + K\boldsymbol{x} = \boldsymbol{F}(t)$ 여기서 $\boldsymbol{x} = \begin{Bmatrix} x_1 \\ x_2 \end{Bmatrix}$, $M = \begin{bmatrix} m_1 & 0 \\ 0 & m_2 \end{bmatrix}$, $K = k\begin{bmatrix} 1 & -1 \\ -1 & 1 \end{bmatrix}$, $\boldsymbol{F}(t) = \begin{Bmatrix} m_1 \\ m_2 \end{Bmatrix} g$,

(b) $w_{n1} = 0$, $w_{n2} = \sqrt{\dfrac{(m_1 + m_2)k}{m_1 m_2}}$, $\boldsymbol{u}_1 = \begin{Bmatrix} 1 \\ 1 \end{Bmatrix}$, $\boldsymbol{u}_2 = \begin{Bmatrix} 1 \\ -m_1/m_2 \end{Bmatrix}$,

(c) $\ddot{q}_1 = g$, $\ddot{q}_2 + w_{n2}^2 q_2 = 0$,

(d) $x_1 = \left\{ \dfrac{m_1 x_{10}}{m_1 + m_2} + \dfrac{gt^2}{2} + \dfrac{m_2 x_{10}}{m_1 + m_2} \cos\omega_{n2} t \right\} \mu(t)$,

$x_2 = \left\{ \dfrac{m_1 x_{10}}{m_1 + m_2} + \dfrac{gt^2}{2} - \dfrac{m_1 x_{10}}{m_1 + m_2} \cos\omega_{n2} t \right\} \mu(t)$ 여기서 $x_{10} = m_1 g/k$,

(e) 상대변위 $= x_1 - x_2 = x_{10} \cos w_{n2} t$

6.9 (a) $\begin{bmatrix} I_1 & 0 \\ 0 & I_2 \end{bmatrix} \begin{Bmatrix} \ddot{\theta}_1 \\ \ddot{\theta}_2 \end{Bmatrix} + \begin{bmatrix} k_{t1} + k_{t2} & -k_{t2} \\ -k_{t2} & k_{t2} \end{bmatrix} \begin{Bmatrix} \theta_1 \\ \theta_2 \end{Bmatrix} = \begin{Bmatrix} M_1 \\ M_2 \end{Bmatrix}$, (b) $w_{n1} = 0.4682\sqrt{\dfrac{k}{I}}$, $w_{n2} = 1.5102\sqrt{\dfrac{k}{I}}$, (c)

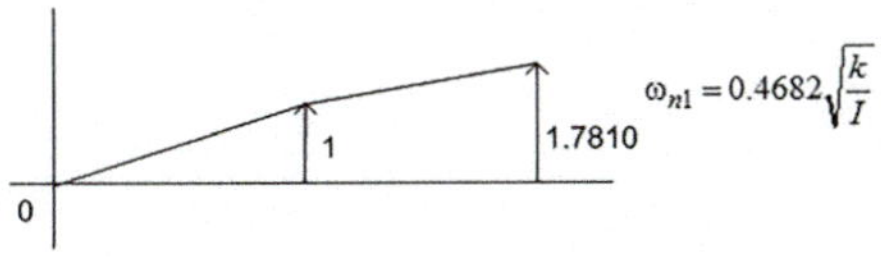

,

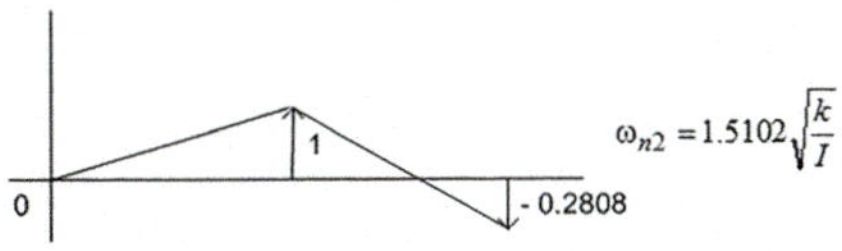

6.10 ④

6.11 (a) $X_1(w) = \dfrac{(k_{22} - \omega^2 m_2) F_1}{(k_{11} - \omega^2 m_1)(k_{22} - \omega^2 m_2) - k_{12}^2}$, $X_2(w) = \dfrac{-k_{12} F_1}{(k_{11} - \omega^2 m_1)(k_{22} - \omega^2 m_2) - k_{12}^2}$,

(b) $\dfrac{X_1(w)}{X_2(w)} = \dfrac{k_{22} - w_{ni}^2 m_2}{-k_{12}}$ 여기서 w_{ni}는 i-번째 고유 진동수

6.12 (a) $M\ddot{\boldsymbol{x}} + K\boldsymbol{x} = \boldsymbol{F}(t)$ 여기서 $M = \dfrac{m}{2}\begin{bmatrix} 1 & 0 \\ 0 & 1 \end{bmatrix}$, $K = \dfrac{3T}{L}\begin{bmatrix} 2 & -1 \\ -1 & 2 \end{bmatrix}$, $\boldsymbol{F}(t) = \begin{Bmatrix} F_1 \\ F_2 \end{Bmatrix}$,

(b) $w_{n1} = \sqrt{\dfrac{6T}{mL}}$, $w_{n2} = \sqrt{\dfrac{18T}{mL}}$, $w_{n2}/w_{n1} = \sqrt{3} = 1.73$,

(c) $w_n = w_{n1}$일 때 $\boldsymbol{u}_1 = \begin{Bmatrix} 1 \\ 1 \end{Bmatrix}$, $w_n = w_{n2}$일 때 $\boldsymbol{u}_2 = \begin{Bmatrix} 1 \\ -1 \end{Bmatrix}$

(d) $X_1(w) = \dfrac{(6k - w^2 m/2) F_1 + 3kF_2}{(6k - w^2 m/2)(6k - w^2 m/2) - 9k^2}$, $X_2(w) = \dfrac{3kF_1 + (6k - w^2 m/2) F_2}{(6k - w^2 m/2)(6k - w^2 m/2) - 9k^2}$

여기서 $k = \dfrac{T}{L}$

(e) $\dfrac{X_1(w)}{X_2(w)}\Big|_{w = w_{n1}} = 1$, $\dfrac{X_1(w)}{X_2(w)}\Big|_{w = w_{n2}} = -1$

6.13 (a) $M\ddot{\boldsymbol{x}} + K\boldsymbol{x} = \boldsymbol{F}(t)$ 여기서 $M = m\begin{bmatrix} 1 & 0 \\ 0 & 1 \end{bmatrix}$, $K = k\begin{bmatrix} 2 & -1 \\ -1 & 2 \end{bmatrix}$, $\boldsymbol{F}(t) = \begin{Bmatrix} F_1 \\ F_2 \end{Bmatrix}$,

(b) $g_{11} = \frac{1}{2}[\frac{1}{mw_{n1}}\sin w_{n1}t + \frac{1}{mw_{n2}}\sin w_{n2}t]$ 여기서 $w_{n1} = \sqrt{\frac{k}{m}}$, $w_{n2} = \sqrt{\frac{3k}{m}}$,

(c) $g_{21} = \frac{1}{2}[\frac{1}{mw_{n1}}\sin w_{n1}t - \frac{1}{mw_{n2}}\sin w_{n2}t]$ 여기서 w_{n1}, w_{n2}는 상동

6.14 (a) $\begin{bmatrix} m & 0 \\ 0 & m \end{bmatrix}\begin{Bmatrix} \ddot{x}_1 \\ \ddot{x}_2 \end{Bmatrix} + \begin{bmatrix} 3k & 2k \\ 2k & 2k \end{bmatrix}\begin{Bmatrix} x_1 \\ x_2 \end{Bmatrix} = \begin{Bmatrix} F_1 \\ F_2 \end{Bmatrix}$, (b) $w_{n1} = 0.6622\sqrt{k/m}$, $w_{n2} = 2.1358\sqrt{k/m}$,

(c) 1차 모드 $\boldsymbol{u}_1 = \begin{Bmatrix} 1 \\ -1.2808 \end{Bmatrix}$, 2차 모드 $\boldsymbol{u}_2 = \begin{Bmatrix} 1 \\ 0.7807 \end{Bmatrix}$. 따라서 1, 2차 모드 형상은 각각 그림 1, 2 참조:

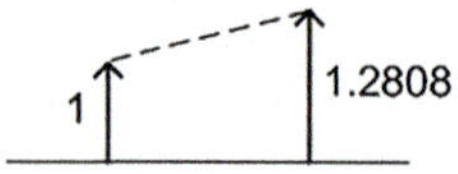

그림 1

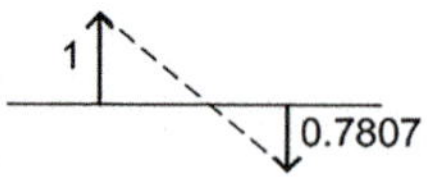

그림 2

(d) $\ddot{q}_1 + w_{n1}^2 q_1 = \frac{1}{2.6404m}(F_1 - 1.2808F_2)$, $\ddot{q}_2 + w_{n2}^2 q_2 = \frac{1}{1.6095m}(F_1 + 0.7807F_2)$

6.15 $(M+m)\ddot{x} + mL\ddot{\theta}\cos\theta - mL\dot{\theta}^2\sin\theta + (c_1+c_2)\dot{x} + (k_1+k_2)x = 0$, $\ddot{x}\cos\theta + L\ddot{\theta} + g\sin\theta = 0$

6.16 $m\ddot{x} + (k_1+k_2)x + k_2 e\theta = 0$, $I_C\ddot{\theta} + k_2 e x + k_2 e^2\theta = 0$

6.17 $(I_A + n^2 I_B)\ddot{\theta}_A + (n^2\frac{GJ_2}{L_2} + \frac{GJ_1}{L_1})\theta_A + n\frac{GJ_2}{L_2}\theta_C = 0$, $I_C\ddot{\theta}_C + n\frac{GJ_2}{L_2}\theta_A + \frac{GJ_2}{L_2}\theta_C = M$

6.18 (a) $\begin{bmatrix} m_1 & 0 \\ 0 & m_2 \end{bmatrix}\begin{Bmatrix} \ddot{x}_1 \\ \ddot{x}_2 \end{Bmatrix} + k\begin{bmatrix} 1 & -1 \\ -1 & 1 \end{bmatrix}\begin{Bmatrix} x_1 \\ x_2 \end{Bmatrix} = \begin{Bmatrix} m_1 g \\ -m_2 g \end{Bmatrix}$,

(b) $w_{n1} = 0$, $w_{n2} = \sqrt{\frac{(m_1+m_2)k}{m_1 m_2}}$, $\boldsymbol{u}_1 = \begin{Bmatrix} 1 \\ 1 \end{Bmatrix}$, $\boldsymbol{u}_2 = \begin{Bmatrix} 1 \\ -m_1/m_2 \end{Bmatrix}$,

(c) $\ddot{q}_1 = (\frac{m_1 - m_2}{m_1 + m_2})g$, $\ddot{q}_2 + w_{n2}^2 q_2 = \frac{2m_2}{m_1+m_2}g$,

(d) $x_1 = \left\{(\frac{m_1-m_2}{m_1+m_2})\frac{t^2}{2} + \frac{2m_1 m_2^2}{(m_1+m_2)^2 k}(1-\cos\omega_{n2}t)\right\}g\,\mu(t)$,

$x_2 = \left\{(\frac{m_1-m_2}{m_1+m_2})\frac{t^2}{2} - \frac{2m_1 m_2^2}{(m_1+m_2)^2 k}(1-\cos\omega_{n2}t)\right\}g\,\mu(t)$

6.19 $\begin{bmatrix} M + \frac{3mL}{2} & \frac{3ML}{4} \\ \frac{3ML}{4} & \frac{9mL^3}{32} + \frac{9ML^2}{16} \end{bmatrix}\begin{Bmatrix} \ddot{x} \\ \ddot{\theta} \end{Bmatrix} + \begin{bmatrix} k_1 + k_2 & \frac{L(-3k_1+k_2)}{4} \\ \frac{L(-3k_1+k_2)}{4} & \frac{L^2(9k_1+k_2)}{16} \end{bmatrix}\begin{Bmatrix} x \\ \theta \end{Bmatrix} = \begin{Bmatrix} F(t) \\ 0 \end{Bmatrix}$

6.20 $w_1 = 0.724\sqrt{\frac{k}{mL}}$ 일 때 그림 1, $w_2 = 1.57\sqrt{\frac{k}{mL}}$ 일 때 그림 2:

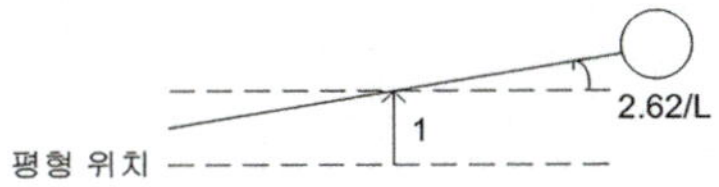

그림 1

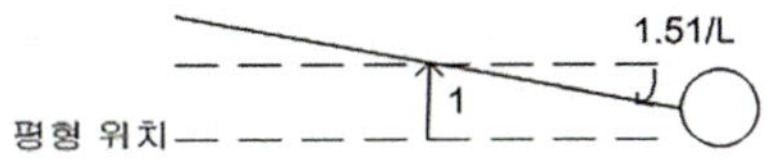

그림 2

6.21 $\begin{bmatrix} m_1 & 0 & 0 \\ 0 & m_2 & 0 \\ 0 & 0 & m_3 \end{bmatrix} \begin{Bmatrix} \ddot{x}_1 \\ \ddot{x}_2 \\ \ddot{x}_3 \end{Bmatrix} + \begin{bmatrix} k_1+k_2 & -k_2 & 0 \\ -k_2 & k_2+k_3 & -k_3 \\ 0 & -k_3 & k_3+k_4 \end{bmatrix} \begin{Bmatrix} x_1 \\ x_2 \\ x_3 \end{Bmatrix} = \begin{Bmatrix} 0 \\ 0 \\ 0 \end{Bmatrix}$

6.22 $\begin{bmatrix} m_1 & 0 & 0 & 0 \\ 0 & m_2 & 0 & 0 \\ 0 & 0 & m_3 & 0 \\ 0 & 0 & 0 & m_4 \end{bmatrix} \begin{Bmatrix} \ddot{x}_1 \\ \ddot{x}_2 \\ \ddot{x}_3 \\ \ddot{x}_4 \end{Bmatrix} + \begin{bmatrix} k_1+k_2 & -k_2 & 0 & 0 \\ -k_2 & k_2+k_3 & -k_3 & 0 \\ 0 & -k_3 & k_3+k_4 & -k_4 \\ 0 & 0 & -k_4 & k_4+k_5 \end{bmatrix} \begin{Bmatrix} x_1 \\ x_2 \\ x_3 \\ x_4 \end{Bmatrix} = \begin{Bmatrix} 0 \\ 0 \\ 0 \\ 0 \end{Bmatrix}$

6.23 계는 하나의 강체 모드를 가지며, 나머지 3개의 탄성 모드들은 공히 질량 행렬에 대하여 강체 모드와 직교함

6.24 $\begin{bmatrix} m_1 & 0 \\ 0 & m_2 \end{bmatrix} \begin{Bmatrix} \ddot{x}_1 \\ \ddot{x}_2 \end{Bmatrix} + \begin{bmatrix} 2k_1 & -2k_1 \\ -2k_1 & 2k_1+k_2 \end{bmatrix} \begin{Bmatrix} x_1 \\ x_2 \end{Bmatrix} = \begin{Bmatrix} 0 \\ 0 \end{Bmatrix}$

6.25 $w_{n1} = 1.9348$, $w_{n2} = 5.0652$ rad/s, $\boldsymbol{u}_1 = \begin{Bmatrix} 0.6180 \\ 1 \end{Bmatrix}$, $\boldsymbol{u}_2 = \begin{Bmatrix} 1 \\ -0.6180 \end{Bmatrix}$

6.26 $w_{n1} = 0.7451$, $w_{n2} = 1.9806$ rad/s, $\boldsymbol{u}_1 = \begin{Bmatrix} 1 \\ 0.0683 \end{Bmatrix}$, $\boldsymbol{u}_2 = \begin{Bmatrix} 0.5016 \\ -1 \end{Bmatrix}$

6.27 고유벡터가 될 수 없다. 그 이유는 그들 3개 벡터의 행렬식이 0이 되어 (즉, $|\boldsymbol{u}_1\ \boldsymbol{u}_2\ \boldsymbol{u}_3| = 0$) 상호 선형 종속적이기 때문이다. 이를 보다 자세히 설명하면, 제시된 3개의 벡터 중 2개 예를 들어 $\boldsymbol{u}_1$과 $\boldsymbol{u}_2$가 질량 행렬 M에 대하여 상호 직교한다고 가정하는 경우 다음 식이 만족된다.

$$\boldsymbol{u}_1^T M \boldsymbol{u}_2 = 0$$

그러나 나머지 벡터 $\boldsymbol{u}_3$가 상기 두 벡터의 선형 종속인 경우 a, b가 상수일 때 $\boldsymbol{u}_3 = a\boldsymbol{u}_1 + b\boldsymbol{u}_2$와 같이 표현될 수 있으므로 다음과 같은 사실이 성립된다.

$$\boldsymbol{u}_1^T M \boldsymbol{u}_3 = \boldsymbol{u}_1^T M(a\boldsymbol{u}_1 + b\boldsymbol{u}_2) = a\boldsymbol{u}_1^T M \boldsymbol{u}_1 + b\boldsymbol{u}_1^T M \boldsymbol{u}_2 = a\boldsymbol{u}_1^T M \boldsymbol{u}_1 > 0$$

즉, 위 식이 0이 되지 않기 때문에 $\boldsymbol{u}_3$는 $\boldsymbol{u}_1$과 그리고 마찬가지로 $\boldsymbol{u}_2$와도 직교하지 않음을 알 수 있다. 따라서 제시된 바와 같이 선형 종속적인 벡터의 세트는 계의 고유 벡터가 될 수 없다.

6.28 $\boldsymbol{u}_1$은 불가능하다. 이유는 그 경우 m_1과 m_4에 작용하는 외력과 운동의 관계가 뉴톤 법

칙 $\sum F = m\ddot{x}$에 위배되기 때문이다. 또한 $\boldsymbol{u}_2$와 같은 강체 모드도 불가능한 데, 이유는 그 경우 m_2와 m_3는 외력이 없어 등속도 운동을 하지만 m_1과 m_4는 스프링 k_1과 k_5에 의한 외력이 작용하여 가속 혹은 감속 운동을 하기 때문이다. 한편 $\boldsymbol{u}_3$는 가능한 모드이다. 이유는 각 질량에 작용하는 외력과 운동의 관계가 뉴튼 법칙에 위배되지 않으며 계의 구성이 k_3 스프링 좌우로 대칭적이어서 그의 중간 지점이 절점이 될 수 있기 때문이다.

6.29 $w_{n1} = 16.7083$ rad/s, $w_{n2} = 46.9130$ rad/s, $\boldsymbol{u}_1 = \begin{Bmatrix} 0.2554 \\ 0.0326 \end{Bmatrix}$, $\boldsymbol{u}_2 = \begin{Bmatrix} 0.0376 \\ -0.2212 \end{Bmatrix}$

6.30 (a) $\begin{bmatrix} m & 0 \\ 0 & m \end{bmatrix}\begin{Bmatrix} \ddot{x}_1 \\ \ddot{x}_2 \end{Bmatrix} + \begin{bmatrix} 3k & -2k \\ -2k & 2k \end{bmatrix}\begin{Bmatrix} x_1 \\ x_2 \end{Bmatrix} = \begin{Bmatrix} F_1 \\ F_2 \end{Bmatrix}$, (b) $w_{n1} = 0.6622\sqrt{k/m}$, $w_{n2} = 2.1358\sqrt{k/m}$,

(c) 1차 모드 $\boldsymbol{u}_1 = \begin{Bmatrix} 1 \\ 1.2808 \end{Bmatrix}$ (그림 1 참조), 2차 모드 $\boldsymbol{u}_2 = \begin{Bmatrix} 1 \\ -0.7807 \end{Bmatrix}$ (그림 2 참조):

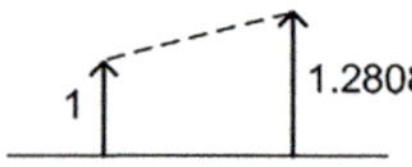

그림 1

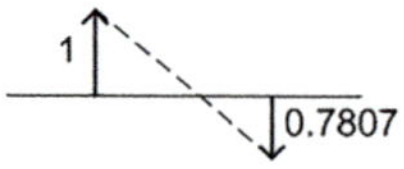

그림 2

(d) $\ddot{q}_1 + w_{n1}^2 q_1 = \dfrac{1}{2.6404m}(F_1 + 1.2808F_2)$, $\ddot{q}_2 + w_{n2}^2 q_2 = \dfrac{1}{1.6095m}(F_1 - 0.7807F_2)$

6.31 감쇠를 무시할 때 $w_n = 0.7923,\ 2.5243$, 감쇠를 고려할 때 $w_n = 0.8044,\ 2.3807$

6.32 $u_3 = [1\ \ -\sqrt{2}\ \ 1]^T$

6.33 $w_{n1} = 2$, $w_{n2} = 3$, $k_{22} = 45/64$

6.34 $w_n = 2$ rad/s, $\boldsymbol{u} = [1\ \ 0\ \ -1/3]^T$

6.35 강체 모드 발생됨

6.36 자유도의 수=2, 센서 유형=가속도계

6.37 아니오. 왜냐하면 고유 진동수 전후로 위상이 180° 바뀌지 않았음

6.38 $\Theta(w) = \dfrac{(k_2 - w^2 m)F_0 l}{\{(k_1+k_2)a^2 - w^2 I_0\}(k_2 - w^2 m) - k_2^2 a^2}$, $\dfrac{k_2}{m} = w^2$

6.39 $k_3 = 236$ kN/m

6.40 0.19 kg

6.41 5.86 kg, 0.043 m

6.42 X_1/F_1 또는 X_2/F_2. 그 이유는 첫째, 식 (6.78)의 분자가 0이 되려면 입/출력이 동 위치이어야 하고, 둘째 $w\to 0$일 때와 $w\to\infty$일 때의 특성으로 보아 출력은 변위이기 때문임.

6.43 $w=\sqrt{k_1/m_1}$

6.44 없음

6.45 최대 $= n-1$, 최소 $= 0$

6.46 $$\begin{Bmatrix}\ddot{q}_1\\ \ddot{q}_2\end{Bmatrix}+\begin{bmatrix}21.2957 & 0\\ 0 & 328.7043\end{bmatrix}\begin{Bmatrix}q_1\\ q_2\end{Bmatrix}=\begin{Bmatrix}0\\ -1.9\end{Bmatrix}\cos 10t$$

6.47 $$\begin{Bmatrix}\ddot{q}_1\\ \ddot{q}_2\\ \ddot{q}_3\end{Bmatrix}+\begin{bmatrix}15.36 & 0 & 0\\ 0 & 49.33 & 0\\ 0 & 0 & 110.31\end{bmatrix}\begin{Bmatrix}q_1\\ q_2\\ q_3\end{Bmatrix}=\begin{Bmatrix}-0.4229\\ -0.7522\\ 0.0734\end{Bmatrix}$$

6.48 $x_1=-0.3723\sin 5t-0.0247\cos 5t$, $x_2=0.1434\sin 5t+0.0428\cos 5t$

6.49 $\begin{bmatrix}3m_1/2 & 0\\ 0 & m_2\end{bmatrix}\begin{Bmatrix}\ddot{x}_1\\ \ddot{x}_2\end{Bmatrix}+\begin{bmatrix}k & -k\\ -k & k\end{bmatrix}\begin{Bmatrix}x_1\\ x_2\end{Bmatrix}=\begin{Bmatrix}0\\ 0\end{Bmatrix}$, $w_n=0$, 0.8165 rad/s, $\boldsymbol{u}_1=[1\ \ 1]^T$, $\boldsymbol{u}_2=[1\ \ -1]^T$,

$\det(K)=0$

6.50 $$\begin{bmatrix}m_1 & 0 & 0\\ 0 & m_2 & 0\\ 0 & 0 & \frac{m_2 l^2}{12}\end{bmatrix}\begin{Bmatrix}\ddot{x}_1\\ \ddot{x}_2\\ \ddot{\theta}_3\end{Bmatrix}+\begin{bmatrix}k_1 & -k_1 & k_1(\frac{l}{2}-a)\\ k_1 & -k_1+k_2+k_3 & k_1(\frac{l}{2}-a)-\frac{k_2 l}{2}+\frac{k_3 l}{2}\\ k_1(\frac{l}{2}-a) & -k_1(\frac{l}{2}-a)-\frac{k_2 l}{2}+\frac{k_3 l}{2} & k_1(\frac{l}{2}-a)^2+\frac{k_2 l^2}{4}+\frac{k_3 l^2}{4}\end{bmatrix}\begin{Bmatrix}x_1\\ x_2\\ \theta_3\end{Bmatrix}=\begin{Bmatrix}0\\ 0\\ 0\end{Bmatrix}$$

6.51 유연성 행렬 $A=\frac{1}{31k}\begin{bmatrix}17 & 3 & 1\\ 3 & 6 & 2\\ 1 & 2 & 11\end{bmatrix}$, 강성 행렬 $K=k\begin{bmatrix}2 & -1 & 0\\ -1 & 6 & -1\\ 0 & -1 & 3\end{bmatrix}$, $AK=I$

6.52 유연성 행렬 $A=\frac{l^3}{768EI}\begin{bmatrix}9 & 7\\ 7 & 9\end{bmatrix}$

6.53 유연성 행렬 $A=\frac{l^3}{48EI}\begin{bmatrix}2 & 5\\ 5 & 16\end{bmatrix}$, 강성 행렬 $K=\frac{48EI}{7l^3}\begin{bmatrix}16 & -5\\ -5 & 2\end{bmatrix}$,

운동방정식 $\frac{m}{2}\begin{bmatrix}1 & 0\\ 0 & 1\end{bmatrix}\begin{Bmatrix}\ddot{x}_1\\ \ddot{x}_2\end{Bmatrix}+\frac{48EI}{7l^3}\begin{bmatrix}16 & -5\\ -5 & 2\end{bmatrix}\begin{Bmatrix}x_1\\ x_2\end{Bmatrix}=\begin{Bmatrix}0\\ 0\end{Bmatrix}$

6.54 (a) $\frac{m}{3}\begin{bmatrix}1 & 0 & 0\\ 0 & 1 & 0\\ 0 & 0 & 1\end{bmatrix}\begin{Bmatrix}\ddot{x}_1\\ \ddot{x}_2\\ \ddot{x}_3\end{Bmatrix}+\frac{4T}{L}\begin{bmatrix}2 & -1 & 0\\ -1 & 2 & -1\\ 0 & -1 & 2\end{bmatrix}\begin{Bmatrix}x_1\\ x_2\\ x_3\end{Bmatrix}=\begin{Bmatrix}0\\ 0\\ 0\end{Bmatrix}$,

(b) $w_n=2.6513\sqrt{\frac{T}{mL}}$, $4.8990\sqrt{\frac{T}{mL}}$, $6.4008\sqrt{\frac{T}{mL}}$, $w_{n2}/w_{n1}=1.8478$,

(c) $\boldsymbol{u}_1=[0.5000\ \ 0.7071\ \ 0.5000]^T$, $\boldsymbol{u}_2=[-0.7071\ \ 0\ \ 0.7071]^T$,

$\boldsymbol{u}_3=[-0.5000\ \ 0.7071\ \ -0.5000]^T$

6.55 강성 행렬 $K = T\begin{bmatrix} \frac{1}{L_1}+\frac{1}{L_2} & -\frac{1}{L_2} & 0 \\ -\frac{1}{L_2} & \frac{1}{L_2}+\frac{1}{L_3} & -\frac{1}{L_3} \\ 0 & -\frac{1}{L_3} & \frac{1}{L_3}+\frac{1}{L_4} \end{bmatrix}$

6.56 (a) $\begin{bmatrix} m_1 & 0 \\ 0 & m_2 \end{bmatrix}\begin{Bmatrix} \ddot{x}_1 \\ \ddot{x}_2 \end{Bmatrix} + \begin{bmatrix} k_1+k_2 & -k_2 \\ -k_2 & k_2 \end{bmatrix}\begin{Bmatrix} x_1 \\ x_2 \end{Bmatrix} = \begin{Bmatrix} k_1 y \\ 0 \end{Bmatrix}$, (b) $w = \sqrt{\frac{k_2}{m_2}}$, (c) $x_2 = -\frac{k_1}{k_2} Y \sin wt$

6.57 (a) $\begin{bmatrix} m_1+m_2 & m_2 l \\ m_2 l & m_2 l^2 \end{bmatrix}\begin{Bmatrix} \ddot{x} \\ \ddot{\theta} \end{Bmatrix} + \begin{bmatrix} k_1 & 0 \\ 0 & m_2 g l \end{bmatrix}\begin{Bmatrix} x \\ \theta \end{Bmatrix} = \begin{Bmatrix} F_1 \cos wt \\ 0 \end{Bmatrix}$, (b) $l = \frac{g}{w^2}$, (c) $\theta = -\frac{F(t)}{m_2 g}$

참고문헌

[1] Beer, F. P., Johnston, E. R., Jr., Cornwell, P. J., Vector Mechanics for Engineers: Dynamics, 9th Ed. in SI Units, McGraw-Hill, New York, 2010.

[2] Bendat, J. S. and Piersol, A. G., Random Data, 2nd Ed., John Wiley and Sons, New York, 1991.

[3] Blevins, R. D., Flow-Induced Vibration, 2nd Ed., Van Nostrand Reinhold, New York, 1990.

[4] Cengel, Y. A., Fluid Mechanics, McGraw-Hill, New York, 2014.

[5] Dimarogonas, A. D. and Haddad, S., Vibration for Engineers, Prentice Hall, Englewood Cliffs, NJ, 1992.

[6] Genta, G., Vibration of Structures and Machines-Practical Aspects, 3rd Ed., Springer-Verlag, New York, 1999.

[7] Harris, C. M., Shock and Vibration Handbook, 3rd Ed., McGraw-Hill, New York, 1988.

[8] Hosford, W. F., Solid Mechanics, Cambridge Univ. Press, 2014.

[9] Inman, D. J., Engineering Vibrations, Pearson, 3rd Ed., Prentice Hall, NJ, 2007.

[10] Karnopp, D. C., Croby, M. J., Harwood, R. A., "Vibration Control Using Semi-active Force Generators," Journal of Engineering for Industry, 96, 1974, pp. 619-626.

[11] Kreyszig, E., Advanced Engineering Mathematics, 10th Ed., Wiley, New York, 2011.

[12] Meirovitch, L., Fundamentals of Vibrations, McGraw-Hill, New York, 2001.

[13] Press, W., Teukolsky, S., Vetterling, W., and Flannery, B., Numerical Recipes in Fortran, Cambridge University, 1992.

[14] Rao, S. S., Mechanical Vibrations, Pearson, 4th Ed., Pearson Prentice Hall, Upper Saddle River, NJ, 2004.

[15] Spiegel, M. R., Schaum's Ouline Series: Mathematical Handbook of Formulas and Tables, McGraw-Hill, New York, 1968.

[16] The MathWorks Inc., Matlab User's Guide, 1994.

[17] Timoshenko, S., Young, D. H., Weaver, W., Jr., Vibration Problems in Engineering, 4th Ed., John Wiley and Sons, New York, 1974.

[18] Tse, F. S., Morse, I. E., Hinkle, R. T., Mechanical Vibrations, Allyn and Bacon, Boston, MA, 1963.

[19] https://en.wikipedia.org/wiki/Active_suspension, Lastly Accessed 2017-05-10.

[20] https://en.wikipedia.org/wiki/Vortex_shedding, Lastly Accessed 2017-05-10.

[21] https://www.mathworks.com/help/pdf_doc/matlab/getstart.pdf, Lastly Accessed 2017-05-10.

■ 찾아보기

저/자/소/개

임 승 철

서울대학교 기계설계학과 학사
KAIST 기계공학과 석사
Virginia Tech 기계공학(ESM) 박사
명지대학교 기계공학과 교수

기계진동학 입문
-선형 이산계

초 판 인 쇄 | 2023년 9월 15일
초 판 발 행 | 2024년 1월 30일

저　　자 | 임승철
발 행 인 | 이성범
발 행 처 | 문운당
주　　소 | 서울시 종로구 혜화로5길 16 (명륜1가 45-3)
전　　화 | (02)762-6010
팩　　스 | 영업 (02)745-0265 / 편집 (02)762-8758
이 메 일 | 영업 munun2@chol.com
편집 munundang@naver.com
홈페이지 | http://munundang.co.kr

ISBN 979-11-5692-680-1 93550

정가 25,000원